세상이 변해도
배움의 즐거움은
변함없도록

시대는 빠르게 변해도
배움의 즐거움은
변함없어야 하기에

어제의 비상은
남다른 교재부터
결이 다른 콘텐츠
전에 없던 교육 플랫폼까지

변함없는 혁신으로
교육 문화 환경의 새로운 전형을
실현해왔습니다.

비상은 오늘, 다시 한번
새로운 교육 문화 환경을 실현하기 위한
또 하나의 혁신을 시작합니다.

오늘의 내가 어제의 나를 초월하고
오늘의 교육이 어제의 교육을 초월하여
배움의 즐거움을 지속하는 혁신,

바로, 메타인지 기반 완전 학습을.

상상을 실현하는 교육 문화 기업 비상

메타인지 기반 완전 학습
초월을 뜻하는 meta와 생각을 뜻하는 인지가 결합한 메타인지는
자신이 알고 모르는 것을 스스로 구분하고 학습계획을 세우도록 하는
궁극의 학습 능력입니다. 비상의 메타인지 기반 완전 학습 시스템은
잠들어 있는 메타인지를 깨워 공부를 100% 내 것으로 만들도록 합니다.

개념╋유형

유형편

기초탄탄 LITE

중등 수학

2·2

How

어떻게 만들어졌나요?

유형편 라이트는 수학에 왠지 어려움이 느껴지고 자신감이 부족한 학생들을 위해 만들어졌습니다.

When

언제 활용할까요?

개념편 진도를 나간 후 한 번 더 정리하고 싶을 때! 앞으로 배울 내용의 문제를 확인하고 싶을 때!
부족한 유형 문제를 반복 연습하고 싶을 때! 시험에 자주 출제되는 문제를 알고 싶을 때!

Why

왜 유형편 라이트를 보아야 하나요?

다양한 유형의 문제를 기초부터 반복하여 연습할 수 있도록 구성하였으므로 앞으로 배울 내용을 예습하거나
부족한 유형을 학습하려는 친구라면 누구나 꼭 갖고 있어야 할 교재입니다.
아무리 기초가 부족하더라도 이 한 권만 내 것으로 만든다면 상위권으로 도약할 수 있습니다.

유형편 라이트 의 구성

- 문제 풀이의 비법을 담은
  내용 정리

- 부족한 유형은
  한 번 더 연습

- 자주 출제되는 문제를
  두 번씩 보는
  쌍둥이 기출문제

- 쌍둥이 기출문제 중
  핵심 문제만을 모아
  단원 마무리

- 꼼꼼하게 짚어주는
  단계별 연습 문제

- 발전된 유형은
  한 걸음 더 연습

- 핵심 기출문제와
  서술형 문제

차례 ••• # CONTENTS

1 삼각형의 성질

1

이등변삼각형의 성질

유형 **1** **이등변삼각형**

개념편 **8~9** 쪽

(1) **이등변삼각형**: 두 변의 길이가 같은 삼각형 ➡ $\overline{AB}=\overline{AC}$

(2) **이등변삼각형의 성질**

① 이등변삼각형의 두 밑각의 크기는 같다. ➡ ∠B＝∠C

② 이등변삼각형의 꼭지각의 이등분선은 밑변을 수직이등분한다.

➡ $\overline{AD}\perp\overline{BC}$, $\overline{BD}=\overline{CD}$

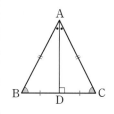

1 다음 그림에서 △ABC가 이등변삼각형일 때, ∠x의 크기를 구하시오.

(1)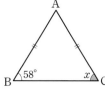

_____

(2)

_____

(3)

_____

(4)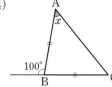

_____

(5)

_____

(6)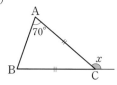

_____

2 다음 그림에서 △ABC가 $\overline{AB}=\overline{AC}$인 이등변삼각형일 때, x의 값을 구하시오.

(1)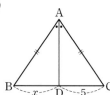

_____

(2)

_____

(3)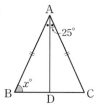

_____

삼각형의 한 외각의 크기는 그와 이웃하지 않는 두 내각의 크기의 합과 같음을 이용해 보자.

3 다음 그림에서 ∠x, ∠y의 크기를 각각 구하시오.

(1)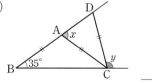

_____

(2)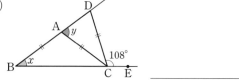

_____

유형 **2** 이등변삼각형이 되는 조건

두 내각의 크기가 같은 삼각형은 이등변삼각형이다.

➡ ∠B＝∠C이면 $\overline{AB}=\overline{AC}$

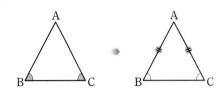

1 다음 그림과 같은 △ABC에서 x의 값을 구하시오.

(1)
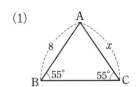

(2)
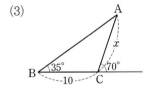

(3)
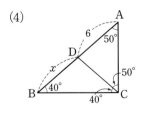

(4)
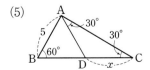

(5)

2 오른쪽 그림과 같이 $\overline{AB}=\overline{AC}$인 이등변삼각형 ABC에서 ∠B의 이등분선과 $\overline{AC}$의 교점을 D라고 하자. ∠C＝72°, $\overline{BC}=9\,cm$일 때, 다음 물음에 답하시오.

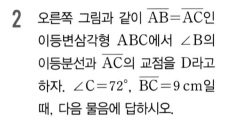
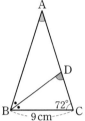

(1) ∠A, ∠BDC의 크기를 각각 구하시오.

(2) 이등변삼각형을 모두 찾으시오.

(3) $\overline{AD}$의 길이를 구하시오.

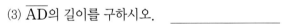

3 직사각형 모양의 종이를 오른 쪽 그림과 같이 접었다. $\overline{AB}=7\,cm$일 때, 다음 물음 에 답하시오.

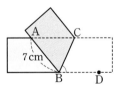

(1) ∠CBD와 크기가 같은 각을 모두 찾으시오.

(2) △ABC는 어떤 삼각형인지 말하시오.

(3) $\overline{AC}$의 길이를 구하시오.

2 1. 삼각형의 성질
직각삼각형의 합동

유형 3 직각삼각형의 합동 조건 개념편 13~14쪽

(1) 두 직각삼각형의 빗변의 길이와 한 예각의 크기가 각각 같을 때 ➡ RHA 합동

(2) 두 직각삼각형의 빗변의 길이와 다른 한 변의 길이가 각각 같을 때 ➡ RHS 합동

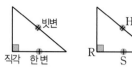

---

1 다음 조건을 아래 그림에 각각 표시하고, 합동인 경우 합동 조건을 말하시오.

(1) $\overline{AB}=\overline{DE}$, $\overline{BC}=\overline{EF}$

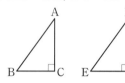

(2) $\overline{AB}=\overline{DE}$, $\angle B=\angle E$

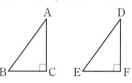

(3) $\overline{AB}=\overline{DE}$, $\overline{AC}=\overline{DF}$

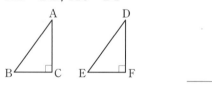

(4) $\angle A=\angle D$, $\angle B=\angle E$

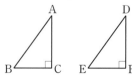

2 다음 두 직각삼각형에서 x의 값을 구하시오.

(1)

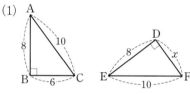

(2)

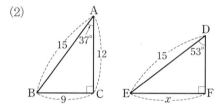

3 다음 보기의 직각삼각형 중에서 서로 합동인 것을 모두 고르고, 각각의 합동 조건을 말하시오.

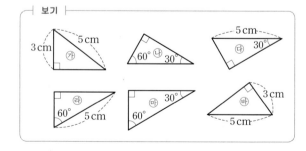

유형 4 각의 이등분선의 성질

(1) 각의 이등분선 위의 한 점에서 그 각을 이루는 두 변까지의 거리는 같다.

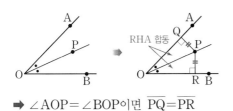

➡ ∠AOP=∠BOP이면 $\overline{PQ}=\overline{PR}$

(2) 각을 이루는 두 변에서 같은 거리에 있는 점은 그 각의 이등분선 위에 있다.

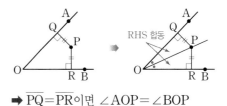

➡ $\overline{PQ}=\overline{PR}$이면 ∠AOP=∠BOP

---

1 다음은 오른쪽 그림과 같이 ∠XOP=∠YOP이고 $\overline{OX}\perp\overline{PA}$, $\overline{OY}\perp\overline{PB}$일 때, $\overline{PB}$의 길이를 구하는 과정이다. ☐ 안에 알맞은 것을 쓰시오.

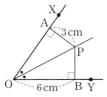

△AOP와 △BOP에서
∠PAO=∠PBO=☐°,
☐는 공통,
∠AOP=∠☐이므로
△AOP≡△BOP (☐ 합동)
∴ $\overline{PB}$=☐=☐ cm

3 다음은 오른쪽 그림과 같이 $\overline{OX}\perp\overline{PA}$, $\overline{OY}\perp\overline{PB}$이고 $\overline{PA}=\overline{PB}$일 때, ∠BOP의 크기를 구하는 과정이다. ☐ 안에 알맞은 것을 쓰시오.

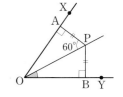

△AOP와 △BOP에서
∠PAO=∠PBO=☐°,
☐는 공통,
☐=$\overline{PB}$이므로
△AOP≡△BOP (☐ 합동)
∴ ∠BOP=∠☐=☐°

2 다음 그림에서 ∠AOP=∠BOP일 때, x의 값을 구하시오.

(1)
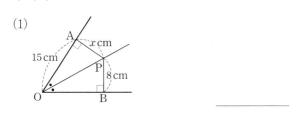

(2)
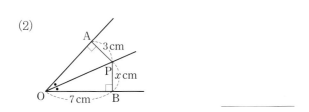

4 다음 그림에서 $\overline{PA}=\overline{PB}$일 때, x의 값을 구하시오.

(1)
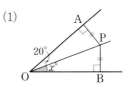

(2)
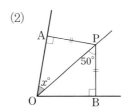

한 번 더 연습 유형 1~4

1 다음 그림에서 △ABC는 $\overline{AB}=\overline{AC}$인 이등변삼각형일 때, ∠$x$, ∠$y$의 크기를 각각 구하시오.

(1)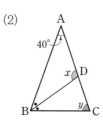

(2)

_____

2 다음 그림과 같은 △ABC에서 $\overline{BE}=\overline{DE}=\overline{AD}=\overline{AC}$이고 ∠BAC=96°일 때, ∠B의 크기를 구하시오.

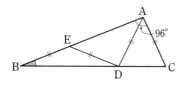

_____

3 오른쪽 그림과 같이 $\overline{AB}=\overline{AC}$인 이등변삼각형 ABC에서 ∠B의 이등분선이 $\overline{AC}$와 만나는 점을 D라고 하자. ∠A=36°, $\overline{AD}=5$ cm 일 때, 다음을 구하시오.

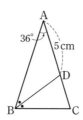

(1) $\overline{BD}$의 길이 _____

(2) $\overline{BC}$의 길이 _____

4 오른쪽 그림과 같이 $\overline{AB}=\overline{BC}$인 직각이등변삼각형 ABC의 두 꼭짓점 A, C에서 꼭짓점 B를 지나는 직선 l에 내린 수선의 발을 각각 D, E라고 하자. 다음은 △ADB≡△BEC임을 설명하는 과정이다. □ 안에 알맞은 것을 쓰시오.

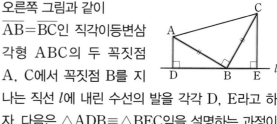

△ADB와 △BEC에서
∠ADB=∠BEC=□°,
∠DAB+∠ABD=□°이고,
∠ABD+∠EBC=□°이므로
∠DAB=∠□
∴ △ADB≡△BEC (□ 합동)

5 오른쪽 그림과 같이 ∠B=90° 인 직각삼각형 ABC에서 $\overline{AB}=\overline{AE}$이고 $\overline{AC}⊥\overline{DE}$이 다. ∠BAD=26°일 때, 다음 물음에 답하시오.

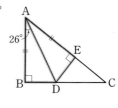

(1) △ABD와 합동인 삼각형을 찾고, 그때의 합동 조건을 말하시오. _____

(2) ∠C의 크기를 구하시오. _____

6 오른쪽 그림과 같이 ∠B=90° 인 직각삼각형 ABC에서 $\overline{AD}$ 는 ∠A의 이등분선이고 $\overline{AC}⊥\overline{DE}$이다. $\overline{BD}=5$ cm일 때, 다음 물음에 답하시오.

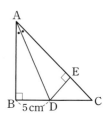

(1) △ABD와 합동인 삼각형을 찾고, 그때의 합동 조건을 말하시오. _____

(2) $\overline{ED}$의 길이를 구하시오. _____

쌍둥이 기출문제

● 정답과 해설 12쪽

형광펜 들고 밑줄 쫙~

쌍둥이 01

1 오른쪽 그림과 같이 $\overline{AB}=\overline{AC}$인 이등변삼각형 ABC에서 ∠A=70°일 때, ∠x의 크기를 구하시오.

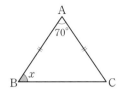

2 오른쪽 그림과 같이 $\overline{AB}=\overline{AC}$인 이등변삼각형 ABC에서 ∠$x$의 크기는?

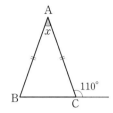

① 20°   ② 25°

③ 30°   ④ 35°

⑤ 40°

쌍둥이 02

3 오른쪽 그림과 같이 $\overline{AB}=\overline{AC}$인 이등변삼각형 ABC에서 $\overline{BC}=\overline{BD}$이고 ∠BCD=68°일 때, ∠ABD의 크기는?

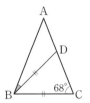

① 20°   ② 22°

③ 24°   ④ 26°

⑤ 28°

4 오른쪽 그림과 같이 $\overline{AB}=\overline{AC}$인 이등변삼각형 ABC에서 ∠B의 이등분선과 $\overline{AC}$의 교점을 D라고 하자. ∠A=32°일 때, ∠BDC의 크기는?

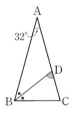

① 66°   ② 67°

③ 68°   ④ 69°

⑤ 70°

쌍둥이 03

5 오른쪽 그림과 같이 $\overline{AB}=\overline{AC}$인 이등변삼각형 ABC에서 ∠A의 이등분선과 $\overline{BC}$의 교점을 D라고 하자. ∠BAD=40°, $\overline{CD}=6\,cm$일 때, x, y의 값을 각각 구하시오.

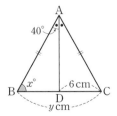

6 오른쪽 그림과 같이 $\overline{AB}=\overline{AC}$인 이등변삼각형 ABC에서 ∠A의 이등분선과 $\overline{BC}$의 교점을 D라고 하자. ∠C=55°, $\overline{BC}=8\,cm$일 때, $x+y$의 값을 구하시오.

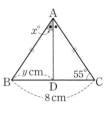

쌍둥이 **04**

7 다음 그림에서 $\overline{AB}=\overline{AC}=\overline{CD}$이고 ∠B=42°일 때, ∠$x$의 크기는?

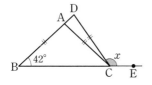

① 126°   ② 124°   ③ 122°
④ 120°   ⑤ 118°

8 다음 그림에서 $\overline{AB}=\overline{AC}=\overline{CD}$이고 ∠DCE=102°일 때, ∠$x$의 크기를 구하시오.

서술형

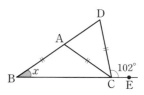

풀이 과정

답

쌍둥이 **05**

9 직사각형 모양의 종이를 오른쪽 그림과 같이 접었다. $\overline{AB}=5\,\mathrm{cm}$, $\overline{AC}=6\,\mathrm{cm}$일 때, $\overline{BC}$의 길이를 구하시오.

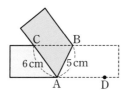

10 직사각형 모양의 종이를 오른쪽 그림과 같이 접었다. $\overline{AC}=4\,\mathrm{cm}$, $\overline{BC}=3\,\mathrm{cm}$일 때, △ABC의 둘레의 길이를 구하시오.

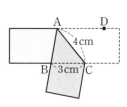

쌍둥이 **06**

11 다음 중 오른쪽 보기의 삼각형과 합동인 삼각형은?

보기

12 다음 중 오른쪽 그림과 같이 ∠C=∠F=90°인 두 직각삼각형 ABC와 DEF가 합동이 되기 위한 조건이 <u>아닌</u> 것은?

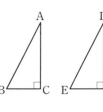

① ∠A=∠D, $\overline{AB}=\overline{DE}$
② ∠B=∠E, $\overline{AC}=\overline{DF}$
③ $\overline{AB}=\overline{DE}$, $\overline{AC}=\overline{DF}$
④ ∠A=∠D, ∠B=∠E
⑤ $\overline{BC}=\overline{EF}$, $\overline{AC}=\overline{DF}$

13 다음 그림과 같은 사각형 ABCD에서 $\overline{AE}=\overline{DE}$이고 $\overline{AB}=6\,cm$, $\overline{CD}=8\,cm$일 때, $\overline{BC}$의 길이는?

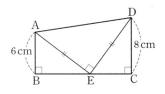

① 10 cm   ② 12 cm   ③ 14 cm

④ 16 cm   ⑤ 18 cm

14 다음 그림과 같이 $\angle A=90°$이고 $\overline{AB}=\overline{AC}$인 직각이등변삼각형 ABC의 두 꼭짓점 B, C에서 꼭짓점 A를 지나는 직선 l에 내린 수선의 발을 각각 D, E라고 하자. $\overline{DE}=15\,cm$, $\overline{CE}=5\,cm$일 때, $\overline{BD}$의 길이를 구하시오.

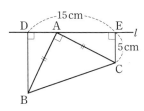

15 오른쪽 그림과 같이 $\angle B=90°$인 직각삼각형 ABC에서 $\overline{AB}=\overline{AD}$이고 $\overline{AC}\perp\overline{DE}$이다. $\angle C=36°$일 때, $\angle DAE$의 크기는?

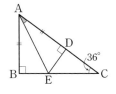

① 18°   ② 20°   ③ 22°

④ 25°   ⑤ 27°

16 오른쪽 그림과 같이 $\angle C=90°$인 직각삼각형 ABC에서 $\overline{AC}=\overline{AD}$이고 $\overline{AB}\perp\overline{DE}$이다. $\angle DEA=65°$일 때, $\angle B$의 크기를 구하시오.

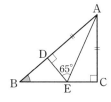

17 오른쪽 그림과 같이 $\angle C=90°$인 직각삼각형 ABC에서 $\angle A$의 이등분선이 $\overline{BC}$와 만나는 점을 D라고 하자. $\overline{AB}\perp\overline{DE}$이고 $\overline{AB}=15\,cm$, $\overline{DC}=4\,cm$일 때, $\triangle ABD$의 넓이를 구하시오.

18 오른쪽 그림과 같이 $\angle B=90°$인 직각삼각형 ABC에서 $\angle A$의 이등분선이 $\overline{BC}$와 만나는 점을 D라고 하자. $\overline{AC}=10\,cm$, $\overline{BD}=3\,cm$일 때, $\triangle ADC$의 넓이를 구하시오.

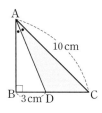

3 피타고라스 정리

1. 삼각형의 성질

개념편 18쪽

유형 5) 피타고라스 정리

직각삼각형에서 직각을 낀 두 변의 길이를 각각 a, b라 하고 빗변의 길이를 c라고 하면

$$a^2 + b^2 = c^2$$

이와 같은 성질을 **피타고라스 정리**라고 한다.

참고 • 피타고라스 정리는 직각삼각형에서만 성립한다.
• 변의 길이 a, b, c는 항상 양수이다.

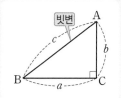

1 다음 직각삼각형에서 x의 값을 구하시오.

(1)

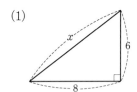

(2)

(3)

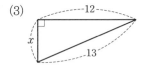

(4)

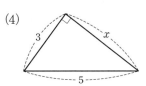

두 직각삼각형에서 각각 피타고라스 정리를 이용해 봐.

[2~3] 다음 그림에서 x의 값을 구하려고 한다. ☐ 안에 알맞은 수를 쓰시오.

2

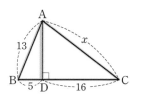

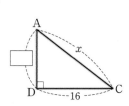

$\therefore x = \square$

3

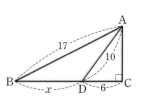

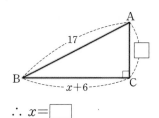

$\therefore x = \square$

4 다음 그림에서 x의 값을 구하시오.

(1)
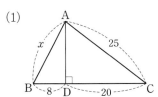

_____

(2)
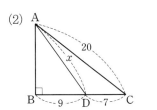

_____

5 다음 그림에서 x의 값을 구하시오.

(1)
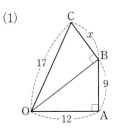

_____

(2)
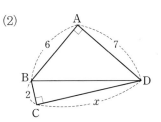

_____

수선을 그어 직각삼각형을 만든 후 피타고라스 정리를 이용해 봐.

6 다음과 같은 사다리꼴 ABCD에서 x의 값을 구하시오.

(1)
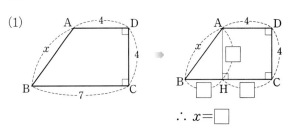

∴ $x=$ □

(2)
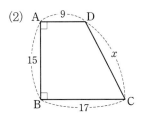

_____

7 다음 그림은 직각삼각형 ABC의 세 변을 각각 한 변으로 하는 정사각형을 그린 것이다. 색칠한 부분의 넓이를 구하시오.

(1)
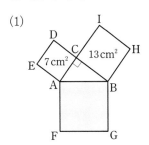

_____

(2)
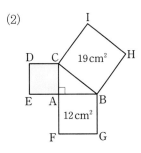

_____

(P의 넓이)$=\overline{AB}^2$, (Q의 넓이)$=\overline{BC}^2$,
(R의 넓이)$=\overline{CA}^2$
⇨ 피타고라스 정리에 의해
  (P의 넓이)$=$(Q의 넓이)$+$(R의 넓이)

유형 **6** 피타고라스 정리가 성립함을 설명하기

한 변의 길이가 $a+b$인 정사각형을 직각삼각형 ABC와 합동인 3개의 직각삼각형을 이용하여 오른쪽 그림과 같이 두 가지 방법으로 나누어 보면

(1) 색칠한 사각형은 모두 정사각형이다.

(2) ([그림 1]의 색칠한 부분의 넓이)$=c^2$

= ([그림 2]의 색칠한 부분의 넓이)$=a^2+b^2$

➡ $a^2+b^2=c^2$

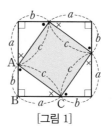
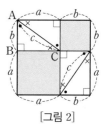

[그림 1]　　[그림 2]

1 다음 그림에서 x의 값을 구하시오.

(1)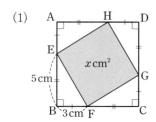

(2)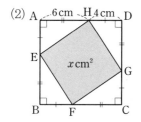

(3)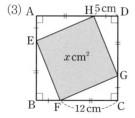

2 다음 그림에서 x의 값을 구하시오.

(1)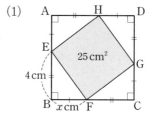

(2)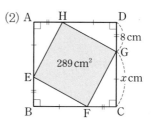

(3)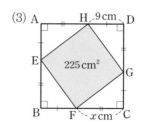

유형 7 직각삼각형이 되기 위한 조건 / 삼각형의 세 변의 길이에 따른 삼각형의 종류   개념편 20쪽

(1) 직각삼각형이 되기 위한 조건

세 변의 길이가 각각 a, b, c인 △ABC에서 $a^2+b^2=c^2$이면

➡ △ABC는 $\left\{ \begin{array}{l} \text{빗변의 길이가 } c\text{인} \\ \angle C=90°\text{인} \end{array} \right\}$ 직각삼각형이다.

(2) 삼각형의 세 변의 길이에 따른 삼각형의 종류

△ABC의 세 변의 길이가 $\overline{BC}=a$, $\overline{CA}=b$, $\overline{AB}=c$이고, 가장 긴 변의 길이가 c일 때

① $c^2<a^2+b^2$이면 $\angle C<90°$ ② $c^2=a^2+b^2$이면 $\angle C=90°$ ③ $c^2>a^2+b^2$이면 $\angle C>90°$

➡ △ABC는 예각삼각형   ➡ △ABC는 직각삼각형   ➡ △ABC는 둔각삼각형

직각삼각형일 때보다 c가 짧다.

직각삼각형일 때보다 c가 길다.

1 다음 삼각형 중 직각삼각형인 것은 ○표, 직각삼각형이 <u>아닌</u> 것은 ×표를 (   ) 안에 쓰고, 직각삼각형인 경우 세 내각 중 크기가 90°인 각을 말하시오.

(1)
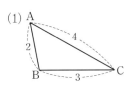
(   ) ⇨ _____

(2)

(   ) ⇨ _____

(3)
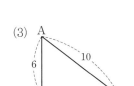
(   ) ⇨ _____

(4)
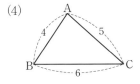
(   ) ⇨ _____

2 세 변의 길이가 각각 다음과 같은 삼각형은 예각삼각형, 직각삼각형, 둔각삼각형 중 어떤 삼각형인지 말하시오.

(1) 2 cm, 4 cm, 5 cm
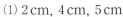
_____

(2) 4 cm, 5 cm, 6 cm

_____

(3) 5 cm, 12 cm, 13 cm

_____

(4) 7 cm, 8 cm, 9 cm

_____

(5) 6 cm, 11 cm, 13 cm
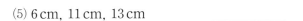
_____

(6) 8 cm, 15 cm, 17 cm

_____

유형 8   피타고라스 정리를 이용한 직각삼각형의 성질 / 두 대각선이 직교하는 사각형의 성질   개념편 23쪽

(1) 피타고라스 정리를 이용한 직각삼각형의 성질

$\angle A = 90°$인 직각삼각형 ABC에서 점 D, E가 각각 $\overline{AB}$, $\overline{AC}$ 위에 있을 때

$$\overline{DE}^2 + \overline{BC}^2 = \overline{BE}^2 + \overline{CD}^2$$

(2) 두 대각선이 직교하는 사각형의 성질

사각형 ABCD에서 두 대각선 AC, BD가 직교할 때

$$\overline{AB}^2 + \overline{CD}^2 = \overline{AD}^2 + \overline{BC}^2$$

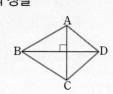

---

1 다음 그림과 같이 $\angle A = 90°$인 직각삼각형 ABC에서 x^2의 값을 구하시오.

(1)

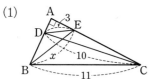

_____

(2)

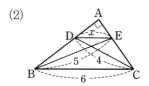

_____

2 아래 그림과 같이 $\angle A = 90°$인 직각삼각형 ABC에서 다음을 구하시오.

(1) $\overline{DE}^2 + \overline{BC}^2$의 값

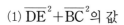

_____

(2) $\overline{BE}^2 + \overline{CD}^2$의 값

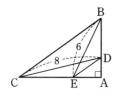

_____

3 다음 그림과 같은 사각형 ABCD에서 $\overline{AC} \perp \overline{BD}$일 때, x^2의 값을 구하시오.

(1)

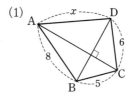

_____

(2)

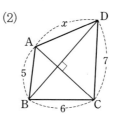

_____

4 아래 그림과 같은 사각형 ABCD에서 $\overline{AC} \perp \overline{BD}$이고 점 O는 두 대각선의 교점일 때, 다음을 구하시오.

(1) $\overline{AD}^2 + \overline{BC}^2$의 값

_____

(2) $\overline{AB}^2 + \overline{CD}^2$의 값

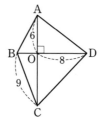

_____

유형 **9** 직각삼각형과 반원으로 이루어진 도형

(1) 직각삼각형의 세 반원 사이의 관계
직각삼각형 ABC에서 세 변을
각각 지름으로 하는 반원의 넓
이를 S_1, S_2, S_3이라고 할 때
$S_1+S_2=S_3$

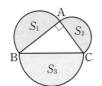

(2) 히포크라테스의 원의 넓이
직각삼각형 ABC의 세 변을
각각 지름으로 하는 반원을
그렸을 때
(색칠한 부분의 넓이)=△ABC
$=\dfrac{1}{2}bc$

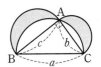

1 다음 그림은 ∠A=90°인 직각삼각형 ABC의 각 변을 지름으로 하는 세 반원을 그린 것이다. 이때 색칠한 부분의 넓이를 구하시오.

(1)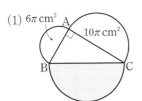

(2)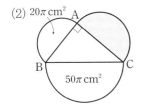

(3)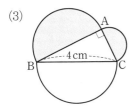

2 다음 그림은 ∠A=90°인 직각삼각형 ABC의 각 변을 지름으로 하는 세 반원을 그린 것이다. 이때 색칠한 부분의 넓이를 구하시오.

(1)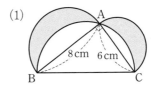

(2)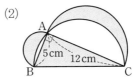

(3)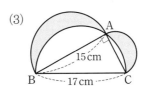

쌍둥이 기출문제

형광펜 들고 밑줄 좍~

쌍둥이 01

1 오른쪽 그림과 같이 ∠A=90°인 직각삼각형 ABC에서 $\overline{BC}$의 길이를 구하시오.

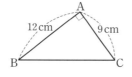

2 오른쪽 그림과 같이 ∠B=90°인 직각삼각형 ABC의 넓이를 구하시오.

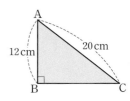

쌍둥이 02

3 오른쪽 그림과 같은 △ABC에서 $\overline{AD}\perp\overline{BC}$일 때, $\overline{AC}$의 길이를 구하시오.

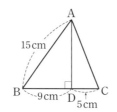

4 오른쪽 그림과 같이 ∠B=90°인 직각삼각형 ABC에서 $\overline{AC}$의 길이를 구하시오.

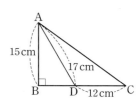

쌍둥이 03

5 오른쪽 그림과 같이 ∠A=∠B=90°인 사다리꼴 ABCD에서 $\overline{CD}$의 길이를 구하시오.

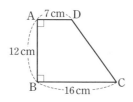

6 오른쪽 그림과 같이 ∠C=∠D=90°인 사다리꼴 ABCD의 넓이를 구하시오.

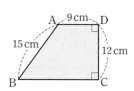

쌍둥이 04

7 오른쪽 그림은 직각삼각형 ABC의 세 변을 각각 한 변으로 하는 정사각형을 그린 것이다. 작은 정사각형 2개의 넓이가 각각 5 cm², 3 cm²일 때, 직각삼각형의 빗변을 한 변으로 하는 정사각형의 넓이를 구하시오.

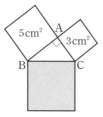

8 오른쪽 그림에서 사각형 P, Q, R는 직각삼각형 ABC의 세 변을 각각 한 변으로 하는 정사각형이다. 정사각형 P, Q의 넓이가 각각 13 cm², 9 cm²일 때, $\overline{AC}$의 길이를 구하시오.

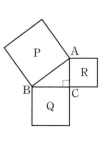

쌍둥이 05

9 오른쪽 그림과 같은 정사각형 ABCD에서 $\overline{AH}=\overline{BE}=\overline{CF}=\overline{DG}$ $=5\,cm$, $\overline{AE}=\overline{BF}=\overline{CG}=\overline{DH}$ $=4\,cm$ 일 때, 사각형 EFGH의 넓이를 구하시오.

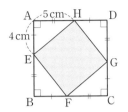

10 오른쪽 그림과 같은 정사각형 ABCD에서 $\overline{AH}=\overline{BE}=\overline{CF}=\overline{DG}$ $=12\,cm$ 이고 사각형 EFGH의 넓이가 $225\,cm^2$일 때, $\overline{DH}$의 길이를 구하시오.

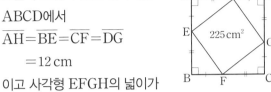

쌍둥이 06

11 세 변의 길이가 각각 다음과 같은 삼각형 중 직각삼각형인 것은?

① 4 cm, 5 cm, 7 cm

② 5 cm, 12 cm, 15 cm

③ 6 cm, 8 cm, 12 cm

④ 7 cm, 24 cm, 25 cm

⑤ 9 cm, 15 cm, 17 cm

12 다음 보기의 주어진 변의 길이를 세 변의 길이로 하는 삼각형 중에서 직각삼각형인 것은?

┌ 보기 ├
$a=8,\ b=10,\ c=12,\ d=15,\ e=17$

① a,b,c ② a,b,d ③ a,d,e
④ b,c,d ⑤ c,d,e

쌍둥이 07

13 오른쪽 그림과 같은 사각형 ABCD에서 두 대각선이 직교하고 $\overline{AB}=4$, $\overline{AD}=3$, $\overline{BC}=5$일 때, x^2의 값을 구하시오.

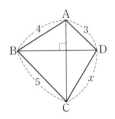

14 오른쪽 그림과 같이 $\angle A=90°$인 직각삼각형 ABC에서 $\overline{BC}=7$, $\overline{BE}=5$, $\overline{CD}=6$일 때, x^2의 값을 구하시오.

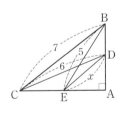

쌍둥이 08

15 오른쪽 그림과 같이 직각삼각형 ABC의 세 변을 각각 지름으로 하는 반원을 그렸을 때, 색칠한 부분의 넓이는?

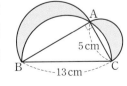

① $30\pi\,cm^2$ ② $40\pi\,cm^2$ ③ $60\pi\,cm^2$
④ $30\,cm^2$ ⑤ $60\,cm^2$

16 오른쪽 그림은 $\angle A=90°$인 직각삼각형 ABC의 세 변을 각각 지름으로 하는 반원을 그린 것이다. $\overline{AC}=15\,cm$이고 색칠한 부분의 넓이가 $60\,cm^2$일 때, $\overline{BC}$의 길이를 구하시오.

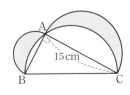

1. 삼각형의 성질

삼각형의 내심과 외심

유형 **10** 삼각형의 내심

개념편 **26** 쪽

(1) 삼각형의 내심: 삼각형의 내접원의 중심(I)
  ➡ 삼각형의 세 내각의 이등분선의 교점
(2) 삼각형의 내심에서 세 변에 이르는 거리는 같다.
  ➡ $\overline{ID}=\overline{IE}=\overline{IF}=$(내접원의 반지름의 길이)

참고 모든 삼각형의 내심은 삼각형의 내부에 있다.

1 다음 보기 중 점 P가 △ABC의 내심인 것을 모두 고르시오. _____

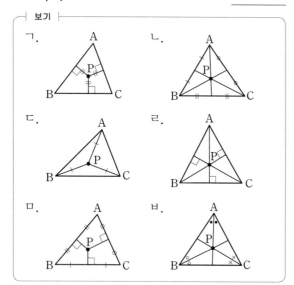

2 오른쪽 그림에서 점 I가 △ABC의 내심일 때, 다음 중 옳은 것은 ○표, 옳지 않은 것은 ×표를 ( ) 안에 쓰시오.

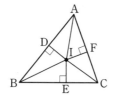

(1) △BDI≡△BEI ( )

(2) $\overline{IA}=\overline{IB}$ ( )

(3) $\overline{ID}=\overline{IE}$ ( )

(4) $\overline{AD}=\overline{AF}$ ( )

(5) ∠FCI=∠ECI ( )

(6) △AFI≡△CFI ( )

3 다음 그림에서 점 I가 △ABC의 내심일 때, x의 값을 구하시오.

(1)

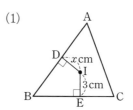

_____

(2)

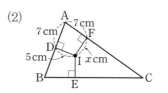

_____

(3)

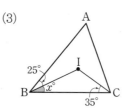

_____

(4)

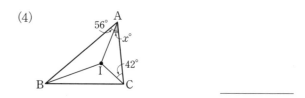

_____

(5)

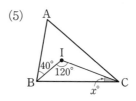

_____

유형 **11** 삼각형의 내심의 응용

점 I가 △ABC의 내심일 때

(1)
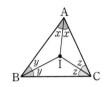 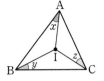

➡ $\angle x + \angle y + \angle z = 90°$

(2)
 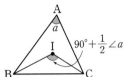

➡ $\angle BIC = 90° + \dfrac{1}{2} \angle A$

1 다음 그림에서 점 I가 △ABC의 내심일 때, $\angle x$의 크기를 구하시오.

(1)
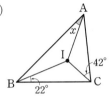

(2)
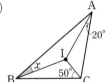

(3)
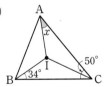

(4)
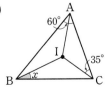

2 다음 그림에서 점 I가 △ABC의 내심일 때, $\angle x$의 크기를 구하시오.

(1)
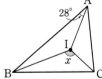

(2)

(3)
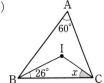

(4)

유형12 삼각형의 넓이와 내접원의 반지름의 길이 / 삼각형의 내접원과 접선의 길이　　개념편 28쪽

(1) △ABC의 내접원의 반지름
의 길이가 r일 때
➡ △ABC
$= \dfrac{1}{2} r (\overline{AB} + \overline{BC} + \overline{CA})$
└→ △ABC의 둘레의 길이

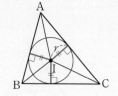

(2) △ABC의 내접원이 $\overline{AB}$,
$\overline{BC}$, $\overline{CA}$와 만나는 점을
각각 D, E, F라고 하면
➡ $\overline{AD}=\overline{AF}$, $\overline{BD}=\overline{BE}$,
$\overline{CE}=\overline{CF}$

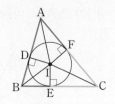

1 다음 그림에서 점 I가 △ABC의 내심일 때, △ABC의 넓이를 구하시오.

(1)
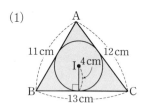

(2)

2 아래 그림에서 점 I가 △ABC의 내심이고 △ABC의 넓이가 다음과 같을 때, △ABC의 둘레의 길이를 구하시오.

(1) △ABC$=45\,cm^2$

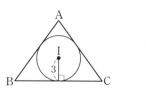

(2) △ABC$=80\,cm^2$
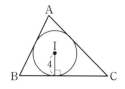

3 오른쪽 그림에서 점 I는 ∠C$=90°$인 직각삼각형 ABC의 내심이다. $\overline{AB}=10\,cm$, $\overline{BC}=8\,cm$, $\overline{AC}=6\,cm$일 때, 다음을 구하시오.

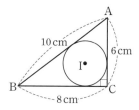

(1) △ABC의 넓이

(2) 내접원의 반지름의 길이

4 다음 그림에서 점 I는 △ABC의 내심이고 세 점 D, E, F는 각각 내접원과 세 변의 접점일 때, x의 값을 구하시오.

(1)
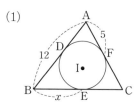

(2)
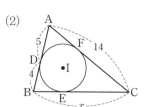

(3)
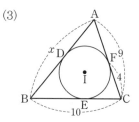

한 걸음 더 연습 유형 10~12

💬 삼각형의 내심과 꼭짓점을 연결하는 보조선을 그어 봐.

1 다음 그림에서 점 I가 △ABC의 내심일 때, ∠x의 크기를 구하시오.

(1)
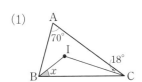
_____

(2)
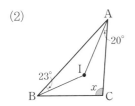
_____

2 오른쪽 그림에서 점 I는 △ABC의 내심이고, $\overline{DE} \,/\!/\, \overline{BC}$이다.
$\overline{DB}=7\,cm$, $\overline{EC}=8\,cm$일 때, 다음 물음에 답하시오.
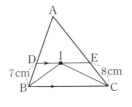

(1) ∠IBC와 크기가 같은 각을 모두 찾으시오.
_____

(2) ∠ICB와 크기가 같은 각을 모두 찾으시오.
_____

(3) $\overline{DE}$의 길이를 구하시오.
_____

3 오른쪽 그림과 같이 ∠C=90°인 직각삼각형 ABC에서 점 I는 내심이고, $\overline{AB}=17\,cm$, $\overline{BC}=8\,cm$, $\overline{CA}=15\,cm$일 때, 다음을 구하시오.
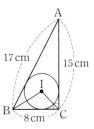

(1) △ABC의 넓이
_____

(2) 내접원의 반지름의 길이
_____

(3) △IBC의 넓이
_____

4 아래 그림에서 점 I가 △ABC의 내심이고 세 점 D, E, F는 각각 접점일 때, 다음 물음에 답하시오.
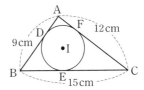

(1) $\overline{BE}=x\,cm$라고 할 때, $\overline{AF}$, $\overline{CF}$의 길이를 각각 x를 사용하여 나타내시오.
_____

(2) $\overline{BE}$의 길이를 구하시오.
_____

형광펜 들고 밑줄 좍~

쌍둥이 01

1 오른쪽 그림에서 점 I는 △ABC
의 내심이다. 다음 중 옳지 <u>않은</u>
것은?

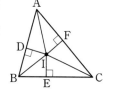

① $\overline{ID}=\overline{IE}=\overline{IF}$
② $\triangle IDB \equiv \triangle IEB$
③ $\triangle IAF \equiv \triangle ICF$
④ $\overline{IA}$는 ∠A의 이등분선이다.
⑤ 점 I는 △ABC의 내접원의 중심이다.

2 오른쪽 그림에서 점 I는 △ABC
의 내심이다. 다음 중 옳지 <u>않은</u>
것을 모두 고르면? (정답 2개)

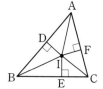

① $\overline{IA}=\overline{IB}=\overline{IC}$
② ∠AID = ∠AIF
③ ∠IAD = ∠IBD
④ $\triangle ICE \equiv \triangle ICF$
⑤ $\overline{BD}=\overline{BE}$

쌍둥이 02

3 오른쪽 그림에서 점 I는
△ABC의 내심이다.
∠AIB=110°,
∠IAC=40°일 때, ∠x의
크기를 구하시오.

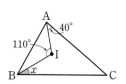

4 오른쪽 그림에서 점 I는
△ABC의 내심이다.
∠ABI=36°, ∠ACI=24°일
때, ∠x의 크기를 구하시오.

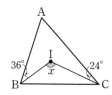

쌍둥이 03

5 오른쪽 그림에서 점 I는
△ABC의 내심이고,
$\overline{DE} /\!/ \overline{BC}$이다.
$\overline{DB}=5\,cm$, $\overline{EC}=4\,cm$일 때, $\overline{DE}$의 길이는?

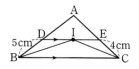

① 6 cm   ② 7 cm   ③ 8 cm
④ 9 cm   ⑤ 10 cm

6 오른쪽 그림에서 점 I는
△ABC의 내심이고, $\overline{DE} /\!/ \overline{BC}$
이다. $\overline{AB}=10\,cm$,
$\overline{BC}=7\,cm$, $\overline{AC}=9\,cm$일 때,
△ADE의 둘레의 길이를 구하
시오.

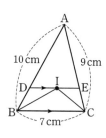

쌍둥이 04

7 오른쪽 그림에서 점 I는 △ABC의 내심이다. $\angle\text{IAB}=35°$, $\angle\text{ICA}=25°$ 일 때, $\angle x$의 크기를 구하시오.

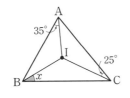

8 오른쪽 그림에서 점 I는 △ABC의 내심이다. $\angle\text{IAC}=25°$, $\angle\text{ABC}=80°$ 일 때, $\angle x$의 크기를 구하시오.

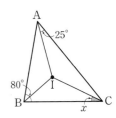

쌍둥이 05

9 오른쪽 그림에서 점 I는 △ABC의 내심이다. $\angle\text{A}=58°$일 때, $\angle\text{BIC}$의 크기를 구하시오.

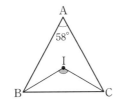

10 오른쪽 그림에서 점 I는 △ABC의 내심이다. $\angle\text{BIC}=130°$일 때, $\angle x$의 크기를 구하시오.

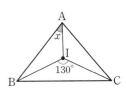

쌍둥이 06

11 오른쪽 그림에서 점 I는 △ABC의 내심이다. △ABC의 넓이가 $54\,\text{cm}^2$ 일 때, △ABC의 내접원 의 넓이를 구하시오.

서술형

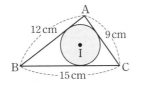

풀이 과정

답

12 오른쪽 그림에서 점 I는 $\angle\text{C}=90°$인 직각삼각형 ABC의 내심이다. $\overline{\text{AB}}=20\,\text{cm}$, $\overline{\text{BC}}=16\,\text{cm}$, $\overline{\text{CA}}=12\,\text{cm}$ 일 때, △ABI의 넓이를 구하시오.

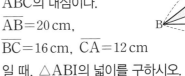

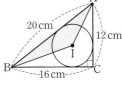

쌍둥이 07

13 오른쪽 그림에서 원 I는 △ABC 의 내접원이고, 세 점 D, E, F 는 각각 내접원과 세 변의 접점 이다. $\overline{\text{AB}}=8$, $\overline{\text{BC}}=6$, $\overline{\text{CA}}=7$ 일 때, $\overline{\text{AD}}$의 길이를 구하시오.

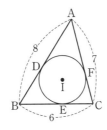

14 오른쪽 그림에서 점 I는 △ABC의 내심이고, 세 점 D, E, F는 각각 내접원과 세 변의 접점이다. $\overline{\text{AB}}=7$, $\overline{\text{BC}}=6$, $\overline{\text{CA}}=5$일 때, $\overline{\text{CE}}$ 의 길이를 구하시오.

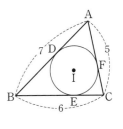

유형 13 삼각형의 외심

(1) **삼각형의 외심**: 삼각형의 외접원의 중심(O)
   ➡ 삼각형의 세 변의 수직이등분선의 교점
(2) 삼각형의 **외심**에서 세 꼭짓점에 이르는 거리는 같다.
   ➡ $\overline{OA}=\overline{OB}=\overline{OC}=$(외접원의 반지름의 길이)

1 다음 보기 중 점 P가 △ABC의 외심인 것을 모두 고르시오. _____

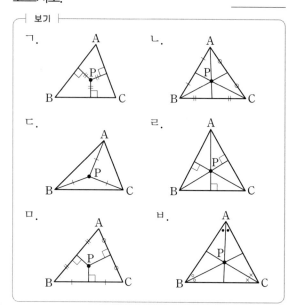

3 다음 그림에서 점 O가 △ABC의 외심일 때, x의 값을 구하시오.

(1)
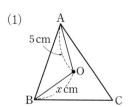
_____

(2)
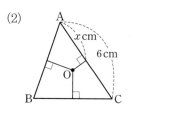
_____

(3)
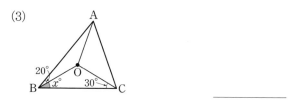
_____

2 오른쪽 그림에서 점 O가 △ABC의 외심일 때, 다음 중 옳은 것은 ○표, 옳지 않은 것은 ×표를 ( ) 안에 쓰시오.

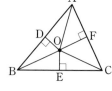

(1) △ADO≡△BDO   (   )

(2) $\overline{OA}=\overline{OC}$ (   )

(3) $\overline{CF}=\overline{CE}$ (   )

(4) $\overline{BE}=\dfrac{1}{2}\overline{BC}$ (   )

(5) ∠DBO=∠EBO   (   )

(4)
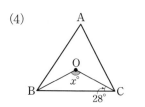
_____

(5)
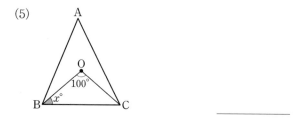
_____

유형 **14** 삼각형의 외심의 위치

(1) 예각삼각형

➡ 삼각형의 내부

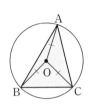

(2) 직각삼각형

➡ 빗변의 중점

외접원의 반지름

(3) 둔각삼각형

➡ 삼각형의 외부

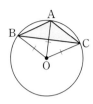

[참고] 직각삼각형의 외심은 빗변의 중점이므로 ➡ (직각삼각형의 외접원의 반지름의 길이)$=\dfrac{1}{2}\times$(빗변의 길이)

1 다음 그림과 같은 직각삼각형 ABC에서 점 O가 빗변의 중점일 때, x의 값을 구하시오.

(1)
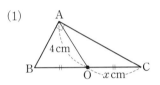

(2)
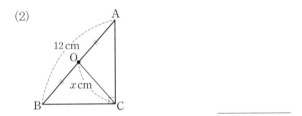

(3)
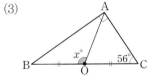

(4)
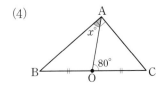

2 다음 그림과 같은 직각삼각형 ABC의 외접원의 반지름의 길이를 구하시오.

(1)
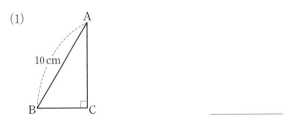

(2)
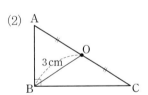

3 다음 그림과 같이 ∠C＝90°인 직각삼각형 ABC에서 $\overline{AB}=26\,cm$, $\overline{BC}=24\,cm$, $\overline{AC}=10\,cm$일 때, △ABC의 외접원의 둘레의 길이를 구하시오.

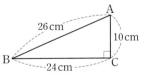

유형 **15** 삼각형의 외심의 응용

점 O가 △ABC의 외심일 때

(1)
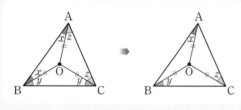

➡ $\angle x + \angle y + \angle z = 90°$

(2)
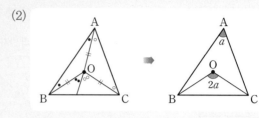

➡ $\angle BOC = 2\angle A$

1 다음 그림에서 점 O가 △ABC의 외심일 때, $\angle x$의 크기를 구하시오.

(1)
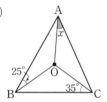

_____

(2)
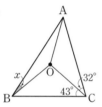

_____

(3)
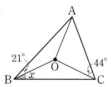

_____

(4)
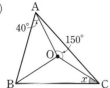

_____

2 다음 그림에서 점 O가 △ABC의 외심일 때, $\angle x$의 크기를 구하시오.

(1)
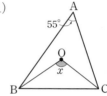

_____

(2)
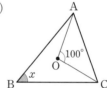

_____

(3)
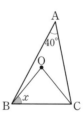

_____

(4)
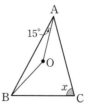

_____

한 걸음 더 연습 유형 13~15

1 다음 보기의 삼각형은 모두 합동이다. 이 삼각형들을 대응변끼리 포개었을 때, 점 A, B, C, D, E, F 중 겹쳐지는 것을 모두 고르시오.

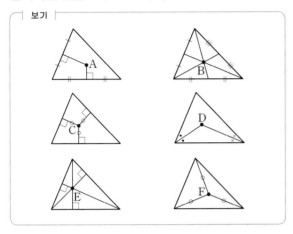

─── 보기 ───

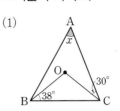

삼각형의 외심과 꼭짓점을 연결하는 보조선을 그어 봐.

4 다음 그림에서 점 O가 △ABC의 외심일 때, ∠x의 크기를 구하시오.

(1)

(2)

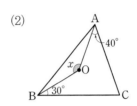

─────────

---

2 오른쪽 그림에서 점 O는 △ABC의 외심이고, △AOC 의 둘레의 길이는 17 cm이다. △ABC의 외접원의 반지름의 길이가 5 cm일 때, $\overline{AC}$의 길이를 구하시오.

─────────

∠A+∠B+∠C=180°임을 이용해 보자.

5 오른쪽 그림에서 점 O는 △ABC의 외심이다. ∠BAC : ∠ABC : ∠ACB =4 : 3 : 2 일 때, 다음을 구하시오.

(1) ∠ACB의 크기 ─────────

(2) ∠AOB의 크기 ─────────

---

3 오른쪽 그림에서 점 O는 ∠C=90°인 직각삼각형 ABC의 빗변의 중점이다. $\overline{AC}$=7 cm, ∠A=60°일 때, $\overline{AB}$의 길이를 구하시오.

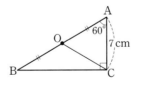

─────────

---

6 오른쪽 그림에서 점 O는 △ABC의 외심이고, 점 I는 △OBC의 내심이다. ∠BIC=140°일 때, 다음을 구하시오.

(1) ∠BOC의 크기 ─────────

(2) ∠A의 크기 ─────────

쌍둥이 기출문제

형광펜 들고 밑줄 쫙~

1 오른쪽 그림에서 점 O는 △ABC의 외심이다. 다음 중 옳지 <u>않은</u> 것은?

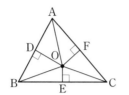

① $\overline{OA}=\overline{OB}=\overline{OC}$
② $\overline{OD}=\overline{OE}=\overline{OF}$
③ $\triangle OAD \equiv \triangle OBD$
④ $\angle OBE = \angle OCE$
⑤ $\overline{BE}=\overline{CE}$

2 오른쪽 그림에서 점 O는 △ABC의 외심이다. 다음 중 옳은 것은?

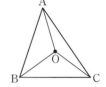

① $\angle OCA = \angle OCB$
② $\angle ABO = \angle BAO$
③ 점 O에서 세 변에 이르는 거리는 모두 같다.
④ 점 O는 세 내각의 이등분선의 교점이다.
⑤ $\overline{OB}$는 ∠B의 이등분선이다.

3 오른쪽 그림에서 점 O는 △ABC의 외심이다. $\overline{AB}=10$ cm이고, △ABO 의 둘레의 길이가 24 cm일 때, △ABC의 외접원의 반지름의 길이를 구하시오.

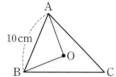

4 오른쪽 그림에서 점 O는 △ABC의 외심이다. △AOC의 둘레의 길이가 20 cm일 때, △ABC의 외접원의 넓이는?

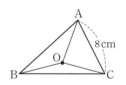

① 10π cm² ② 12π cm² ③ 25π cm²
④ 36π cm² ⑤ 49π cm²

5 서술형 오른쪽 그림에서 △ABC는 ∠C=90°인 직각삼각형이다. $\overline{AB}=13$ cm, $\overline{BC}=5$ cm, $\overline{AC}=12$ cm일 때, △ABC의 외접원의 둘레의 길이를 구하시오.

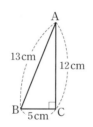

[풀이 과정]

[답]

6 오른쪽 그림과 같이 ∠C=90°인 직각삼각형 ABC에서 $\overline{AB}=10$ cm, $\overline{BC}=6$ cm, $\overline{AC}=8$ cm일 때, △ABC의 외접원의 넓이를 구하시오.

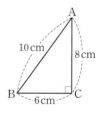

7 오른쪽 그림에서 점 O는
∠C＝90°인 직각삼각형
ABC의 외심이다.
$\overline{AB}=10\,cm$, ∠A＝60°일
때, $\overline{AC}$의 길이를 구하시오.

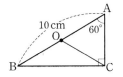

8 오른쪽 그림에서 점 O는
∠B＝90°인 직각삼각형
ABC의 외심이다.
∠C＝30°, $\overline{AB}=3\,cm$일
때, $\overline{AC}$의 길이를 구하시오.

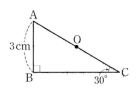

9 오른쪽 그림에서 점 O는
△ABC의 외심이다.
∠ABO＝40°, ∠OCB＝25°
일 때, ∠x의 크기는?

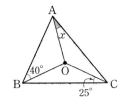

① 22°   ② 23°
③ 24°   ④ 25°
⑤ 26°

10 오른쪽 그림에서 점 O는
△ABC의 외심이다.
∠ACO＝38°,
∠OCB＝28°일 때,
∠OBA의 크기를 구하시오.

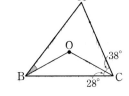

11 오른쪽 그림에서 점 O는
△ABC의 외심이다.
∠ABO＝24°, ∠ACO＝36°
일 때, ∠x, ∠y의 크기를 각
각 구하시오.

서술형

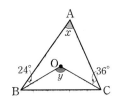

풀이 과정

답

12 오른쪽 그림에서 점 O는
△ABC의 외심이다.
∠BAO＝47°, ∠BCO＝23°
일 때, ∠x＋∠y의 크기는?

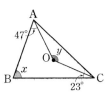

① 200°   ② 210°   ③ 220°
④ 230°   ⑤ 240°

13 오른쪽 그림에서 점 O는
△ABC의 외심이다.
∠BAC : ∠ABC : ∠ACB
=5 : 6 : 7
일 때, ∠BOC의 크기를 구하
시오.

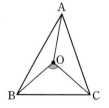

14 오른쪽 그림에서 점 O는
△ABC의 외심이다.
∠AOB : ∠BOC : ∠COA
=3 : 4 : 5
일 때, ∠ABC의 크기를 구하시오.

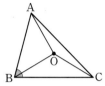

15 다음 중 삼각형의 내심과 외심에 대한 설명으로 옳
지 <u>않은</u> 것을 모두 고르면? (정답 2개)

① 외심은 외접원의 중심이다.
② 외심으로부터 세 꼭짓점에 이르는 거리는 같다.
③ 세 내각의 이등분선이 만나는 점은 외심이다.
④ 내심으로부터 세 변에 이르는 거리는 같다.
⑤ 세 변의 수직이등분선이 만나는 점은 내심이다.

16 다음 설명 중 옳지 <u>않은</u> 것을 모두 고르면?

(정답 2개)

① 삼각형의 내심은 내접원의 중심이다.
② 삼각형의 내심은 세 내각의 이등분선의 교점이다.
③ 이등변삼각형의 내심과 외심은 일치한다.
④ 모든 삼각형의 외심은 삼각형의 외부에 위치한다.
⑤ 직각삼각형의 외심에서 한 꼭짓점까지의 거리는
빗변의 길이의 $\frac{1}{2}$이다.

17 오른쪽 그림에서 점 I와 점 O
는 각각 △ABC의 내심과 외심
이다. ∠BOC=104°일 때,
∠BIC의 크기를 구하시오.

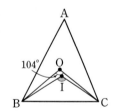

18 오른쪽 그림에서 점 I와 점 O는
각각 △ABC의 내심과 외심이다.
∠BIC=110°일 때, ∠BOC의
크기를 구하시오.

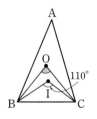

풀이 과정

답

• 정답과 해설 22쪽

1 오른쪽 그림에서 $\overline{AB}=\overline{AC}=\overline{CD}$이고 $\angle BDC=70°$일 때, $\angle DCE$의 크기를 구하시오.

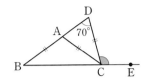

▶ 이등변삼각형의 성질

2 직사각형 모양의 종이를 오른쪽 그림과 같이 $\overline{BC}$를 접는 선으로 하여 접었다. $\overline{AC}=7\,\text{cm}$, $\overline{BC}=6\,\text{cm}$, $\angle BAC=50°$일 때, $\overline{AB}$의 길이와 $\angle ABC$의 크기를 차례로 구하시오.

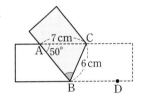

▶ 이등변삼각형이 되는 조건

서술형

3 오른쪽 그림과 같이 $\angle A=90°$이고 $\overline{AB}=\overline{AC}$인 직각이등변삼각형 ABC의 두 꼭짓점 B, C에서 꼭짓점 A를 지나는 직선 l에 내린 수선의 발을 각각 D, E라고 하자. $\overline{BD}=9\,\text{cm}$, $\overline{CE}=4\,\text{cm}$일 때, $\overline{DE}$의 길이를 구하시오.

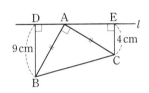

▶ 직각삼각형의 합동 조건의 응용 - RHA 합동

풀이 과정

답

4 오른쪽 그림과 같이 $\angle C=90°$인 직각삼각형 ABC에서 $\overline{ED}=\overline{EC}$이고 $\overline{AB}\perp\overline{DE}$이다. $\angle A=40°$일 때, $\angle BEC$의 크기를 구하시오.

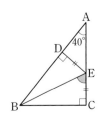

▶ 직각삼각형의 합동 조건의 응용 - RHS 합동

5 오른쪽 그림과 같이 ∠B＝∠C＝90°이고 $\overline{AB}$＝4 cm, $\overline{AD}$＝10 cm, $\overline{CD}$＝10 cm인 사다리꼴 ABCD의 넓이를 구하시오.

▶ 사다리꼴에서 피타고라스 정리 이용하기

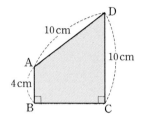

6 오른쪽 그림은 ∠C＝90°인 직각삼각형 ABC의 세 변을 각각 한 변으로 하는 정사각형을 그린 것이다. 정사각형 ADEB와 정사각형 BFGC의 넓이가 각각 81 cm², 56 cm²일 때, 다음을 구하시오.

(1) 정사각형 ACHI의 넓이

(2) $\overline{AC}$의 길이

▶ 피타고라스 정리의 응용

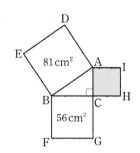

7 세 변의 길이가 각각 다음과 같은 삼각형 중 직각삼각형인 것은?

① 3 cm, 5 cm, 6 cm ② 4 cm, 5 cm, 5 cm ③ 5 cm, 6 cm, 7 cm

④ 6 cm, 7 cm, 10 cm ⑤ 12 cm, 16 cm, 20 cm

▶ 직각삼각형이 되기 위한 조건

8 오른쪽 그림에서 점 I는 △ABC의 내심이고, $\overline{DE}$ ∥ $\overline{BC}$이다. $\overline{AD}$＝5 cm, $\overline{AE}$＝9 cm, $\overline{DB}$＝4 cm, $\overline{EC}$＝6 cm일 때, $\overline{DE}$의 길이를 구하시오.

▶ 삼각형의 내심과 평행선

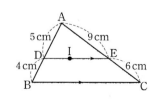

9 오른쪽 그림에서 점 I는 직각삼각형 ABC의 내심이다.
$\overline{AB}=15\,cm$, $\overline{BC}=20\,cm$, $\overline{AC}=25\,cm$일 때, △ABC의 내
접원의 넓이를 구하시오.

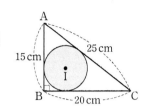

▶ 삼각형의 내접원의
반지름의 길이

10 오른쪽 그림과 같이 ∠C=90°인 직각삼각형 ABC에서 점 M은 $\overline{AB}$
의 중점이고 $\overline{AB}=16\,cm$, ∠B=50°일 때, 다음 중 옳지 <u>않은</u> 것은?

① $\overline{CM}=8\,cm$　　　　② ∠MCB=40°
③ ∠AMC=100°　　　　④ △AMC는 이등변삼각형이다.
⑤ 점 M은 △ABC의 외심이다.

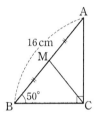

▶ 직각삼각형의 외심

11 오른쪽 그림에서 점 O가 △ABC의 외심이고 ∠BOC=114°,
∠OCA=35°일 때, ∠BAO의 크기는?

① 17°　　　　② 22°　　　　③ 25°
④ 31°　　　　⑤ 33°

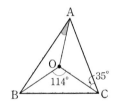

▶ 삼각형의 외심의 응용

12 오른쪽 그림에서 점 I와 점 O는 각각 △ABC의 내심과 외심이다.
∠ABC=45°, ∠ACB=80°일 때, ∠BIC－∠BOC의 크기는?

① 7.5°　　　　② 9°　　　　③ 12.5°
④ 14°　　　　⑤ 15.5°

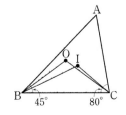

▶ 삼각형의 내심과 외심

2 사각형의 성질

1

평행사변형

유형 1 | 평행사변형

(1) 평행사변형

두 쌍의 대변이 각각 평행한
사각형

➡ $\overline{AB} /\!/ \overline{DC}$, $\overline{AD} /\!/ \overline{BC}$

(2) 평행사변형의 성질

① 두 쌍의 대변의 길이는 각각
같다.

➡ $\overline{AB} = \overline{DC}$, $\overline{AD} = \overline{BC}$

② 두 쌍의 대각의 크기는 각각
같다.

➡ $\angle A = \angle C$, $\angle B = \angle D$

③ 두 대각선은 서로 다른 것을
이등분한다.

➡ $\overline{OA} = \overline{OC}$, $\overline{OB} = \overline{OD}$

참고 평행사변형에서 이웃하는 두 내각의 크기의 합은 180°이다.

---

1 다음 그림과 같은 평행사변형 ABCD에서 x, y의 값을 각각 구하시오.

(단, 점 O는 두 대각선의 교점이다.)

(1)
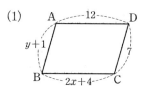

(2)
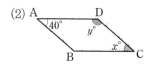

(3)
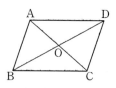

(4)

(5)

2 오른쪽 그림과 같은 평행사변형 ABCD에서 $\angle A$의 이등분선이 $\overline{BC}$와 만나는 점을 E라고 하자.

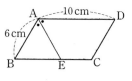

$\overline{AB} = 6\,\text{cm}$, $\overline{AD} = 10\,\text{cm}$일 때, 다음을 구하시오.

(1) $\overline{BE}$의 길이 _____

(2) $\overline{EC}$의 길이 _____

3 오른쪽 그림과 같은 평행사변형 ABCD에 대하여 다음 중 옳은 것은 ○표, 옳지 않은 것은 ×표를 ( ) 안에 쓰시오.

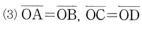

(단, 점 O는 두 대각선의 교점이다.)

(1) $\overline{AD} = \overline{BC}$ ( )

(2) $\angle BAD = \angle BCD$ ( )

(3) $\overline{OA} = \overline{OB}$, $\overline{OC} = \overline{OD}$ ( )

(4) $\angle ABC + \angle ADC = 180°$ ( )

(5) $\angle ABC + \angle BCD = 180°$ ( )

(6) $\triangle AOD \equiv \triangle COB$ ( )

유형 2 평행사변형이 되는 조건

□ABCD가 다음의 어느 한 조건을 만족시키면 평행사변형이 된다. (단, 점 O는 두 대각선의 교점이다.)

(1) 두 쌍의 대변이 각각 평행하다.
➡ $\overline{AB}/\!/\overline{DC}$, $\overline{AD}/\!/\overline{BC}$
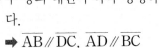

(2) 두 쌍의 대변의 길이가 각각 같다.
➡ $\overline{AB}=\overline{DC}$, $\overline{AD}=\overline{BC}$
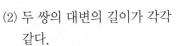

(3) 두 쌍의 대각의 크기가 각각 같다.
➡ $\angle A=\angle C$, $\angle B=\angle D$

(4) 두 대각선이 서로 다른 것을 이등분한다.
➡ $\overline{OA}=\overline{OC}$, $\overline{OB}=\overline{OD}$
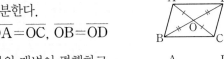

(5) 한 쌍의 대변이 평행하고 그 길이가 같다.
➡ $\overline{AD}/\!/\overline{BC}$, $\overline{AD}=\overline{BC}$

1 □ABCD가 다음을 만족시킬 때, 평행사변형이 되면 ○표, 되지 않으면 ×표를 ( ) 안에 쓰고, 평행사변형이 되는 것은 그 조건을 말하시오.
(단, 점 O는 두 대각선의 교점이다.)

(1) $\overline{AB}/\!/\overline{DC}$, $\overline{AD}/\!/\overline{BC}$ ( )
⇨ 조건: _____

(2) $\overline{OA}=\overline{OC}=3\,cm$, $\overline{OB}=\overline{OD}=5\,cm$ ( )
⇨ 조건: _____

(3) $\overline{AD}/\!/\overline{BC}$, $\overline{AB}=\overline{DC}=7\,cm$ ( )
⇨ 조건: _____

(4) $\angle A=70°$, $\angle B=110°$, $\angle C=70°$ ( )
⇨ 조건: _____

(5) $\overline{AB}=\overline{BC}=5\,cm$, $\overline{CD}=\overline{DA}=7\,cm$ ( )
⇨ 조건: _____

(6) $\overline{AB}/\!/\overline{DC}$, $\overline{AB}=\overline{DC}=6\,cm$ ( )
⇨ 조건: _____

2 다음 보기의 □ABCD 중 평행사변형이 되는 것을 모두 고르시오. (단, 점 O는 두 대각선의 교점이다.)

보기
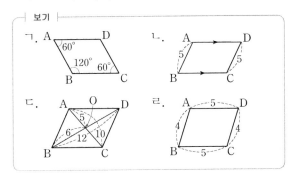

3 다음은 평행사변형 ABCD에서 두 대각선의 교점을 O라 하고 대각선 BD 위에 $\overline{BE}=\overline{DF}$가 되도록 두 점 E, F를 잡을 때, □AECF가 평행사변형임을 설명하는 과정이다. ☐ 안에 알맞은 것을 쓰시오.

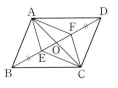

□ABCD는 평행사변형이므로
☐$=\overline{OC}$ ⋯ ㉠
또 $\overline{OB}=\overline{OD}$이고, $\overline{BE}=\overline{DF}$이므로
$\overline{OE}=\overline{OB}-\overline{BE}=\overline{OD}-\overline{DF}=$☐ ⋯ ㉡
㉠, ㉡에 의해 두 ☐이 서로 다른 것을 이등분하므로 □AECF는 평행사변형이다.

개념편 51쪽

유형 **3** 평행사변형과 넓이

평행사변형 ABCD에서
(1) 두 대각선의 교점을 O라고 하면

  ① △ABC=△CDA=△BCD=△DAB=$\frac{1}{2}$□ABCD

  ② △ABO=△BCO=△CDO=△DAO=$\frac{1}{4}$□ABCD

(2) 내부의 임의의 한 점 P에 대하여

  △PAB+△PCD=△PDA+△PBC=$\frac{1}{2}$□ABCD

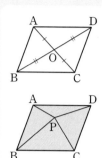

---

1 오른쪽 그림과 같은 평행사변형 ABCD에서 두 대각선의 교점을 O라고 할 때, 다음을 구하시오.

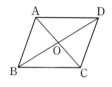

(1) △ABC=24 cm²일 때, △ABD의 넓이

―――――――――

(2) □ABCD=40 cm²일 때, △OBC의 넓이

―――――――――

(3) △ACD=36 cm²일 때, □ABCD의 넓이

―――――――――

2 아래 그림과 같이 평행사변형 ABCD의 내부의 한 점 P에 대하여 점 P를 지나면서 $\overline{AB}$, $\overline{BC}$에 평행한 직선을 각각 그었다. 나누어진 각 삼각형에 대하여 □ 안에 알맞은 수를 쓰고, 다음을 구하시오.

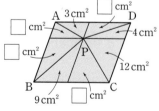

(1) △PAB+△PCD의 값

―――――――――

(2) △PDA+△PBC의 값

―――――――――

3 아래 그림과 같은 평행사변형 ABCD의 내부의 한 점 P에 대하여 다음을 구하시오.

(1) △PAB=10 cm²,
△PCD=19 cm²일 때,
△PDA와 △PBC의 넓이의 합

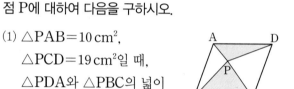

―――――――――

(2) △PAB=16 cm²,
△PDA=26 cm²,
△PBC=10 cm²일 때,
△PCD의 넓이

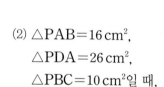

―――――――――

(3) □ABCD=80 cm²일 때,
△PAB와 △PCD의 넓이의 합

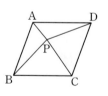

―――――――――

(4) □ABCD=60 cm²,
△PBC=18 cm²일 때,
△PDA의 넓이

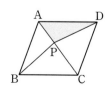

―――――――――

• 정답과 해설 25쪽

형광펜 들고 밑줄 쫙~

쌍둥이 01

1 오른쪽 그림과 같은 평행사변형 ABCD에서 두 대각선의 교점을 O라고 할 때, x, y의 값을 각각 구하시오.

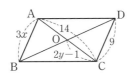

2 오른쪽 그림과 같은 평행사변형 ABCD에서 x, y의 값을 각각 구하시오.

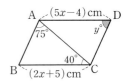

쌍둥이 02

3 오른쪽 그림과 같은 평행사변형 ABCD에서 ∠B의 이등분선과 $\overline{CD}$의 연장선의 교점을 E라고 하자. $\overline{AB}=3\,\mathrm{cm}$, $\overline{BC}=5\,\mathrm{cm}$일 때, $\overline{DE}$의 길이를 구하시오.

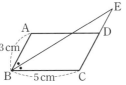

4 오른쪽 그림과 같은 평행사변형 ABCD에서 ∠A의 이등분선이 $\overline{DC}$의 연장선과 만나는 점을 E라고 하자. $\overline{AB}=8\,\mathrm{cm}$, $\overline{AD}=11\,\mathrm{cm}$일 때, $\overline{CE}$의 길이를 구하시오.

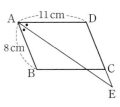

쌍둥이 03

5 오른쪽 그림과 같은 평행사변형 ABCD에서 ∠A : ∠B=4 : 1일 때, ∠C의 크기를 구하시오.

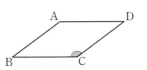

6 평행사변형 ABCD에서 ∠C : ∠D=2 : 3일 때, ∠B의 크기를 구하시오.

쌍둥이 04

7 다음 사각형 중 평행사변형이 <u>아닌</u> 것은?

① 　②

③ 　④

⑤

8 다음 사각형 중 평행사변형인 것은?

① 　②

쌍둥이 05

9 다음 중 □ABCD가 평행사변형이 되지 <u>않는</u> 것은? (단, 점 O는 두 대각선의 교점이다.)

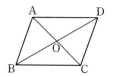

① $\overline{AD} /\!/ \overline{BC}$, $\overline{AB} /\!/ \overline{DC}$
② $\overline{AD} = \overline{BC}$, ∠DAC = ∠BCA
③ ∠B = ∠C, $\overline{AB} = \overline{DC}$
④ ∠BAD = ∠BCD, ∠ABC = ∠ADC
⑤ $\overline{OA} = \overline{OC}$, $\overline{OB} = \overline{OD}$

10 다음 중 □ABCD가 평행사변형이 되는 것을 모두 고르면? (정답 2개)

① $\overline{AB} = \overline{BC} = 5\,cm$, $\overline{AC} \perp \overline{BD}$
② $\overline{AB} /\!/ \overline{DC}$, $\overline{AB} = \overline{DC} = 4\,cm$
③ $\overline{AB} = \overline{BC} = 5\,cm$, $\overline{AD} = \overline{DC} = 6\,cm$
④ ∠A = 125°, ∠B = 55°, ∠C = 125°
⑤ $\overline{OA} = \overline{OB} = 5\,cm$, $\overline{OC} = \overline{OD} = 6\,cm$
　　　　　　　 (단, 점 O는 두 대각선의 교점이다.)

쌍둥이 06

11 오른쪽 그림과 같이 평행사변형 ABCD의 두 대각선의 교점 O를 지나는 직선이 $\overline{AD}$, $\overline{BC}$와 만나는 점을 각각 E, F라고 하자. □ABCD의 넓이가 $48\,cm^2$일 때, 다음 물음에 답하시오.

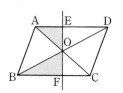

(1) △AOE와 합동인 삼각형을 찾고, 합동 조건을 말하시오.
(2) 색칠한 부분의 넓이를 구하시오.

12 오른쪽 그림과 같이 평행사변형 ABCD의 두 대각선의 교점 O를 지나는 직선이 $\overline{AB}$, $\overline{CD}$와 만나는 점을 각각 E, F라고 하자. □ABCD의 넓이가 $60\,cm^2$일 때, 색칠한 부분의 넓이를 구하시오.

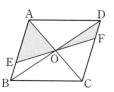

쌍둥이 07

13 오른쪽 그림과 같이 밑변의 길이가 $5\,cm$, 높이가 $6\,cm$인 평행사변형 ABCD의 내부의 한 점 P에 대하여 △PDA와 △PBC의 넓이의 합은?

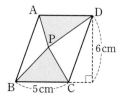

① $10\,cm^2$　　② $12\,cm^2$　　③ $15\,cm^2$
④ $18\,cm^2$　　⑤ $20\,cm^2$

14 서술형 오른쪽 그림과 같은 평행사변형 ABCD의 내부의 한 점 P에 대하여 △PAB와 △PCD의 넓이의 합이 $18\,cm^2$일 때, □ABCD의 넓이를 구하시오.

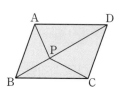

풀이 과정

답

2. 사각형의 성질

2 여러 가지 사각형

(1) 직사각형

  ① 직사각형: 네 내각의 크기가 같은 사각형

    ➡ $\angle A = \angle B = \angle C = \angle D = 90°$

  ② 직사각형의 성질: 두 대각선은 길이가 같고, 서로 다른 것을 이등분한다.

    ➡ $\overline{AC} = \overline{BD}$, $\overline{AO} = \overline{BO} = \overline{CO} = \overline{DO}$

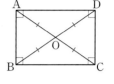

(2) 마름모

  ① 마름모: 네 변의 길이가 같은 사각형

    ➡ $\overline{AB} = \overline{BC} = \overline{CD} = \overline{DA}$

  ② 마름모의 성질: 두 대각선은 서로 다른 것을 수직이등분한다.

    ➡ $\overline{AC} \perp \overline{BD}$, $\overline{AO} = \overline{CO}$, $\overline{BO} = \overline{DO}$

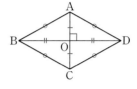

1 다음 그림과 같은 직사각형 ABCD에서 점 O가 두 대각선의 교점일 때, x, y의 값을 각각 구하시오.

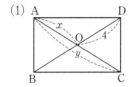

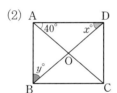

_____

2 다음은 오른쪽 그림과 같은 평행사변형 ABCD가 직사각형이 되는 조건이다. 다음 □ 안에 알맞은 것을 쓰시오.

(단, 점 O는 두 대각선의 교점이다.)

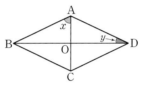

(1) $\angle A = \boxed{}°$ (2) $\overline{AC} = \boxed{}$

3 다음 그림과 같은 마름모 ABCD에서 점 O가 두 대각선의 교점일 때, x, y의 값을 각각 구하시오.

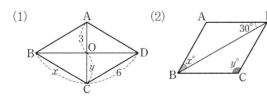

_____

4 다음 그림과 같은 마름모 ABCD에서 점 O가 두 대각선의 교점일 때, $\angle x + \angle y$의 크기를 구하시오.

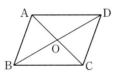

_____

5 다음 중 오른쪽 그림과 같은 평행사변형 ABCD가 직사각형이 되는 조건이면 '직', 마름모가 되는 조건이면 '마'를 ( ) 안에 쓰시오. (단, 점 O는 두 대각선의 교점이다.)

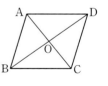

(1) $\angle A = \angle B$ (   )

(2) $\angle AOB = 90°$ (   )

(3) $\overline{AB} = \overline{AD}$ (   )

(4) $\overline{AC} = \overline{BD}$ (   )

(5) $\overline{OB} = \overline{OC}$ (   )

(6) $\angle DAO = \angle DCO$ (   )

유형 5 정사각형 / 등변사다리꼴

(1) 정사각형
  ① 정사각형: 네 변의 길이가 같고, 네 내각의 크기가 같은 사각형
    ➡ $\overline{AB}=\overline{BC}=\overline{CD}=\overline{DA}$, $\angle A=\angle B=\angle C=\angle D=90°$
  ② 정사각형의 성질: 두 대각선은 길이가 같고, 서로 다른 것을 수직이등분한다.
    ➡ $\overline{AC}=\overline{BD}$, $\overline{AC}\perp\overline{BD}$, $\overline{AO}=\overline{BO}=\overline{CO}=\overline{DO}$

(2) 등변사다리꼴
  ① 등변사다리꼴: 아랫변의 양 끝 각의 크기가 같은 사다리꼴
  ② 등변사다리꼴의 성질
    • 평행하지 않은 한 쌍의 대변의 길이가 같다. ➡ $\overline{AB}=\overline{DC}$
    • 두 대각선의 길이가 같다. ➡ $\overline{AC}=\overline{BD}$

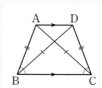

---

1 다음 그림과 같은 정사각형 ABCD에서 점 O가 두 대각선의 교점일 때, x, y의 값을 각각 구하시오.

(1) 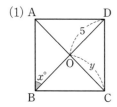 (2)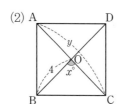

---

2 오른쪽 그림과 같은 정사각형 ABCD에서 두 대각선의 교점을 O라고 하자. $\overline{BD}=6$ cm일 때, $\triangle ABD$의 넓이를 구하시오.

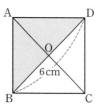

---

3 오른쪽 그림과 같은 마름모 ABCD가 정사각형이 되기 위한 조건을 다음 보기에서 모두 고르시오. (단, 점 O는 두 대각선의 교점이다.)

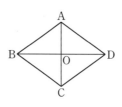

┌ 보기 ┐
ㄱ. $\overline{AB}=\overline{AD}$　　ㄴ. $\overline{AC}\perp\overline{BD}$
ㄷ. $\overline{AC}=\overline{BD}$　　ㄹ. $\angle ADC=90°$
ㅁ. $\angle ABO=\angle CBO$

---

4 오른쪽 그림과 같이 $\overline{AD}\,/\!/\,\overline{BC}$인 등변사다리꼴 ABCD에서 점 O가 두 대각선의 교점일 때, 다음 □ 안에 알맞은 것을 쓰시오.

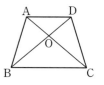

(1) $\angle ABC=$□　　(2) $\overline{AB}=$□

(3) $\angle BAD=$□　　(4) $\overline{AC}=$□

(5) $\triangle ABC\equiv$□　　(6) $\triangle ABD\equiv$□

---

5 다음 그림과 같이 $\overline{AD}\,/\!/\,\overline{BC}$인 등변사다리꼴 ABCD에서 점 O가 두 대각선의 교점일 때, x, y의 값을 각각 구하시오.

(1) 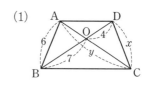 (2)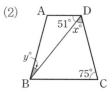

---

6 오른쪽 그림과 같이 $\overline{AD}\,/\!/\,\overline{BC}$인 등변사다리꼴 ABCD에서 $\overline{AB}=\overline{AD}$이고 $\angle C=100°$일 때, $\angle x$의 크기를 구하시오.

유형 6 여러 가지 사각형 사이의 관계 / 여러 가지 사각형의 대각선의 성질

(1) 여러 가지 사각형 사이의 관계

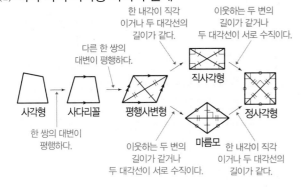

(2) 여러 가지 사각형의 대각선의 성질
  ① 평행사변형: 두 대각선은 서로 다른 것을 이등분한다.
  ② 직사각형: 두 대각선은 길이가 같고, 서로 다른 것을 이등분한다.
  ③ 마름모: 두 대각선은 서로 다른 것을 수직이등분한다.
  ④ 정사각형: 두 대각선은 길이가 같고, 서로 다른 것을 수직이등분한다.
  ⑤ 등변사다리꼴: 두 대각선은 길이가 같다.

1 오른쪽 그림과 같은 평행사변형 ABCD가 다음 조건을 만족시킬 때, 어떤 사각형이 되는지 말하시오.

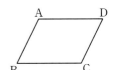

(1) $\overline{AB}=\overline{BC}$ _____

(2) $\overline{AC}\perp\overline{BD}$ _____

(3) $\angle B=90^\circ$ _____

(4) $\overline{AC}=\overline{BD}$ _____

(5) $\angle A=90^\circ$, $\overline{AC}\perp\overline{BD}$ _____

(6) $\overline{AC}=\overline{BD}$, $\overline{AB}=\overline{BC}$ _____

2 다음 조건을 만족시키는 □ABCD는 어떤 사각형인지 말하시오.

(1) $\overline{AB}/\!\!/\overline{DC}$, $\overline{AB}=\overline{DC}$, $\angle A=90^\circ$ _____

(2) $\overline{AB}/\!\!/\overline{DC}$, $\overline{AD}/\!\!/\overline{BC}$, $\overline{AC}=\overline{BD}$, $\overline{AC}\perp\overline{BD}$ _____

3 다음은 여러 가지 사각형의 대각선의 성질이다. 옳은 것은 ○표, 옳지 않은 것은 ×표를 빈칸에 쓰시오.

대각선의 성질 \ 사각형의 종류	평행사변형	직사각형	마름모	정사각형	등변사다리꼴
서로 다른 것을 이등분한다.	○				×
길이가 같다.					
서로 다른 것을 수직이등분한다.					

4 다음을 만족시키는 사각형을 보기에서 모두 고르시오.

(1) 두 대각선이 서로 수직인 사각형 _____

(2) 두 대각선의 길이가 같고, 서로 다른 것을 이등분하는 사각형 _____

> ┌ 보기 ┐
> ㄱ. 마름모   ㄴ. 사다리꼴
> ㄷ. 정사각형   ㄹ. 등변사다리꼴
> ㅁ. 평행사변형   ㅂ. 직사각형

형광펜 들고 밑줄 쫙~

쌍둥이 01

1 오른쪽 그림과 같은 직사각형 ABCD에서 점 O가 두 대각선의 교점일 때, x, y의 값을 각각 구하시오.

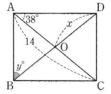

2 오른쪽 그림과 같은 직사각형 ABCD에서 두 대각선의 교점을 O라고 하자. $\overline{AO}=5x-4$, $\overline{CO}=2x+5$일 때, $\overline{BD}$의 길이는?

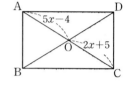

① 18   ② 20   ③ 22
④ 24   ⑤ 26

쌍둥이 02

3 오른쪽 그림과 같은 마름모 ABCD의 꼭짓점 A에서 $\overline{CD}$에 내린 수선의 발을 E, $\overline{AE}$와 $\overline{BD}$의 교점을 F라고 하자. $\angle C=118°$일 때, $\angle AFB$의 크기를 구하시오.

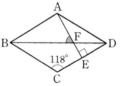

4 오른쪽 그림과 같은 마름모 ABCD에서 $\overline{AE}\perp\overline{BC}$이고 $\angle C=130°$일 때, $\angle AFD$의 크기는?

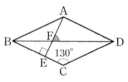

① 50°   ② 55°   ③ 60°
④ 65°   ⑤ 70°

쌍둥이 03

5 다음 중 오른쪽 그림과 같은 평행사변형 ABCD가 직사각형이 되는 조건이 아닌 것은? (단, 점 O는 두 대각선의 교점이다.)

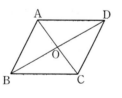

① $\angle BAD=90°$ ② $\overline{AO}=\overline{BO}$
③ $\angle ABC=\angle BCD$ ④ $\overline{AC}=\overline{BD}$
⑤ $\overline{AC}\perp\overline{BD}$

6 오른쪽 그림과 같은 평행사변형 ABCD에서 $\overline{AB}=6\,cm$일 때, 한 가지 조건을 추가하여 마름모가 되도록 하려고 한다. 이때 필요한 조건을 다음 보기에서 모두 고르시오. (단, 점 O는 두 대각선의 교점이다.)

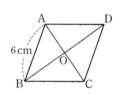

| 보기 |

ㄱ. $\overline{AD}=6\,cm$ ㄴ. $\angle BAD=90°$
ㄷ. $\overline{AD}=8\,cm$ ㄹ. $\overline{AC}=6\,cm$
ㅁ. $\angle AOB=90°$

쌍둥이 04

7 오른쪽 그림과 같은 정사각형 ABCD에서 대각선 BD 위에 ∠DAE=27°가 되도록 점 E를 잡을 때, 다음 물음에 답하시오.

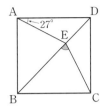

(1) △AED와 합동인 삼각형을 찾고, 합동 조건을 말하시오.

(2) ∠BEC의 크기를 구하시오.

8 오른쪽 그림과 같은 정사각형 ABCD에서 대각선 AC 위에 ∠BEC=80°가 되도록 점 E를 잡을 때, ∠ADE의 크기는?

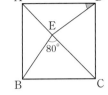

① 30° ② 32°

③ 35° ④ 38°

⑤ 40°

쌍둥이 05

9 오른쪽 그림과 같은 정사각형 ABCD에서 $\overline{AD}=\overline{AE}$이고 ∠ABE=28°일 때, ∠ADE의 크기를 구하시오.

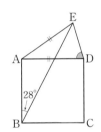

풀이 과정

답

10 오른쪽 그림과 같은 정사각형 ABCD에서 $\overline{AD}=\overline{AE}$이고 ∠ADE=65°일 때, ∠ABE의 크기를 구하시오.

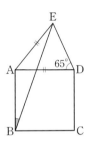

쌍둥이 06

11 다음 중 오른쪽 그림과 같은 평행사변형 ABCD가 정사각형이 되는 조건은? (단, 점 O는 두 대각선의 교점이다.)

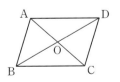

① ∠B=90°, $\overline{OA}=\overline{OB}$

② $\overline{AC}=\overline{BD}$, $\overline{OC}=\overline{OD}$

③ $\overline{AC}\perp\overline{BD}$, $\overline{AB}=\overline{BC}$

④ $\overline{AC}\perp\overline{BD}$, $\overline{OA}=\overline{OD}$

⑤ $\overline{AB}=\overline{BC}$, ∠BOC=90°

12 오른쪽 그림과 같은 직사각형 ABCD가 정사각형이 되는 조건을 다음 보기에서 모두 고르시오. (단, 점 O는 두 대각선의 교점이다.)

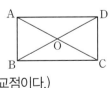

보기

ㄱ. $\overline{AC}=\overline{BD}$ ㄴ. ∠BCD=90°

ㄷ. $\overline{AD}=\overline{DC}$ ㄹ. $\overline{AC}\perp\overline{BD}$

쌍둥이 **기출문제**

13 다음 그림과 같이 $\overline{AD}$∥$\overline{BC}$인 등변사다리꼴 ABCD에서 ∠B=60°, $\overline{AB}$=9 cm, $\overline{BC}$=17 cm일 때, $\overline{AD}$의 길이를 구하시오.

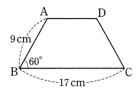

14 오른쪽 그림과 같이 $\overline{AD}$∥$\overline{BC}$인 등변사다리꼴 ABCD에서 ∠A=120°, $\overline{AB}$=10 cm, $\overline{AD}$=6 cm일 때, $\overline{BC}$의 길이는?

① 12 cm ② 14 cm ③ 16 cm

④ 18 cm ⑤ 20 cm

15 다음 그림은 사다리꼴에 조건이 하나씩 추가되어 여러 가지 사각형이 되는 과정을 나타낸 것이다. ①~⑤에 대한 설명으로 옳은 것은?

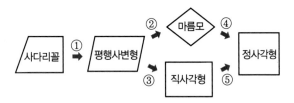

① 한 쌍의 대변의 길이가 같다.

② 두 쌍의 대각의 크기가 각각 같다.

③ 두 대각선이 서로 다른 것을 이등분한다.

④ 두 대각선이 서로 수직이다.

⑤ 이웃하는 두 변의 길이가 같다.

16 다음 보기 중 옳지 <u>않은</u> 것을 모두 고르시오.

┤ 보기 ├

ㄱ. 평행사변형은 사다리꼴이다.

ㄴ. 마름모는 정사각형이다.

ㄷ. 두 대각선이 서로 수직인 평행사변형은 마름모이다.

ㄹ. 한 내각이 직각인 평행사변형은 직사각형이다.

ㅁ. 두 대각선의 길이가 같은 마름모는 정사각형이다.

ㅂ. 두 대각선이 서로 다른 것을 수직이등분하는 평행사변형은 직사각형이다.

⌒3 평행선과 넓이

2. 사각형의 성질

유형 **7** 평행선과 넓이   개념편 **63**쪽

두 직선 l과 m이 평행할 때, $\triangle ABC$와 $\triangle DBC$는 밑변 BC가 공통이고 높이가 같으므로 넓이가 서로 같다.

➡ $l /\!/ m$이면 $\triangle ABC = \triangle DBC$

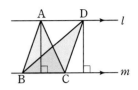

1 오른쪽 그림과 같은 평행사변형 ABCD에서 점 P가 $\overline{AD}$ 위를 움직인다고 할 때, 다음 물음에 답하시오.

(1) $\overline{BC}$를 밑변으로 하고, $\triangle PBC$와 넓이가 같은 삼각형 2개를 말하시오. _____

(2) $\triangle PBC = 20 \text{ cm}^2$일 때, $\square ABCD$의 넓이를 구하시오. _____

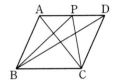

2 오른쪽 그림과 같이 $\overline{AD} /\!/ \overline{BC}$인 사다리꼴 ABCD에서 점 O가 두 대각선의 교점일 때, 다음 ☐ 안에 알맞은 삼각형을 쓰시오.

(1) $\triangle ABC = \boxed{}$ (2) $\triangle ABD = \boxed{}$

(3) $\triangle ABO = \boxed{} - \triangle OBC = \boxed{} - \triangle OBC = \boxed{}$

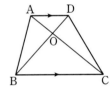

평행선 사이에 있는 삼각형은 높이가 같음을 이용하자.

3 오른쪽 그림과 같은 $\square ABCD$에서 꼭짓점 D를 지나고 대각선 AC에 평행한 직선을 그어 $\overline{BC}$의 연장선과 만나는 점을 E, $\overline{AE}$와 $\overline{CD}$의 교점을 F라고 하자. 다음 ☐ 안에 알맞은 삼각형을 쓰시오.

(1) $\triangle ACD = \boxed{}$

(2) $\square ABCD = \triangle ABC + \boxed{} = \triangle ABC + \boxed{} = \boxed{}$

(3) $\triangle AFD = \boxed{}$

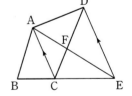

4 오른쪽 그림과 같이 $\overline{AB} /\!/ \overline{DC}$인 $\square ABCD$에서 $\overline{BC}$의 연장선 위의 한 점 E에 대하여 $\triangle DBE = 35 \text{ cm}^2$일 때, 다음 물음에 답하시오.

(1) $\triangle ACD$와 넓이가 같은 삼각형을 말하시오. _____

(2) $\square ACED$의 넓이를 구하시오. _____

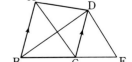

● 정답과 해설 29쪽

유형 8 평행선과 넓이를 이용하여 피타고라스 정리가 성립함을 설명하기 — 유클리드의 방법　　개념편 **64쪽**

오른쪽 그림과 같이 ∠A=90°인 직각삼각형 ABC의 세 변을 각각 한 변으로 하는
세 정사각형 ADEB, ACHI, BFGC를 그리면
(1) △EBA=△EBC=△ABF=△BFL
(2) □ADEB=□BFML, □ACHI=□LMGC
　➡ □BFGC=□ADEB+□ACHI이므로
　　$\overline{BC}^2=\overline{AB}^2+\overline{AC}^2$

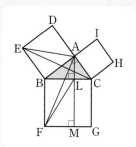

1 아래 그림은 직각삼각형 ABC의 세 변을 각각 한 변으로 하는 세 정사각형을 그린 것이다. 다음 물음에 답하시오.

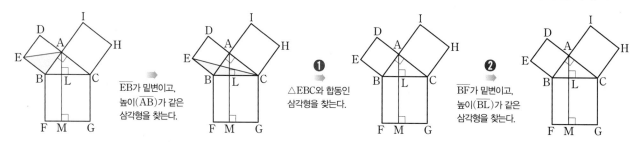

$\overline{EB}$가 밑변이고, 높이($\overline{AB}$)가 같은 삼각형을 찾는다.

❶ △EBC와 합동인 삼각형을 찾는다.

❷ $\overline{BF}$가 밑변이고, 높이($\overline{BL}$)가 같은 삼각형을 찾는다.

(1) 위의 그림의 과정 ❶, ❷의 조건에 맞는 삼각형을 보조선을 그어서 찾고, 색칠하시오.

(2) □ADEB와 넓이가 같은 사각형을 말하시오.　　_____

(3) □ACHI와 넓이가 같은 사각형을 말하시오.　　_____

(4) 다음 □ 안에 알맞은 것을 쓰시오.

□ADEB+□ACHI=□BFML+□____=□____

이때 □ADEB=$\overline{AB}^2$, □ACHI=□____^{2}, □BFGC=□____^{2}이므로

$\overline{AB}^2+\overline{AC}^2=$□____

2 다음 그림은 직각삼각형 ABC의 세 변을 각각 한 변으로 하는 세 정사각형을 그린 것이다. 색칠한 부분의 넓이를 구하시오.

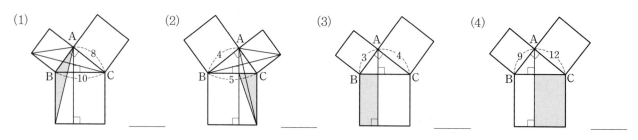

(1)　　(2)　　(3)　　(4)

유형 **9** 삼각형과 넓이

개념편 65쪽

높이가 같은 두 삼각형의 넓이의 비는 밑변의 길이의 비와 같다.

➡ $\overline{BC} : \overline{CD} = m : n$이면 $\triangle ABC : \triangle ACD = m : n$

$\quad\quad\quad\longrightarrow \triangle ABC = \frac{m}{m+n} \times \triangle ABD,\ \triangle ACD = \frac{n}{m+n} \times \triangle ABD$

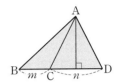

1 오른쪽 그림에서 $\triangle ABC = 10\,cm^2$이고 $\overline{BP} : \overline{PC} = 2 : 3$일 때, $\triangle APC$의 넓이를 구하시오.

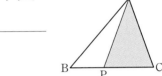

2 오른쪽 그림과 같은 $\triangle ABC$에서 $\overline{BM} = \overline{CM}$이고, $\overline{AP} : \overline{PM} = 3 : 2$이다. $\triangle ABC = 20\,cm^2$일 때, 다음을 구하시오.

　(1) $\triangle ABM$의 넓이

　(2) $\triangle ABP$의 넓이

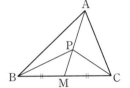

3 오른쪽 그림과 같은 평행사변형 ABCD의 넓이는 $40\,cm^2$이고 $\overline{BE} : \overline{EC} = 2 : 3$일 때, 다음을 구하시오.

　(1) $\triangle ABC$의 넓이

　(2) $\triangle ABE$의 넓이

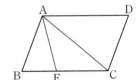

4 오른쪽 그림과 같이 $\overline{AD} /\!/ \overline{BC}$인 등변사다리꼴 ABCD에서 $\triangle AOD = 2\,cm^2$이고 $\overline{AO} : \overline{OC} = 1 : 2$일 때, 다음을 구하시오. (단, 점 O는 두 대각선의 교점이다.)

　(1) $\triangle DOC$의 넓이

　(2) $\triangle ABO$의 넓이

　(3) $\triangle OBC$의 넓이

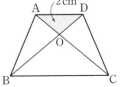

쌍둥이 **기출문제**

● 정답과 해설 30쪽

형광펜 들고 밑줄 쫙~

쌍둥이 01

1 오른쪽 그림과 같은 □ABCD 에서 점 D를 지나고 $\overline{AC}$에 평행한 직선을 그어 $\overline{BC}$의 연장선과 만나는 점을 E라고 하자. △ABC=26 cm², △ACD=16 cm²일 때, △ABE의 넓이를 구하시오.

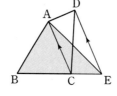

2 오른쪽 그림에서 $\overline{AC}$∥$\overline{DE}$이고, ∠ABE=90°이다. $\overline{AB}$=4 cm, $\overline{BC}$=$\overline{CE}$=5 cm일 때, □ABCD의 넓이를 구하시오.

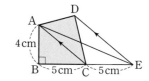

쌍둥이 02

3 오른쪽 그림은 ∠A=90° 인 직각삼각형 ABC의 세 변을 각각 한 변으로 하는 세 정사각형을 그린 것이다. 다음 중 그 넓이가 나머지 넷과 다른 하나는?

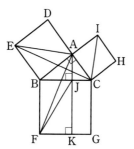

① △EBC   ② △ABF
③ △ADE   ④ △ACI
⑤ △BFJ

4 오른쪽 그림은 ∠A=90° 인 직각삼각형 ABC의 세 변을 각각 한 변으로 하는 세 정사각형을 그린 것이다. $\overline{AC}$=6 cm, $\overline{BC}$=10 cm 일 때, △BFL의 넓이는?

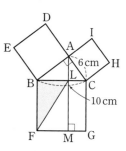

① 32 cm²   ② 34 cm²   ③ 36 cm²
④ 38 cm²   ⑤ 40 cm²

쌍둥이 03

5 오른쪽 그림과 같이 $\overline{AD}$∥$\overline{BC}$ 인 사다리꼴 ABCD에서 두 대각선의 교점을 O라고 하자. $\overline{BO}$:$\overline{OD}$=5:2이고 △OBC=25 cm²일 때, △ABC의 넓이를 구하시오.

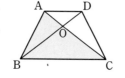

6 오른쪽 그림과 같이 $\overline{AD}$∥$\overline{BC}$인 사다리꼴 ABCD에서 점 O는 두 대각선의 교점이다. △ABO=15 cm²이고 $\overline{OC}$=2$\overline{AO}$일 때, △DBC의 넓이를 구하시오.

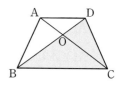

단원 마무리

1 오른쪽 그림과 같은 평행사변형 ABCD에서 x, y의 값을 각각 구하시오.

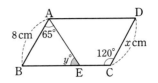

▶ 평행사변형의 성질

2 오른쪽 그림과 같은 평행사변형 ABCD에서 $\overline{AE}$, $\overline{DF}$는 각각 ∠A, ∠D의 이등분선이다. $\overline{AB}=8\,cm$, $\overline{AD}=11\,cm$일 때, 다음을 구하시오.

(1) $\overline{CE}$의 길이
(2) $\overline{CF}$의 길이
(3) $\overline{EF}$의 길이

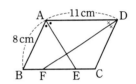

▶ 평행사변형의 성질의 응용 - 대변

3 오른쪽 그림과 같은 평행사변형 ABCD에서 ∠A : ∠B＝5 : 4일 때, ∠x의 크기는?

① 65°   ② 70°   ③ 75°
④ 80°   ⑤ 85°

▶ 평행사변형의 성질의 응용 - 대각

4 다음 중 □ABCD가 평행사변형이 되는 조건이 <u>아닌</u> 것은?

(단, 점 O는 두 대각선의 교점이다.)

① $\overline{AB}/\!/\overline{DC}$, $\overline{AD}/\!/\overline{BC}$
② $\overline{AB}=\overline{DC}=5\,cm$, $\overline{AD}=\overline{BC}=8\,cm$
③ ∠A＝105°, ∠B＝75°, ∠C＝105°
④ $\overline{OA}=6\,cm$, $\overline{OB}=6\,cm$, $\overline{OC}=7\,cm$, $\overline{OD}=7\,cm$
⑤ $\overline{AD}/\!/\overline{BC}$, $\overline{AD}=5\,cm$, $\overline{BC}=5\,cm$

▶ 평행사변형이 되는 조건

5 오른쪽 그림과 같이 넓이가 $56\,\mathrm{cm^2}$인 평행사변형 ABCD의 내부의 한 점 P에 대하여 $\triangle\mathrm{PAB}=10\,\mathrm{cm^2}$일 때, $\triangle\mathrm{PCD}$의 넓이를 구하시오.

▶ 평행사변형과 넓이

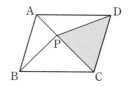

6 오른쪽 그림과 같은 직사각형 ABCD에서 두 대각선의 교점을 O라고 하자. $\overline{\mathrm{AC}}=10\,\mathrm{cm}$, $\angle\mathrm{DAO}=28°$일 때, $x+y$의 값은?

① 59   ② 60   ③ 61

④ 62   ⑤ 63

▶ 직사각형의 성질

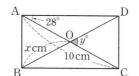

7 오른쪽 그림과 같은 마름모 ABCD에서 두 대각선의 교점을 O라고 하자. $\angle\mathrm{ABD}=32°$일 때, $\angle\mathrm{DAO}$의 크기를 구하시오.

▶ 마름모의 성질

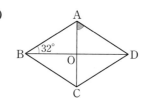

8 오른쪽 그림과 같은 정사각형 ABCD에서 $\overline{\mathrm{DC}}=\overline{\mathrm{DE}}$이고 $\angle\mathrm{DCE}=70°$일 때, $\angle\mathrm{DAE}$의 크기를 구하시오.

▶ 정사각형의 성질

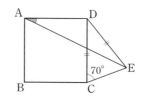

9 오른쪽 그림과 같은 평행사변형 ABCD에 대하여 다음 중 옳은 것은?

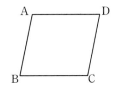

① ∠A＝90°이면 □ABCD는 마름모이다.
② $\overline{AC} \perp \overline{BD}$이면 □ABCD는 직사각형이다.
③ $\overline{AB}＝\overline{BC}$이면 □ABCD는 정사각형이다.
④ $\overline{AC}＝\overline{BD}$이면 □ABCD는 마름모이다.
⑤ ∠A＝90°이고 $\overline{AC} \perp \overline{BD}$이면 □ABCD는 정사각형이다.

▶ 여러 가지 사각형 사이의 관계

10 오른쪽 그림과 같은 □ABCD에서 점 D를 지나고 $\overline{AC}$에 평행한 직선을 그어 $\overline{BC}$의 연장선과 만나는 점을 E라 하고, $\overline{AE}$와 $\overline{CD}$의 교점을 P라고 하자. 다음 중 옳지 <u>않은</u> 것은?

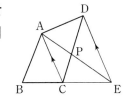

① △ACD＝△ACE ② △AED＝△CED
③ △APD＝△PCE ④ □ABCD＝△ABE
⑤ △ABC＝△DPE

▶ 평행선과 넓이

11 오른쪽 그림은 ∠A＝90°인 직각삼각형 ABC의 세 변을 각각 한 변으로 하는 세 정사각형을 그린 것이다. $\overline{AB}＝12\,cm$, $\overline{BC}＝15\,cm$일 때, △AGC의 넓이를 구하시오.

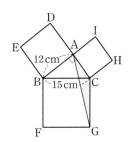

▶ 피타고라스 정리가 성립함을 설명하기 - 유클리드의 방법

서술형

12 오른쪽 그림과 같이 $\overline{AD} /\!\!/ \overline{BC}$인 사다리꼴 ABCD에서 두 대각선의 교점을 O라고 하자. $\overline{BO} : \overline{OD}＝3 : 2$이고 △DBC＝30 cm²일 때, △ABO의 넓이를 구하시오.

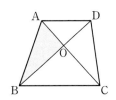

▶ 사다리꼴에서 높이가 같은 두 삼각형의 넓이

풀이 과정

답

3 도형의 닮음

유형 1 닮은 도형

유형 2 닮음의 성질

유형 3 서로 닮은 두 평면도형에서의 비 / 서로 닮은 두 입체도형에서의 비

유형 4 삼각형의 닮음 조건

유형 5 삼각형의 닮음 조건의 응용 – SAS 닮음

유형 6 삼각형의 닮음 조건의 응용 – AA 닮음

유형 7 직각삼각형 속의 닮음 관계

유형 8 닮음의 활용

C1 닮은 도형

3. 도형의 닮음

유형 1 닮은 도형

한 도형을 일정한 비율로 확대 또는 축소한 도형이 다른 도형과 합동일 때, 이
두 도형은 서로 **닮음**인 관계가 있다고 한다.
또 서로 닮음인 관계가 있는 두 도형을 닮은 도형이라고 한다.

➡ △ABC와 △DEF가 서로 닮은 도형일 때, △ABC∽△DEF
└→ 두 도형의 꼭짓점은 대응하는
순서대로 쓴다.

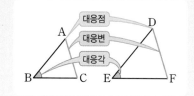

---

1 아래 그림에서 □ABCD∽□EFGH일 때, 다음을
구하시오.

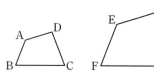

(1) 점 B의 대응점 _____

(2) $\overline{AD}$의 대응변 _____

(3) ∠C의 대응각 _____

2 아래 그림에서 △ABC∽△DEF일 때, 다음을 구
하시오.

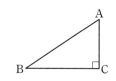

(1) 점 C의 대응점 _____

(2) $\overline{AB}$의 대응변 _____

(3) ∠B의 대응각 _____

3 다음 도형 중 항상 닮은 도형인 것은 ○표, 아닌 것
은 ×표를 (   ) 안에 쓰시오.

(1) 두 원 (   )

(2) 두 정삼각형 (   )

(3) 두 마름모 (   )

(4) 두 직사각형 (   )

(5) 두 이등변삼각형 (   )

(6) 두 직각이등변삼각형 (   )

(7) 두 구 (   )

(8) 두 원기둥 (   )

(9) 두 정사면체 (   )

유형 2 닮음의 성질

(1) **평면도형에서의 닮음의 성질**
　　서로 닮은 두 평면도형에서
　　① 대응변의 길이의 비는 일정하다.
　　② 대응각의 크기는 각각 같다.
(2) **평면도형에서의 닮음비**: 서로 닮은 두 평면도형에
　　서 대응변의 길이의 비
　　참고 닮음비는 가장 간단한 자연수의 비로 나타낸다.

(3) **입체도형에서의 닮음의 성질**
　　서로 닮은 두 입체도형에서
　　① 대응하는 모서리의 길이의 비는 일정하다.
　　② 대응하는 면은 서로 닮은 도형이다.
(4) **입체도형에서의 닮음비**: 서로 닮은 두 입체도형에
　　서 대응하는 모서리의 길이의 비

1 아래 그림에서 $\triangle ABC \backsim \triangle DEF$일 때, 다음을 구하시오.

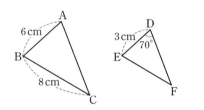

(1) 두 삼각형의 닮음비 　＿＿＿＿＿＿＿

(2) $\overline{EF}$의 길이 　＿＿＿＿＿＿＿

(3) $\angle A$의 크기 　＿＿＿＿＿＿＿

2 아래 그림에서 $\square ABCD \backsim \square EFGH$일 때, 닮음이 잘 보이도록 그림을 그리고, 다음을 구하시오.

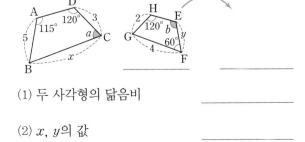

(1) 두 사각형의 닮음비 　＿＿＿＿＿＿＿

(2) x, y의 값 　＿＿＿＿＿＿＿

(3) $\angle a$, $\angle b$의 크기 　＿＿＿＿＿＿＿

3 아래 그림에서 두 삼각기둥은 서로 닮은 도형이고 $\triangle ABC$에 대응하는 면이 $\triangle A'B'C'$일 때, 다음을 구하시오.

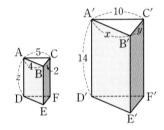

(1) 두 삼각기둥의 닮음비 　＿＿＿＿＿＿＿

(2) x, y, z의 값 　＿＿＿＿＿＿＿

4 아래 그림에서 두 원기둥이 서로 닮은 도형일 때, 다음을 구하시오.

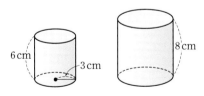

(1) 두 원기둥의 닮음비 　＿＿＿＿＿＿＿

(2) 큰 원기둥의 밑면의 반지름의 길이

　＿＿＿＿＿＿＿

닮은 두 원기둥 또는 두 원뿔에서
(닮음비)＝(높이의 비)＝(밑면의 반지름의 길이의 비)
　　　　＝(밑면의 둘레의 길이의 비)＝(모선의 길이의 비)

유형 3 서로 닮은 두 평면도형에서의 비 / 서로 닮은 두 입체도형에서의 비

(1) 서로 닮은 두 평면도형에서의 비
　서로 닮은 두 평면도형의 닮음비가 $m : n$일 때
　① 둘레의 길이의 비 ➡ $m : n$ → 닮음비와 같다.
　② 넓이의 비 ➡ $m^2 : n^2$

(2) 서로 닮은 두 입체도형에서의 비
　서로 닮은 두 입체도형의 닮음비가 $m : n$일 때
　① 겉넓이의 비 ➡ $m^2 : n^2$
　② 부피의 비 ➡ $m^3 : n^3$

1 아래 그림에서 $\triangle ABC \backsim \triangle DEF$일 때, 다음을 구하시오.

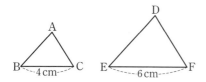

(1) $\triangle ABC$와 $\triangle DEF$의 닮음비　＿＿＿＿

(2) $\triangle ABC$와 $\triangle DEF$의 둘레의 길이의 비

　　＿＿＿＿

(3) $\triangle ABC$와 $\triangle DEF$의 넓이의 비　＿＿＿＿

2 아래 그림과 같은 두 원 O와 O′의 반지름의 길이의 비가 3 : 5일 때, 다음을 구하시오.

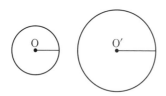

(1) 두 원 O와 O′의 닮음비　＿＿＿＿

(2) 두 원 O와 O′의 둘레의 길이의 비

　　＿＿＿＿

(3) 두 원 O와 O′의 넓이의 비　＿＿＿＿

(4) 원 O′의 둘레의 길이가 20π cm일 때, 원 O의 둘레의 길이

　　＿＿＿＿

(5) 원 O의 넓이가 27π cm²일 때, 원 O′의 넓이

　　＿＿＿＿

3 아래 그림에서 두 삼각기둥 ㈎와 ㈏는 서로 닮은 도형이고, $\triangle ABC$에 대응하는 면이 $\triangle A'B'C'$일 때, 다음을 구하시오.

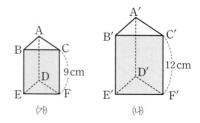

(1) 두 삼각기둥 ㈎와 ㈏의 닮음비　＿＿＿＿

(2) 두 삼각기둥 ㈎와 ㈏의 겉넓이의 비

　　＿＿＿＿

(3) 두 삼각기둥 ㈎와 ㈏의 부피의 비　＿＿＿＿

4 아래 그림에서 두 원기둥 A와 B는 서로 닮은 도형일 때, 다음을 구하시오.

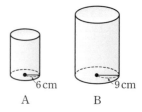

(1) 두 원기둥 A와 B의 닮음비　＿＿＿＿

(2) 두 원기둥 A와 B의 겉넓이의 비　＿＿＿＿

(3) 두 원기둥 A와 B의 부피의 비　＿＿＿＿

(4) 원기둥 B의 겉넓이가 108π cm²일 때, 원기둥 A의 겉넓이

　　＿＿＿＿

(5) 원기둥 A의 부피가 24π cm³일 때, 원기둥 B의 부피

　　＿＿＿＿

한 걸음 더 연습 유형 3

1 아래 그림에서 □ABCD와 □EFGH는 서로 닮은 도형이고 넓이의 비가 4 : 9일 때, 다음을 구하시오.

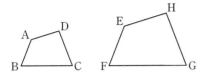

(1) □ABCD와 □EFGH의 닮음비 _____

(2) □ABCD의 둘레의 길이가 10 cm일 때, □EFGH의 둘레의 길이 _____

(3) □EFGH의 넓이가 36 cm²일 때, □ABCD의 넓이 _____

2 아래 그림에서 두 직육면체는 서로 닮은 도형이고 부피의 비가 1 : 8일 때, 다음을 구하시오.

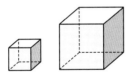

(1) 두 직육면체의 닮음비 _____

(2) 두 직육면체의 겉넓이의 비 _____

(3) 큰 직육면체의 겉넓이가 80 cm²일 때, 작은 직육면체의 겉넓이 _____

3 아래 그림에서 두 원뿔은 서로 닮은 도형이고 겉넓이의 비가 9 : 25일 때, 다음을 구하시오.

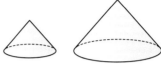

(1) 두 원뿔의 닮음비 _____

(2) 두 원뿔의 부피의 비 _____

(3) 작은 원뿔의 부피가 54π cm³일 때, 큰 원뿔의 부피 _____

4 오른쪽 그림과 같이 높이가 15 cm인 원뿔 모양의 그릇이 있다. 이 그릇에 높이가 5 cm가 되도록 물을 부었을 때, 다음 물음에 답하시오.

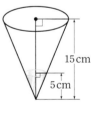

(1) 물이 담긴 부분과 전체 그릇의 닮음비를 구하시오. _____

(2) 물의 부피와 전체 그릇의 부피의 비를 구하시오. _____

(3) 그릇에 들어 있는 물의 부피가 9 cm³일 때, 그릇의 부피를 구하시오. _____

쌍둥이 **기출문제**

형광펜 들고 밑줄 좍~

1 다음 중 항상 닮은 도형인 것을 모두 고르면?

(정답 2개)

① 두 마름모　　② 두 정사각형
③ 두 직사각형　　④ 두 이등변삼각형
⑤ 두 원

2 다음 보기 중 항상 닮은 도형인 것은 모두 몇 개인지 구하시오.

| 보기 |

ㄱ. 두 정삼각형　　ㄴ. 두 직각이등변삼각형
ㄷ. 두 평행사변형　　ㄹ. 두 등변사다리꼴
ㅁ. 두 정육각형　　ㅂ. 두 부채꼴
ㅅ. 두 직육면체　　ㅇ. 두 정육면체

3 다음 그림에서 $\triangle ABC \backsim \triangle DEF$일 때, x, y의 값을 각각 구하시오.

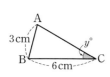
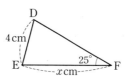

4 아래 그림에서 $\square ABCD \backsim \square EFGH$이다. 다음 중 옳지 <u>않은</u> 것은?

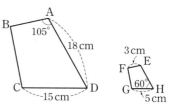

① $\angle E = 105°$　　② $\overline{AB} = 9\,cm$
③ $\angle D = 60°$　　④ $\overline{EH} = 8\,cm$
⑤ $\square ABCD$와 $\square EFGH$의 닮음비는 $3:1$이다.

5 다음 그림에서 두 삼각뿔은 서로 닮은 도형이고 $\triangle ABC$에 대응하는 면이 $\triangle EFG$일 때, $x+y$의 값을 구하시오.

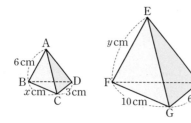

6 다음 그림에서 두 원뿔이 서로 닮은 도형일 때, 큰 원뿔의 밑면의 둘레의 길이는?

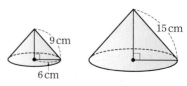

① $16\pi\,cm$　　② $18\pi\,cm$　　③ $20\pi\,cm$
④ $22\pi\,cm$　　⑤ $24\pi\,cm$

쌍둥이 04

7 다음 그림에서 △ABC∽△DFE이다.
△ABC=14 cm²일 때, △DFE의 넓이를 구하시오.

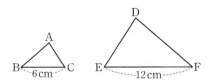

8 다음 그림에서 □ABCD∽□EFGH이다.
□ABCD=20 cm²일 때, □EFGH의 넓이를 구하시오.

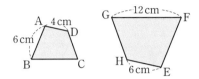

쌍둥이 05

9
서술형
서로 닮은 두 원기둥의 닮음비가 2 : 3이고 작은 원기둥의 겉넓이가 80 cm²일 때, 큰 원기둥의 겉넓이를 구하시오.

풀이 과정

답

10 서로 닮은 두 사각기둥 A, B의 닮음비가 3 : 4이고 사각기둥 A의 부피가 27 cm³일 때, 사각기둥 B의 부피는?

① 48 cm³ ② 52 cm³ ③ 56 cm³

④ 60 cm³ ⑤ 64 cm³

쌍둥이 06

11 두 구의 겉넓이의 비가 1 : 4이고 작은 구의 부피가 12π cm³일 때, 큰 구의 부피를 구하시오.

12 서로 닮은 두 오각기둥의 부피의 비가 64 : 27이고 큰 오각기둥의 겉넓이가 80 cm²일 때, 작은 오각기둥의 겉넓이를 구하시오.

쌍둥이 07

13 오른쪽 그림과 같이 높이가 8 cm인 원뿔 모양의 그릇에 물을 부었더니 물의 높이가 6 cm가 되었다. 그릇의 부피가 192 cm³일 때, 그릇에 담긴 물의 부피를 구하시오. (단, 그릇의 두께는 생각하지 않는다.)

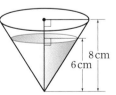

14 오른쪽 그림과 같이 원뿔 모양의 컵에 전체 높이의 $\frac{2}{3}$ 만큼 물을 채웠더니 물의 부피가 40 cm³이었다. 이때 컵의 부피는? (단, 컵의 두께는 생각하지 않는다.)

① 120 cm³ ② 125 cm³ ③ 130 cm³

④ 135 cm³ ⑤ 140 cm³

~2

삼각형의 닮음 조건

 유형 **4** **삼각형의 닮음 조건**

개념편 **83** 쪽

(1) 세 쌍의 대응변의 길이의 비가 같다.

➡ SSS 닮음

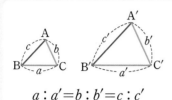

$$a : a' = b : b' = c : c'$$

(2) 두 쌍의 대응변의 길이의 비가 같고, 그 끼인각의 크기가 같다.

➡ SAS 닮음

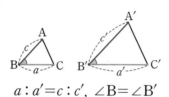

$$a : a' = c : c', \ \angle B = \angle B'$$

(3) 두 쌍의 대응각의 크기가 각각 같다.

➡ AA 닮음

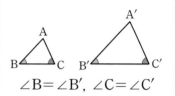

$$\angle B = \angle B', \ \angle C = \angle C'$$

---

1 다음 그림에서 두 삼각형은 서로 닮은 도형이다. 닮음이 잘 보이도록 그림을 그리고, ☐ 안에 알맞은 것을 쓰시오.

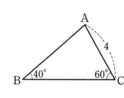

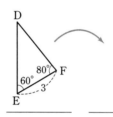

⇨

$\angle A = \angle \boxed{} = \boxed{}$

$\angle C = \angle E = \boxed{}$

$\therefore \triangle ABC \backsim \boxed{} \ (\boxed{} \ 닮음)$

---

2 다음 보기의 삼각형 중에서 서로 닮음인 것을 찾아 기호 ∽를 써서 나타내고, 각각의 닮음 조건을 말하시오.

┤ 보기 ├

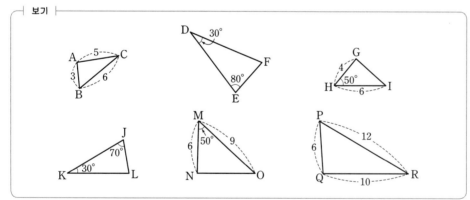

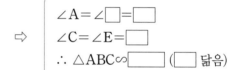

---

3 다음 그림에서 서로 닮은 삼각형을 찾아 기호 ∽를 써서 나타내고, 닮음 조건을 말하시오.

(1)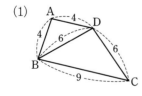

(2)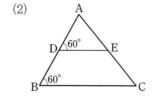

(3)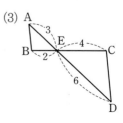

유형 **5** 삼각형의 닮음 조건의 응용 – SAS 닮음

공통인 각과 두 변의 길이가 주어지면 두 삼각형을 대응각과 대응변의 위치를 맞추어 분리한다.

(1) 변을 나누는 선이 주어진 경우

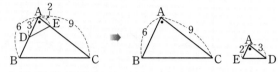

➡ $\overline{AB} : \overline{AE} = \overline{AC} : \overline{AD} = 3 : 1$,
  ∠A는 공통이므로
  △ABC∽△AED(SAS 닮음)

(2) 각을 나누는 선이 주어진 경우

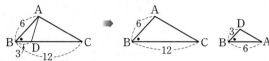

➡ $\overline{AB} : \overline{DB} = \overline{BC} : \overline{BA} = 2 : 1$,
  ∠B는 공통이므로
  △ABC∽△DBA(SAS 닮음)

---

1 다음 그림에서 서로 닮은 두 삼각형을 찾아 삼각형을 분리한 그림을 그리시오. 또 서로 닮은 두 삼각형을 찾고, 닮음비와 x의 값을 구하시오.

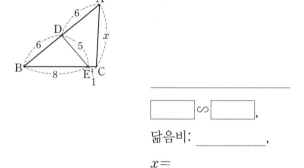

_____

□ ∽ □ ,

닮음비: _____,

$x =$ _____

2 다음 그림에서 x의 값을 구하시오.

(1)

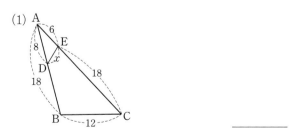

(2)

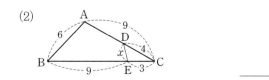

3 다음 그림에서 서로 닮은 두 삼각형을 찾아 삼각형을 분리한 그림을 그리시오. 또 서로 닮은 두 삼각형을 찾고, 닮음비와 x의 값을 구하시오.

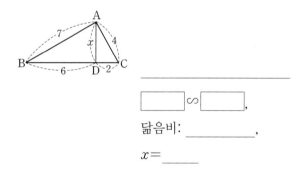

_____

□ ∽ □ ,

닮음비: _____,

$x =$ _____

4 다음 그림에서 x의 값을 구하시오.

(1)

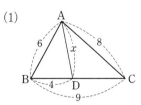

_____

(2)

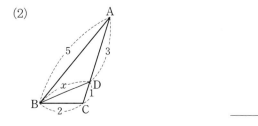

_____

유형 **6** 삼각형의 닮음 조건의 응용 – AA 닮음

개념편 **84**쪽

공통인 각과 다른 한 각의 크기가 주어지면 두 삼각형을 대응각의 위치를 맞추어 분리한다.

(1) 변을 나누는 선이 주어진 경우

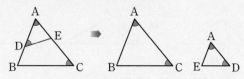

➡ ∠C=∠ADE, ∠A는 공통이므로
△ABC∽△AED(AA 닮음)

(2) 각을 나누는 선이 주어진 경우

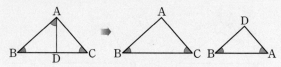

➡ ∠C=∠BAD, ∠B는 공통이므로
△ABC∽△DBA(AA 닮음)

---

1 다음 그림에서 서로 닮은 두 삼각형을 찾아 삼각형을 분리한 그림을 그리시오. 또 서로 닮은 두 삼각형을 찾고, x의 값을 구하시오.

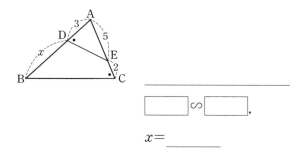

☐∽☐ ,

$x=$ _____

3 다음 그림에서 서로 닮은 두 삼각형을 찾아 삼각형을 분리한 그림을 그리시오. 또 서로 닮은 두 삼각형을 찾고, x의 값을 구하시오.

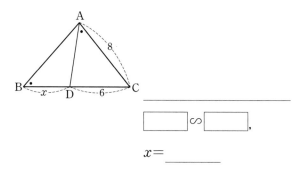

☐∽☐ ,

$x=$ _____

2 다음 그림에서 x의 값을 구하시오.

(1)

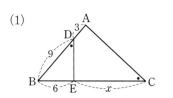

_____

(2)

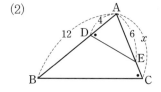

_____

4 다음 그림에서 x의 값을 구하시오.

(1)

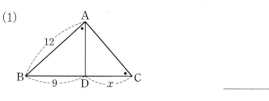

_____

(2)

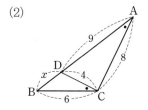

_____

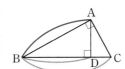 **직각삼각형 속의 닮음 관계**  개념편 **85쪽**

∠A＝90°인 직각삼각형 ABC에서 $\overline{AD}\perp\overline{BC}$일 때

(1) △ABC∽△DBA (AA 닮음)
$\overline{AB}:\overline{DB}=\overline{BC}:\overline{BA}$
➡ $\overline{AB}^2=\overline{BD}\times\overline{BC}$

(2) △ABC∽△DAC (AA 닮음)
$\overline{AC}:\overline{DC}=\overline{BC}:\overline{AC}$
➡ $\overline{AC}^2=\overline{CD}\times\overline{CB}$

(3) △DBA∽△DAC (AA 닮음)
$\overline{DB}:\overline{DA}=\overline{DA}:\overline{DC}$
➡ $\overline{AD}^2=\overline{DB}\times\overline{DC}$

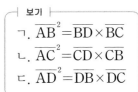

1 다음 그림과 같은 직각삼각형 ABC에서 x의 값을 구하려고 한다. 이때 필요한 식을 보기에서 고르고, x의 값을 구하시오.

┌ 보기 ┐
ㄱ. $\overline{AB}^2=\overline{BD}\times\overline{BC}$
ㄴ. $\overline{AC}^2=\overline{CD}\times\overline{CB}$
ㄷ. $\overline{AD}^2=\overline{DB}\times\overline{DC}$

(1)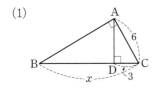

————————

(2)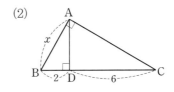

————————

(3)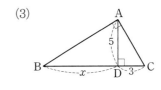

————————

2 다음 그림과 같이 ∠A＝90°인 직각삼각형 ABC에서 $\overline{AD}\perp\overline{BC}$일 때, ☐ 안에 알맞은 변을 쓰고, $\overline{AD}$의 길이를 구하시오.

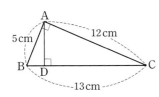

$\triangle ABC=\dfrac{1}{2}\times\overline{BC}\times\boxed{}$

$\qquad\quad=\dfrac{1}{2}\times\overline{AB}\times\boxed{}$

$\therefore\ \overline{AD}=$ —————————

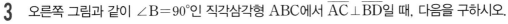

3 오른쪽 그림과 같이 ∠B＝90°인 직각삼각형 ABC에서 $\overline{AC}\perp\overline{BD}$일 때, 다음을 구하시오.

(1) $\overline{AD}$의 길이　　　　　—————

(2) $\overline{BD}$의 길이　　　　　—————

(3) △ABD의 넓이　　　　　—————

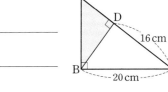

한 번 더 연습   유형 4~7

1 다음 그림에서 서로 닮은 삼각형을 찾아 기호 ∽를 써서 나타내고, 닮음 조건을 말하시오.

(1)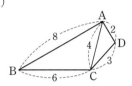

_____

(2)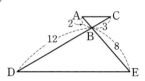

_____

(3)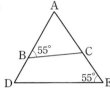

_____

2 다음 그림에서 x의 값을 구하시오.

(1)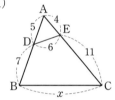

_____

(2)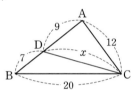

_____

(3)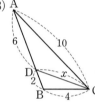

_____

3 다음 그림에서 x의 값을 구하시오.

(1)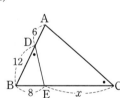

_____

(2)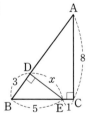

_____

(3)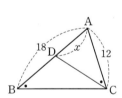

_____

4 다음 그림과 같이 $\angle A = 90°$인 직각삼각형 ABC에서 $\overline{AD} \perp \overline{BC}$일 때, x의 값을 구하시오.

(1)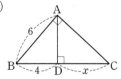

_____

(2)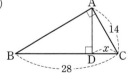

_____

(3)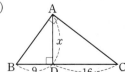

_____

유형 8 닮음의 활용

• 어느 날 같은 시각에 높이가 2 m인 막대기와 나무의 그림자의 길이를 재
었더니 각각 2.5 m, 10 m이었다. 이때 나무의 높이를 구해 보자.

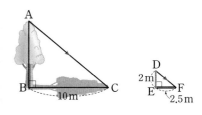

❶ 서로 닮은 두 도형 찾기	$\triangle ABC$와 $\triangle DEF$에서 $\angle B = \angle E = 90^\circ$, $\angle C = \angle F$이므로 $\triangle ABC \backsim \triangle DEF$ (AA 닮음)
❷ 비례식 세우기	$\overline{AB} : \overline{DE} = \overline{BC} : \overline{EF}$이므로 $\overline{AB} : 2 = 10 : 2.5$
❸ 나무의 높이 구하기	$\overline{AB} : 2 = 4 : 1$ ∴ $\overline{AB} = 8$(m) 따라서 나무의 높이는 8 m이다.

참고 문제에서 주어진 값들의 단위가 다른 경우에는 단위를 통일해야 한다.
➡ 1 cm = 10 mm, 1 m = 100 cm, 1 km = 1000 m

1 오른쪽 그림과 같이 키가 1.5 m인 수지가 나무로부터 8 m 떨어진 곳에 서 있다. 수지의 그림자의 길이가 2 m이고 수지의 그림자의 끝이 나무의 그림자의 끝과 일치할 때, 다음 물음에 답하시오.

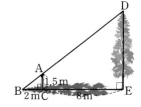

(1) 서로 닮은 두 삼각형을 찾아 기호 ∽를 써서 나타내고, 닮음 조건을 말하시오.

_____

(2) 나무의 높이를 구하시오.

_____

2 정우가 아래 그림과 같이 바닥에 거울을 놓고 빛의 입사각의 크기와 반사각의 크기가 같음을 이용하여 건물의 높이를 구하려고 한다. 정우의 눈높이는 1.6 m, 정우와 거울 사이의 거리는 3.6 m, 거울과 건물 사이의 거리는 18 m일 때, 다음 물음에 답하시오. (단, 거울의 두께는 무시한다.)

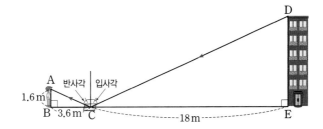

(1) $\triangle ABC$와 닮은 삼각형을 말하시오.

_____

(2) 건물의 높이를 구하시오.

_____

형광펜 들고 밑줄 쫙~

쌍둥이 01

1 다음 중 보기의 삼각형과 닮은 도형인 것은?

보기

①

②

③

④

⑤

2 다음 삼각형 중에서 서로 닮음인 것끼리 바르게 짝지은 것은?

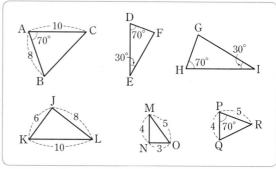

① △ABC∽△DEF ② △ABC∽△PQR
③ △DEF∽△KLJ ④ △GHI∽△NOM
⑤ △JKL∽△PQR

쌍둥이 02

3 오른쪽 그림과 같은 △ABC에서 $\overline{BC}$의 길이를 구하시오.

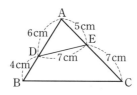

4 오른쪽 그림과 같은 △ABC에서 $\overline{BD}$의 길이를 구하시오.

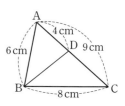

쌍둥이 03

5 다음 그림과 같은 △ABC에서 ∠ABC=∠ACD이고 $\overline{AC}$=5 cm, $\overline{AD}$=3 cm일 때, x의 값을 구하시오.

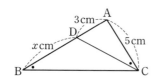

6 다음 그림과 같은 △ABC에서 ∠BAC=∠BED일 때, $\overline{AC}$의 길이는?

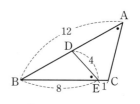

① 5 ② 5.5 ③ 6
④ 6.5 ⑤ 7

쌍둥이 04

7 오른쪽 그림과 같은
△ABC에서 $\overline{AD}\perp\overline{BC}$,
$\overline{CE}\perp\overline{AB}$이고
$\overline{AB}=8\,cm$, $\overline{BD}=4\,cm$,
$\overline{CD}=6\,cm$일 때, 다음 물
음에 답하시오.

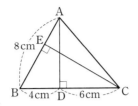

(1) 서로 닮은 두 삼각형을 찾아 기호 ∽를 써서 나
타내고, 닮음 조건을 말하시오.

(2) $\overline{BE}$의 길이를 구하시오.

8 서술형 오른쪽 그림과 같은 △ABC
의 두 꼭짓점 A, B에서 $\overline{BC}$,
$\overline{AC}$에 내린 수선의 발을 각
각 D, E라고 하자.
$\overline{AE}=2\,cm$, $\overline{CE}=6\,cm$,
$\overline{BC}=12\,cm$일 때, $\overline{BD}$의 길이를 구하시오.

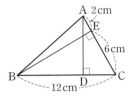

풀이 과정

답

쌍둥이 05

9 다음 그림과 같이 $\angle A=90°$인 직각삼각형 ABC에
서 $\overline{AD}\perp\overline{BC}$이고 $\overline{AC}=6$, $\overline{CD}=3$일 때, $\overline{BD}$의 길
이를 구하시오.

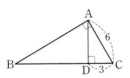

10 오른쪽 그림과 같이
$\angle A=90°$인 직각삼각형
ABC에서 $\overline{AD}\perp\overline{BC}$이고
$\overline{AD}=4\,cm$, $\overline{CD}=8\,cm$
일 때, △ABC의 넓이를 구하시오.

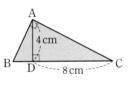

쌍둥이 06

11 오른쪽 그림과 같이 키가
1.5 m인 보아의 그림자의
끝이 탑의 그림자의 끝과
일치하고, 보아의 그림자
와 탑의 그림자의 길이가
각각 1.4 m, 8.4 m일 때,
탑의 높이를 구하시오.

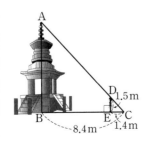

12 다음 그림과 같이 길이가 80 cm인 막대를 등대로부
터 8 m 떨어진 곳에 세웠다. 막대의 그림자의 길이가
2 m이고, 막대의 그림자의 끝이 등대의 그림자의 끝
과 일치할 때, 등대의 높이는 몇 m인지 구하시오.

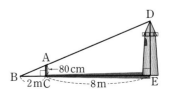

단원 마무리

▶ 쌍둥이 기출문제 중에서 연습이 더 필요한 문제들로 구성하였습니다.

1 오른쪽 그림에서 $\triangle ABC \backsim \triangle DEF$일 때, 다음 중 옳지
<u>않은</u> 것은?

① $\overline{AB} : \overline{DE} = 5 : 3$ 　　② $\overline{EF} = 3\,cm$

③ $\angle C = 60°$ 　　④ $\angle D = 40°$

⑤ $\triangle ABC$와 $\triangle DEF$의 닮음비는 $5 : 3$이다.

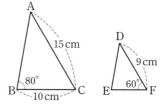

▶ 평면도형에서의 닮음의 성질

2 오른쪽 그림에서 두 삼각뿔은 서로 닮은 도형이고 $\triangle ABC$
에 대응하는 면이 $\triangle EFG$일 때, 다음 중 옳지 <u>않은</u> 것은?

① $\overline{AC} : \overline{EG} = 4 : 5$ 　　② $\overline{GH} = \dfrac{15}{4}\,cm$

③ $\overline{AB} = 8\,cm$ 　　④ $\triangle BCD \backsim \triangle FGH$

⑤ $\overline{BD} : \overline{FH} = \overline{BC} : \overline{GH}$

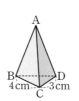

▶ 입체도형에서의 닮음의 성질

3 오른쪽 그림과 같이 높이가 $6\,cm$인 원뿔 모양의 그릇에 물을 $48\,cm^3$만
큼 부었더니 물의 높이가 $4\,cm$가 되었다. 이 그릇에 물을 가득 채우려면
물을 얼마나 더 부어야 하는지 구하시오.

（단, 그릇의 두께는 생각하지 않는다.）

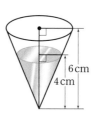

▶ 서로 닮은 두 입체도형에서의 비

4 오른쪽 그림의 $\triangle ABC$와 $\triangle DEF$가 서로 닮은
도형이 되게 하려면 다음 중 어느 조건을 추가해
야 하는가?

① $\overline{AB} = 8\,cm$, $\overline{DE} = 10\,cm$

② $\overline{AC} = 3\,cm$, $\overline{DF} = 6\,cm$

③ $\overline{AC} = 5\,cm$, $\overline{DE} = 10\,cm$

④ $\angle B = 40°$, $\angle D = 80°$

⑤ $\angle C = 45°$, $\angle E = 45°$

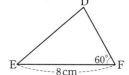

▶ 삼각형의 닮음 조건

삼각형의 닮음 조건의
응용 - SAS 닮음

5 오른쪽 그림과 같은 △ABC에서 $\overline{AC}$의 길이를 구하시오.

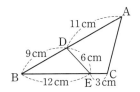

풀이 과정

답

삼각형의 닮음 조건의
응용 - AA 닮음

6 오른쪽 그림과 같은 △ABC에서 ∠BAC=∠DEC이고 $\overline{AB}$=11 cm, $\overline{AD}$=7 cm, $\overline{CD}$=5 cm, $\overline{CE}$=6 cm일 때, 다음 중 옳지 <u>않은</u> 것은?

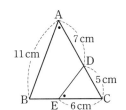

① △ABC∽△EDC   ② ∠ABC=∠EDC

③ $\overline{BC}$=10 cm   ④ $\overline{DE}$=6 cm

⑤ △ABC와 △EDC의 닮음비는 2 : 1이다.

직각삼각형 속의 닮음
관계

7 오른쪽 그림과 같이 ∠A=90°인 **직각삼각형** ABC에서 $\overline{AD}\perp\overline{BC}$이고 $\overline{BD}$=4, $\overline{CD}$=5일 때, x의 값을 구하시오.

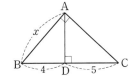

닮음의 활용

8 오른쪽 그림과 같이 어느 날 같은 시각에 건물의 그림자의 길이와 길이가 2 m인 막대의 그림자의 길이를 재었더니 각각 18 m, 1.5 m이었다. 이때 건물의 높이를 구하시오.

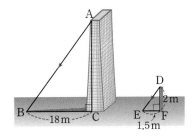

4 평행선 사이의 선분의 길이의 비

4. 평행선 사이의 선분의 길이의 비

삼각형과 평행선

개념편 100~101 쪽

유형 **1** **삼각형에서 평행선과 선분의 길이의 비**

△ABC에서 $\overline{AB}$, $\overline{AC}$ 또는 그 연장선 위에 각각 점 D, E가 있을 때, $\overline{BC}\,/\!/\,\overline{DE}$이면

(1) $a:a'=b:b'=c:c'$ (2) $a:a'=b:b'$

(1) $a:a'=b:b'=c:c'$ (2) $a:a'=b:b'$

참고 • $a:a'=b:b'$이면 $\overline{BC}\,/\!/\,\overline{DE}$이다.

1 다음은 △ABC에서 $\overline{BC}\,/\!/\,\overline{DE}$일 때, x의 값을 구하는 과정이다. □ 안에 알맞은 것을 쓰시오.

$\overline{AB} : \boxed{} = \overline{AC} : \overline{AE}$

$6 : \boxed{} = x : 6$

$\therefore\ x = \boxed{}$

2 다음 그림에서 $\overline{BC}\,/\!/\,\overline{DE}$일 때, x의 값을 구하시오.

(1)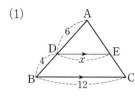

(2)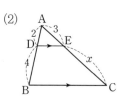

(3)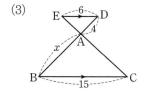

(4)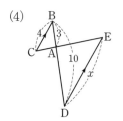

3 다음 그림에서 $\overline{BC}\,/\!/\,\overline{DE}$일 때, x, y의 값을 각각 구하시오.

(1)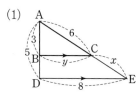

(2)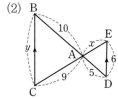

4 다음 보기에서 $\overline{BC}\,/\!/\,\overline{DE}$인 것을 모두 고르시오.

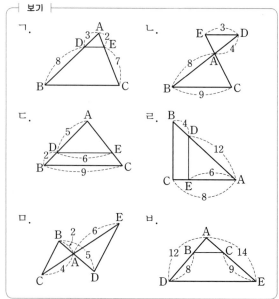

유형 2 삼각형의 각의 이등분선

개념편 102~103쪽

(1) 삼각형의 내각의 이등분선
△ABC에서 ∠A의 이등분선이 $\overline{BC}$와 만나는 점을 D라고 하면
$\overline{AB} : \overline{AC} = \overline{BD} : \overline{CD}$

(2) 삼각형의 외각의 이등분선
△ABC에서 ∠A의 외각의 이등분선이 $\overline{BC}$의 연장선과 만나는 점을 D라고 하면
$\overline{AB} : \overline{AC} = \overline{BD} : \overline{CD}$

1 다음은 △ABC에서 $\overline{AD}$가 ∠A의 이등분선일 때, x의 값을 구하는 과정이다. ☐ 안에 알맞은 것을 쓰시오.

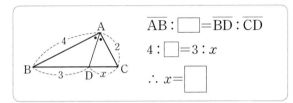

$\overline{AB} : \boxed{} = \overline{BD} : \overline{CD}$

$4 : \boxed{} = 3 : x$

$\therefore x = \boxed{}$

3 다음은 △ABC에서 $\overline{AD}$가 ∠A의 외각의 이등분선일 때, x의 값을 구하는 과정이다. ☐ 안에 알맞은 것을 쓰시오.

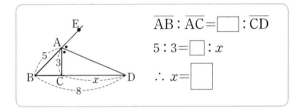

$\overline{AB} : \overline{AC} = \boxed{} : \overline{CD}$

$5 : 3 = \boxed{} : x$

$\therefore x = \boxed{}$

2 다음 그림과 같은 △ABC에서 $\overline{AD}$가 ∠A의 이등분선일 때, x의 값을 구하시오.

(1)

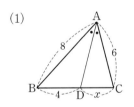

_____

(2)

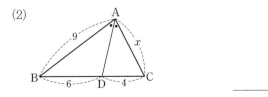

_____

(3)

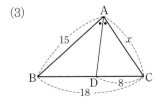

_____

4 다음 그림과 같은 △ABC에서 $\overline{AD}$가 ∠A의 외각의 이등분선일 때, x의 값을 구하시오.

(1)

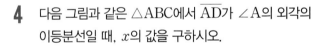

_____

(2)

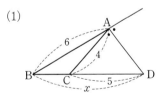

_____

(3)

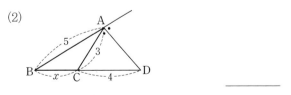

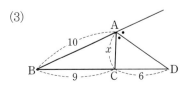

_____

쌍둥이 기출문제

● 정답과 해설 42쪽

🖊 형광펜 들고 밑줄 좍~

쌍둥이 **01**

1 오른쪽 그림에서 $\overline{BC} /\!/ \overline{DE}$일 때, $\overline{AC}$의 길이를 구하시오.

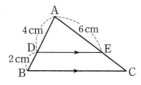

2 오른쪽 그림에서 $\overline{BC} /\!/ \overline{DE}$일 때, x, y의 값을 각각 구하시오.

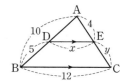

쌍둥이 **02**

3 오른쪽 그림에서 $\overline{ED} /\!/ \overline{FG} /\!/ \overline{BC}$일 때, x, y의 값을 각각 구하시오.

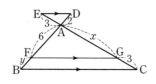

4 오른쪽 그림에서 $\overline{BC} /\!/ \overline{DE}$, $\overline{AB} /\!/ \overline{FG}$일 때, $x-y$의 값을 구하시오.

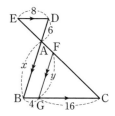

쌍둥이 **03**

5 오른쪽 그림에서 서로 평행한 선분을 찾아 기호로 나타내시오.

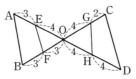

6 오른쪽 그림의 $\overline{DE}$, $\overline{EF}$, $\overline{DF}$ 중에서 △ABC의 어느 한 변과 평행한 선분을 구하시오.

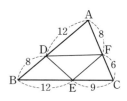

쌍둥이 **04**

7 오른쪽 그림과 같은 △ABC에서 ∠BAD = ∠CAD일 때, $\overline{BC}$의 길이를 구하시오.

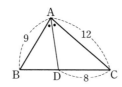

8 오른쪽 그림과 같은 △ABC에서 ∠A의 이등분선과 $\overline{BC}$가 만나는 점을 D라고 할 때, $\overline{BD}$의 길이를 구하시오.

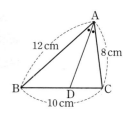

삼각형의 두 변의 중점을 연결한 선분의 성질

(1) △ABC에서 $\overline{AM}=\overline{MB}$, $\overline{AN}=\overline{NC}$이면
$\overline{MN} /\!/ \overline{BC}$, $\overline{MN}=\dfrac{1}{2}\overline{BC}$

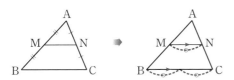

(2) △ABC에서 $\overline{AM}=\overline{MB}$, $\overline{MN} /\!/ \overline{BC}$이면
$\overline{AN}=\overline{NC}$

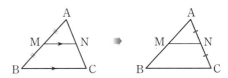

1 다음 그림과 같은 △ABC에서 두 점 D, E는 각각 $\overline{AB}$, $\overline{AC}$의 중점일 때, x, y의 값을 각각 구하시오.

(1)

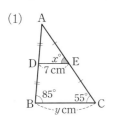

(2)

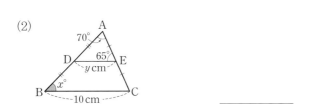

2 오른쪽 그림과 같은 △ABC에서 세 변의 중점을 각각 D, E, F라고 할 때, 다음을 구하시오.

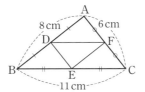

(1) $\overline{DE}$, $\overline{EF}$, $\overline{DF}$의 길이

(2) △DEF의 둘레의 길이

3 다음 그림과 같은 △ABC에서 점 M은 $\overline{AB}$의 중점이고 $\overline{MN} /\!/ \overline{BC}$일 때, x, y의 값을 각각 구하시오.

(1)

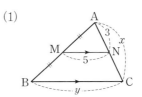

(2)

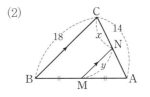

4 오른쪽 그림과 같은 △ABC에서 $\overline{AB}$의 연장선 위에 $\overline{BA}=\overline{AD}$가 되도록 점 D를 잡고, 점 D와 $\overline{AC}$의 중점 M을 이은 직선이 $\overline{BC}$와 만나는 점을 E라고 하자. $\overline{AN} /\!/ \overline{BC}$이고 $\overline{CE}=3$cm일 때, 다음 물음에 답하시오.

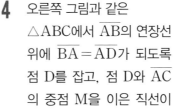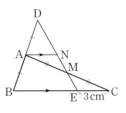

(1) 합동인 두 삼각형을 찾아 기호 ≡를 써서 나타내시오.

(2) $\overline{AN}$의 길이를 구하시오.

(3) $\overline{BE}$의 길이를 구하시오.

개념편 108쪽

유형 4 사다리꼴에서 삼각형의 두 변의 중점을 연결한 선분의 성질의 응용

$\overline{AD} /\!/ \overline{BC}$인 사다리꼴 ABCD에서 $\overline{AB}$, $\overline{DC}$의 중점을 각각 M, N이라고 하면

(1) $\overline{AD} /\!/ \overline{MN} /\!/ \overline{BC}$

(2) $\overline{MN} = \overline{MQ} + \overline{QN} = \dfrac{1}{2}(\overline{BC} + \overline{AD})$

(3) $\overline{PQ} = \overline{MQ} - \overline{MP} = \dfrac{1}{2}(\overline{BC} - \overline{AD})$ (단, $\overline{BC} > \overline{AD}$)

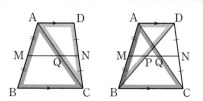

---

1 다음 그림과 같이 $\overline{AD} /\!/ \overline{BC}$인 사다리꼴 ABCD에서 $\overline{AM} = \overline{MB}$, $\overline{DN} = \overline{NC}$일 때, ☐ 안에 알맞은 수를 쓰시오.

(1)
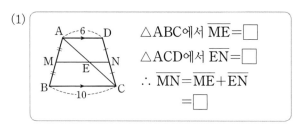

△ABC에서 $\overline{ME} = $ ☐

△ACD에서 $\overline{EN} = $ ☐

∴ $\overline{MN} = \overline{ME} + \overline{EN}$
$\quad = $ ☐

(2)
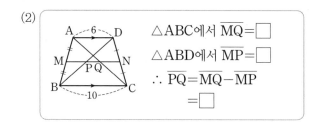

△ABC에서 $\overline{MQ} = $ ☐

△ABD에서 $\overline{MP} = $ ☐

∴ $\overline{PQ} = \overline{MQ} - \overline{MP}$
$\quad = $ ☐

---

2 다음 그림과 같이 $\overline{AD} /\!/ \overline{BC}$인 사다리꼴 ABCD에서 $\overline{AM} = \overline{MB}$, $\overline{DN} = \overline{NC}$일 때, x의 값을 구하시오.

(1)
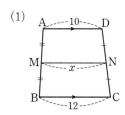
_____

(2)
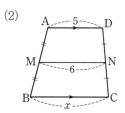
_____

(3)
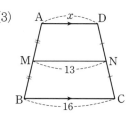
_____

---

3 다음 그림과 같이 $\overline{AD} /\!/ \overline{BC}$인 사다리꼴 ABCD에서 $\overline{AM} = \overline{MB}$, $\overline{DN} = \overline{NC}$일 때, x의 값을 구하시오.

(1)
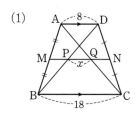
_____

(2)
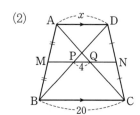
_____

(3)
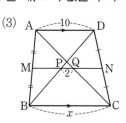
_____

쌍둥이 기출문제

● 정답과 해설 44쪽

✏ 형광펜 들고 밑줄 쫙~

쌍둥이 01

1 오른쪽 그림과 같은 △ABC에서 두 점 M, N은 각각 $\overline{AB}$, $\overline{AC}$의 중점이다. $\overline{MN}=9\ cm$, ∠B=35°일 때, $x+y$의 값을 구하시오.

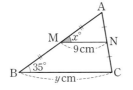

2 오른쪽 그림과 같은 △ABC에서 점 M은 $\overline{AB}$의 중점이고, $\overline{MN}/\!/\overline{BC}$이다. $\overline{AN}=8\ cm$, $\overline{BC}=12\ cm$일 때, $x-y$의 값을 구하시오.

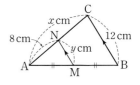

쌍둥이 02

3 오른쪽 그림에서 네 점 M, N, P, Q는 각각 $\overline{AB}$, $\overline{AC}$, $\overline{DB}$, $\overline{DC}$의 중점이다. $\overline{BC}=6\ cm$일 때, $\overline{MN}+\overline{PQ}$의 길이를 구하시오.

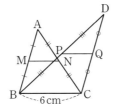

4 오른쪽 그림에서 네 점 M, N, P, Q는 각각 $\overline{AB}$, $\overline{AC}$, $\overline{DB}$, $\overline{DC}$의 중점이다. $\overline{PQ}=4\ cm$일 때, $\overline{MN}$의 길이를 구하시오.

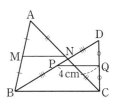

쌍둥이 03

5 _{서술형} 오른쪽 그림과 같은 △ABC의 세 변의 중점을 각각 P, Q, R라고 하자. $\overline{AB}=8\ cm$, $\overline{BC}=5\ cm$, $\overline{CA}=7\ cm$일 때, △PQR의 둘레의 길이를 구하시오.

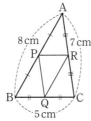

풀이 과정

답

6 오른쪽 그림과 같은 △ABC에서 세 변의 중점을 각각 D, E, F라고 하자. $\overline{DE}=6\ cm$, $\overline{EF}=4\ cm$, $\overline{DF}=5\ cm$일 때, △ABC의 둘레의 길이는?

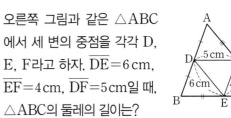

① 22 cm　　② 24 cm　　③ 26 cm
④ 28 cm　　⑤ 30 cm

쌍둥이 기출문제

쌍둥이 04

7 오른쪽 그림과 같은 △ABC에서 두 점 D, E는 $\overline{AB}$의 삼등분점이고, 점 F는 $\overline{AC}$의 중점이다. $\overline{EP}=3\,cm$일 때, $\overline{CP}$의 길이를 구하시오.

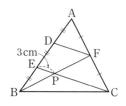

8 오른쪽 그림과 같은 △ABC에서 두 점 D, E는 $\overline{AB}$의 삼등분점이고, 점 F는 $\overline{BC}$의 중점이다. $\overline{EF}=4\,cm$일 때, $\overline{CP}$의 길이를 구하시오.

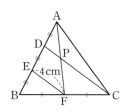

쌍둥이 05

9 오른쪽 그림과 같은 △ABC에서 $\overline{AD}=\overline{DB}$, $\overline{DE}=\overline{EF}$이고, $\overline{DG}\,/\!/\,\overline{BF}$이다. $\overline{CF}=8\,cm$일 때, $\overline{BF}$의 길이를 구하시오.

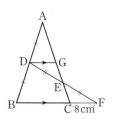

10 오른쪽 그림과 같은 △ABC에서 $\overline{AD}=\overline{DB}$, $\overline{DE}=\overline{EF}$이다. $\overline{BC}=12\,cm$일 때, $\overline{CF}$의 길이를 구하시오.

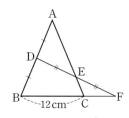

쌍둥이 06

11 오른쪽 그림과 같은 □ABCD에서 네 점 P, Q, R, S는 각각 네 변의 중점이고 $\overline{AC}=10\,cm$, $\overline{BD}=12\,cm$일 때, □PQRS의 둘레의 길이를 구하시오.

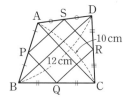

12 오른쪽 그림과 같은 □ABCD에서 $\overline{AB}$, $\overline{BC}$, $\overline{CD}$, $\overline{DA}$의 중점을 각각 E, F, G, H라고 하자. □EFGH의 둘레의 길이가 $34\,cm$일 때, $\overline{AC}+\overline{BD}$의 길이를 구하시오.

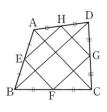

쌍둥이 07

13 오른쪽 그림과 같이 $\overline{AD}\,/\!/\,\overline{BC}$인 사다리꼴 ABCD에서 두 점 M, N은 각각 $\overline{AB}$, $\overline{DC}$의 중점이다. $\overline{AD}=12\,cm$, $\overline{BC}=18\,cm$일 때, $\overline{EF}$의 길이를 구하시오.

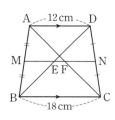

14 오른쪽 그림과 같이 $\overline{AD}\,/\!/\,\overline{BC}$인 사다리꼴 ABCD에서 $\overline{AB}$, $\overline{DC}$의 중점을 각각 M, N이라고 하자. $\overline{AD}=6\,cm$, $\overline{PQ}=2\,cm$일 때, $\overline{BC}$의 길이를 구하시오.

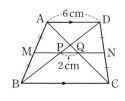

3

4. 평행선 사이의 선분의 길이의 비

평행선과 선분의 길이의 비

유형 5 평행선 사이에 있는 선분의 길이의 비   개념편 110쪽

세 개 이상의 평행선이 다른 두 직선과 만나서 생긴 선분의 길이의 비는 같다. 즉, 오른쪽 그림에서 $l \,/\!/\, m \,/\!/\, n$이면

$$a : b = a' : b'$$

참고 $a : b = a' : b'$이면 $l \,/\!/\, m \,/\!/\, n$은 성립하지 않는다.

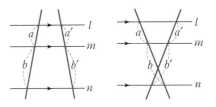

1 다음 그림에서 $l \,/\!/\, m \,/\!/\, n$일 때, $a : b$를 가장 간단한 자연수의 비로 나타내시오.

(1)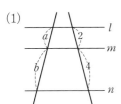

(2)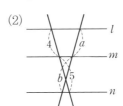

(3)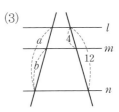

2 다음 그림에서 $l \,/\!/\, m \,/\!/\, n$일 때, x의 값을 구하시오.

(1)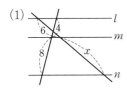

(2)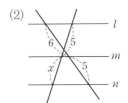

(3)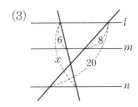

3 다음 그림에서 $p \,/\!/\, q \,/\!/\, r \,/\!/\, s$일 때, x, y의 값을 각각 구하시오.

(1)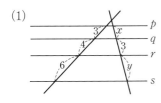

(2)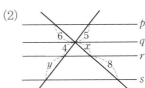

(3)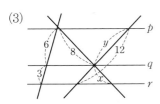

(4)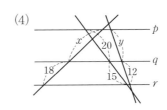

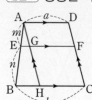 유형 **6** 사다리꼴에서 평행선과 선분의 길이의 비

$\overline{AD} /\!/ \overline{BC}$인 사다리꼴 ABCD에서 $\overline{EF} /\!/ \overline{BC}$이면

방법1 평행선 이용 → 점 A를 지나고, $\overline{DC}$와 평행한 $\overline{AH}$ 긋기

$\triangle$ABH에서 $\overline{EG} /\!/ \overline{BH}$이므로
$\overline{EG} : \overline{BH} = m : (m+n)$
$\overline{GF} = \overline{HC} = \overline{AD} = a$
➡ $\overline{EF} = \overline{EG} + \overline{GF}$

방법2 대각선 이용 → 대각선 $\overline{AH}$ 긋기

$\triangle$ABC에서 $\overline{EG} /\!/ \overline{BC}$이므로
$\overline{EG} : \overline{BC} = m : (m+n)$
$\triangle$ACD에서 $\overline{AD} /\!/ \overline{GF}$이므로
$\overline{GF} : \overline{AD} = n : (m+n)$
➡ $\overline{EF} = \overline{EG} + \overline{GF}$

1 다음 그림과 같은 사다리꼴 ABCD에서 $\overline{AD} /\!/ \overline{EF} /\!/ \overline{BC}$일 때, ☐ 안에 알맞은 수를 쓰시오.

(1)

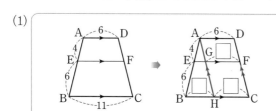

$\triangle$ABH에서 $4 : (4+6) = \overline{EG} : \boxed{}$이므로

$\overline{EG} = \boxed{}$

$\therefore \overline{EF} = \overline{EG} + \overline{GF} = \boxed{}$

(2)

$\triangle$ABC에서 $4 : (4+6) = \overline{EG} : \boxed{}$이므로

$\overline{EG} = \boxed{}$

$\triangle$ACD에서 $6 : (6+4) = \overline{GF} : \boxed{}$이므로

$\overline{GF} = \boxed{}$

$\therefore \overline{EF} = \overline{EG} + \overline{GF} = \boxed{}$

2 아래 그림과 같은 사다리꼴 ABCD에서 $\overline{AD} /\!/ \overline{EF} /\!/ \overline{BC}$일 때, 다음 선분의 길이를 구하시오.

(1)

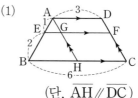

(단, $\overline{AH} /\!/ \overline{DC}$)

$\overline{GF} = $_____

$\overline{EG} = $_____

$\overline{EF} = $_____

(2)

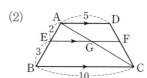

$\overline{EG} = $_____

$\overline{GF} = $_____

$\overline{EF} = $_____

3 다음 그림과 같은 사다리꼴 ABCD에서 $\overline{AD} /\!/ \overline{EF} /\!/ \overline{BC}$일 때, x의 값을 구하시오.

(1)

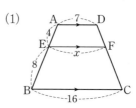

_____

(2)

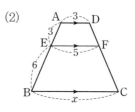

_____

유형 **7** 평행선과 선분의 길이의 비의 응용

$\overline{AC}$와 $\overline{BD}$의 교점을 E라 하고, $\overline{AB} /\!\!/ \overline{EF} /\!\!/ \overline{DC}$일 때

(1) $\triangle ABE \backsim \triangle CDE$ (AA 닮음) ➡ 닮음비는 $a : b$

(2) $\triangle CEF \backsim \triangle CAB$ (AA 닮음) ➡ 닮음비는 $b : (a+b)$

(3) $\triangle BFE \backsim \triangle BCD$ (AA 닮음) ➡ 닮음비는 $a : (a+b)$

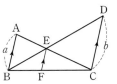

1 다음은 $\overline{AB} /\!\!/ \overline{EF} /\!\!/ \overline{DC}$일 때, $\overline{EF}$의 길이를 구하는 과정이다. ☐ 안에 알맞은 수를 쓰시오.

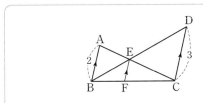

$\triangle ABE \backsim \triangle CDE$ (AA 닮음)이므로

$\overline{BE} : \overline{DE} = \overline{AB} : \overline{CD} = \boxed{} : \boxed{}$

$\triangle BCD$에서 $\overline{EF} /\!\!/ \overline{DC}$이므로

$\overline{EF} : \boxed{} = 2 : (2+3)$ ∴ $\overline{EF} = \boxed{}$

(3)
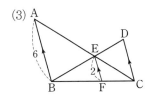

$\overline{CF} : \overline{CB} = $ _____

$\overline{BF} : \overline{BC} = $ _____

$\overline{DC} = $ _____

(4)
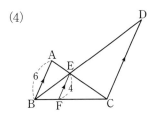

$\overline{DC} = $ _____

2 아래 그림에서 $\overline{AB} /\!\!/ \overline{EF} /\!\!/ \overline{DC}$일 때, 주어진 선분의 길이의 비를 가장 간단한 자연수의 비로 나타내고, 다음 선분의 길이를 구하시오.

(1)
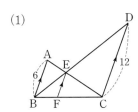

$\overline{BE} : \overline{DE} = $ _____

$\overline{BE} : \overline{BD} = $ _____

$\overline{EF} = $ _____

(2)
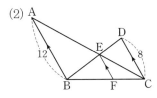

$\overline{EF} = $ _____

3 아래 그림에서 $\overline{AB} /\!\!/ \overline{EF} /\!\!/ \overline{DC}$일 때, 다음 선분의 길이를 구하시오.

(1)
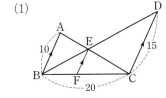

$\overline{EF} = $ _____

$\overline{BF} = $ _____

(2)
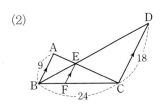

$\overline{EF} = $ _____

$\overline{CF} = $ _____

쌍둥이 기출문제

● 정답과 해설 47쪽

형광펜 들고 밑줄 쫙~

쌍둥이 01

1 오른쪽 그림에서 $l /\!/ m /\!/ n$ 일 때, xy의 값을 구하시오.

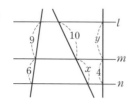

2 오른쪽 그림에서 $l /\!/ m /\!/ n$ 일 때, $2x+y$의 값은?

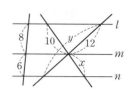

① 30   ② 32
③ 34   ④ 36
⑤ 38

쌍둥이 02

3 오른쪽 그림과 같은 사다리꼴 ABCD에서 $\overline{AD} /\!/ \overline{EF} /\!/ \overline{BC}$ 이고 $\overline{AH} /\!/ \overline{DC}$일 때, $\overline{EG}$의 길이를 구하시오.

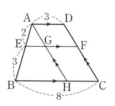

4 오른쪽 그림과 같은 사다리꼴 ABCD에서 $\overline{AD} /\!/ \overline{EF} /\!/ \overline{BC}$일 때, $\overline{EF}$의 길이를 구하시오.

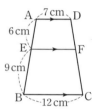

쌍둥이 03

5 오른쪽 그림과 같은 사다리꼴 ABCD에서 $\overline{AD} /\!/ \overline{EF} /\!/ \overline{BC}$ 일 때, x, y의 값을 각각 구하시오.

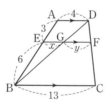

6 오른쪽 그림과 같은 사다리 꼴 ABCD에서 $\overline{AD} /\!/ \overline{EF} /\!/ \overline{BC}$이고 $\overline{AE} : \overline{EB} = 2 : 1$일 때, x, y의 값을 각각 구하시오.

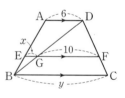

쌍둥이 04

7 오른쪽 그림에서 $\overline{AB} /\!/ \overline{EF} /\!/ \overline{DC}$일 때, $\overline{AB}$ 의 길이를 구하시오.

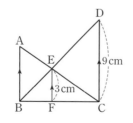

8 오른쪽 그림에서 $\overline{AB} /\!/ \overline{EF} /\!/ \overline{DC}$일 때, $x+y$의 값을 구하시오.

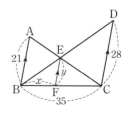

4. 평행선 사이의 선분의 길이의 비

삼각형의 무게중심

유형 8 삼각형의 무게중심 개념편 114~115쪽

(1) **삼각형의 중선**: 삼각형에서 한 꼭짓점과 그 대변의 중점을 이은 선분
(2) **삼각형의 무게중심**
   ① 삼각형의 무게중심: 삼각형의 세 중선의 교점
   ② 삼각형의 무게중심은 세 중선의 길이를 각 꼭짓점으로부터 **2 : 1**로 나눈다.
   ➡ △ABC의 무게중심이 G일 때
     $\overline{\text{AG}} : \overline{\text{GD}} = \overline{\text{BG}} : \overline{\text{GE}} = \overline{\text{CG}} : \overline{\text{GF}} =$ **2 : 1**

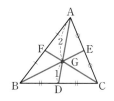

1 다음 그림에서 점 G가 △ABC의 무게중심일 때, x, y의 값을 각각 구하시오.

(1)
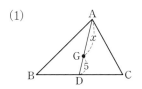

(2)

(3)

(4)

(5)

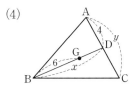
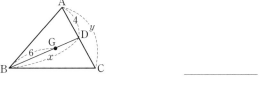
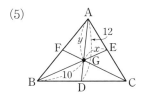

2 다음 그림에서 점 G가 직각삼각형 ABC의 무게중심일 때, $\overline{\text{GD}}$의 길이를 구하시오.

직각삼각형의 외심은 빗변의 중점임을 이용하자!

(1)
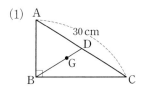

(2)
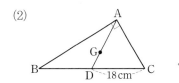

3 다음 그림에서 두 점 G, G′이 각각 △ABC, △GBC의 무게중심일 때, x, y의 값을 각각 구하시오.

(1)
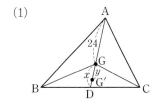

(2)
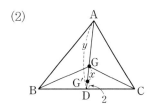

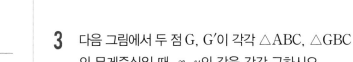

유형 9 삼각형의 무게중심과 넓이

개념편 116쪽

(1) 삼각형의 중선과 넓이

➡ $\overline{AD}$가 △ABC의 중선이면 △ABD=△ADC=$\dfrac{1}{2}$△ABC

(2) 삼각형의 무게중심과 넓이

점 G가 △ABC의 무게중심일 때

① △GAF=△GFB=△GBD=△GDC

  =△GCE=△GEA=$\dfrac{1}{6}$△ABC

② △GAB=△GBC=△GCA=$\dfrac{1}{3}$△ABC

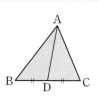

1 다음 그림에서 점 G는 △ABC의 무게중심이고 △ABC의 넓이가 48 cm²일 때, 색칠한 부분의 넓이를 구하시오.

(1)

_____

(2)

_____

(3)
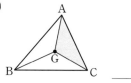
_____

(4)

_____

(5)

_____

(6)
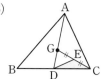
_____

2 다음 그림에서 점 G는 △ABC의 무게중심이고 색칠한 부분의 넓이가 다음과 같을 때, △ABC의 넓이를 구하시오.

(1)
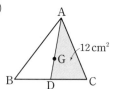
_____

(2)
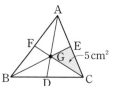
_____

(3)
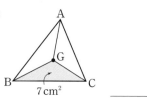
_____

3 아래 그림에서 두 점 G, G′은 각각 △ABC, △GBC의 무게중심이다. △ABC=54 cm²일 때, 다음 순서에 따라 색칠한 부분의 넓이를 구하시오.

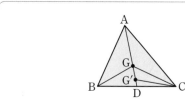

△ABC=54 cm²

➡

△GBC=□ cm²

➡

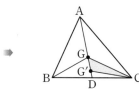

△GG′C=□ cm²

한 걸음 더 연습 유형 8, 9

1 오른쪽 그림에서 점 G는 △ABC의 무게중심이고, 점 F는 $\overline{EC}$의 중점이다. $\overline{BG}=8$일 때, x의 값을 구하려고 한다. 다음 □ 안에 알맞은 수를 쓰시오.

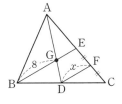

점 G는 △ABC의 무게중심이므로

$\overline{BE}=$ □ $\overline{BG}=$ □

△BCE에서 $\overline{CD}=\overline{DB}$, $\overline{CF}=\overline{FE}$이므로

$x=$ □ $\overline{BE}=$ □

2 오른쪽 그림에서 점 G는 △ABC의 무게중심이고, 점 F는 $\overline{DC}$의 중점이다. $\overline{GD}=3$일 때, x, y의 값을 각각 구하시오.

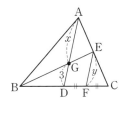

3 오른쪽 그림에서 점 G는 △ABC의 무게중심이고 $\overline{EF}\,/\!/\,\overline{BC}$일 때, x, y의 값을 각각 구하려고 한다. 다음 □ 안에 알맞은 수를 쓰시오.

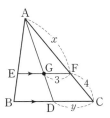

△ADC에서 $\overline{AF}:\overline{FC}=\overline{AG}:\overline{GD}$이므로

$x:4=$ □ : □ $\qquad \therefore x=$ □

또 $\overline{GF}:\overline{DC}=\overline{AG}:\overline{AD}$이므로

$3:y=$ □ : □ $\qquad \therefore y=$ □

4 오른쪽 그림에서 점 G는 △ABC의 무게중심이고, $\overline{EF}\,/\!/\,\overline{BC}$이다. $\overline{BC}=12$, $\overline{GD}=5$일 때, x, y의 값을 각각 구하시오.

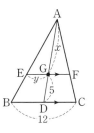

5 아래 그림에서 점 G는 △ABC의 무게중심이고 △ABC$=24$ cm^{2}일 때, 다음 순서에 따라 색칠한 부분의 넓이를 구하시오.

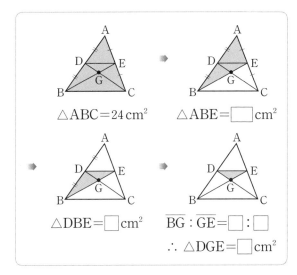

△ABC$=24$ cm^2 △ABE$=$ □ cm^2

△DBE$=$ □ cm^2 $\overline{BG}:\overline{GE}=$ □ : □

$\therefore$ △DGE$=$ □ cm^2

• 정답과 해설 49쪽

유형 10 평행사변형에서 삼각형의 무게중심의 응용

개념편 117쪽

평행사변형 ABCD에서 두 대각선의 교점을 O라 하고, $\overline{BC}$, $\overline{CD}$의 중점을 각각 M, N이라고 하면

(1) 점 P는 △ABC의 무게중심, 점 Q는 △ACD의 무게중심

(2) $\overline{BP} : \overline{PO} = \overline{DQ} : \overline{QO} = 2 : 1$, $\overline{BP} = \overline{PQ} = \overline{QD} = \dfrac{1}{3}\overline{BD}$

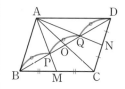

1 오른쪽 그림과 같은 평행사변형 ABCD에서 점 P와 점 Q가 각각 △ABC와 △ACD의 무게중심일 때, 다음 선분의 길이를 구하시오.

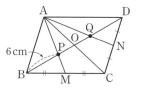

(1) $\overline{PO} = $ _____

(2) $\overline{PQ} = $ _____

(3) $\overline{QD} = $ _____

(4) $\overline{BD} = $ _____

2 아래 그림과 같은 평행사변형 ABCD에서 두 대각선의 교점을 O라 하고 $\overline{BC}$, $\overline{CD}$의 중점을 각각 M, N이라고 할 때, 다음 선분의 길이를 구하시오.

(1)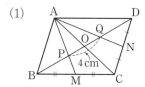

$\overline{BP} = $ _____

$\overline{BD} = $ _____

(2)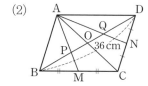

$\overline{BP} = $ _____

$\overline{OQ} = $ _____

3 아래 그림과 같은 평행사변형 ABCD에서 두 대각선의 교점을 O라 하고, $\overline{BC}$의 중점을 M이라고 하자. □ABCD의 넓이가 60 cm²일 때, 다음 순서에 따라 색칠한 부분의 넓이를 구하시오.

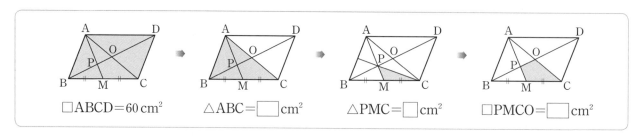

□ABCD=60 cm²   △ABC=□ cm²   △PMC=□ cm²   □PMCO=□ cm²

4 다음 그림과 같은 평행사변형 ABCD에서 두 대각선의 교점을 O라 하고, $\overline{BC}$, $\overline{CD}$의 중점을 각각 M, N이라고 하자. □ABCD의 넓이가 42 cm²일 때, 색칠한 부분의 넓이를 구하시오.

(1)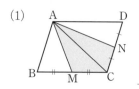

_____

(2)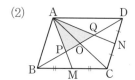

_____

(3)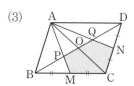

_____

쌍둥이 기출문제

✎ 형광펜 들고 밑줄 쫙~

쌍둥이 01

1 오른쪽 그림에서 점 G가 △ABC의 무게중심일 때, $x+y$의 값은?

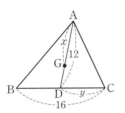

① 10 ② 12
③ 14 ④ 16
⑤ 18

2 오른쪽 그림에서 점 G는 ∠C=90°인 직각삼각형 ABC의 무게중심이고 $\overline{CG}=14\,cm$일 때, $\overline{AB}$의 길이는?

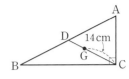

① 36 cm ② 38 cm ③ 42 cm
④ 44 cm ⑤ 46 cm

쌍둥이 02

3 오른쪽 그림에서 두 점 G, G′은 각각 △ABC, △GBC의 무게중심이다. $\overline{AD}=18\,cm$일 때, $\overline{GG'}$의 길이를 구하시오.

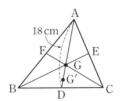

4 오른쪽 그림에서 두 점 G, G′은 각각 △ABC, △GBC의 무게중심이다. $\overline{GG'}=2\,cm$일 때, $\overline{AD}$의 길이를 구하시오.

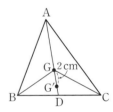

쌍둥이 03

5 오른쪽 그림에서 점 G는 △ABC의 무게중심이다. △ABC의 넓이가 27 cm²일 때, △GBD의 넓이를 구하시오.

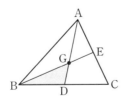

6 오른쪽 그림에서 점 G는 △ABC의 무게중심이다. △ABC의 넓이가 24 cm²일 때, □GDCE의 넓이는?

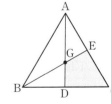

① 6 cm² ② 8 cm²
③ 10 cm² ④ 12 cm²
⑤ 14 cm²

쌍둥이 기출문제

쌍둥이 04

7 오른쪽 그림에서 점 G는
△ABC의 무게중심이고, 두
점 E, F는 각각 $\overline{BG}$, $\overline{CG}$의
중점이다. △ABC의 넓이가
72 cm²일 때, 색칠한 부분의 넓이를 구하시오.

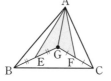

8 오른쪽 그림에서 두 점 G, G'
은 각각 △ABC, △GBC의
무게중심이다. △ABC의 넓
이가 36 cm²일 때, △GBG'
의 넓이를 구하시오.

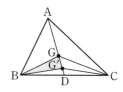

쌍둥이 05

9 오른쪽 그림과 같은 평행사
변형 ABCD에서 두 대각선
의 교점을 O라 하고, $\overline{BC}$의
중점을 M이라고 하자.
$\overline{BD}$=12 cm일 때, $\overline{PO}$의 길
이를 구하시오.

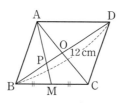

10 오른쪽 그림과 같은 평행사
변형 ABCD에서 $\overline{BC}$, $\overline{CD}$
의 중점을 각각 M, N이라
하고, $\overline{BD}$와 $\overline{AM}$, $\overline{AC}$,
$\overline{AN}$의 교점을 각각 P, O,
Q라고 하자. $\overline{PQ}$=6 cm일 때, $\overline{MN}$의 길이를 구하
시오.

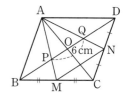

쌍둥이 06

11 오른쪽 그림과 같은 평행사
변형 ABCD에서 $\overline{BC}$, $\overline{CD}$
의 중점을 각각 M, N이라
고 하자. □ABCD의 넓이
가 180 cm²일 때, △APQ의 넓이를 구하시오.

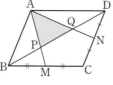

12 오른쪽 그림과 같은 평행사변
형 ABCD에서 두 대각선의
교점을 O라 하고, $\overline{BC}$, $\overline{CD}$의
중점을 각각 M, N이라고 하
자. △APQ의 넓이가 16 cm²일 때, □PMCO의 넓
이를 구하시오.

서술형

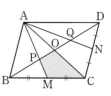

풀이 과정

답

1 오른쪽 그림에서 $\overline{BC} /\!/ \overline{DE}$이고 $\overline{BD}$와 $\overline{CE}$의 교점을 A라고 할 때, $x+y$의 값은?

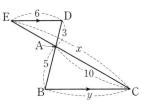

① 22 　　② 23 　　③ 24

④ 25 　　⑤ 26

▶ 삼각형에서 평행선과 선분의 길이의 비

2 오른쪽 그림과 같은 △ABC에서 ∠A의 이등분선과 $\overline{BC}$의 교점을 D라고 할 때, $\overline{CD}$의 길이를 구하시오.

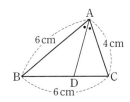

▶ 삼각형의 내각의 이등분선

3 오른쪽 그림과 같은 △ABC에서 ∠A의 외각의 이등분선이 $\overline{BC}$의 연장선과 만나는 점을 D라고 할 때, $\overline{AB}$의 길이를 구하시오.

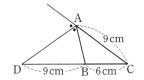

▶ 삼각형의 외각의 이등분선

4 오른쪽 그림과 같은 △ABC에서 세 점 D, E, F는 각각 $\overline{AB}$, $\overline{BC}$, $\overline{CA}$의 중점일 때, 다음 중 옳지 않은 것을 모두 고르면?

(정답 2개)

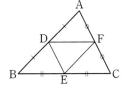

① $\overline{DF} /\!/ \overline{BC}$ 　　② $\overline{AD} = \overline{EF}$
③ $\overline{DF} = \overline{EF}$ 　　④ △ABC∽△ADF
⑤ $\overline{DE} : \overline{AC} = 1 : 3$

▶ 삼각형의 두 변의 중점을 연결한 선분의 성질

서술형

5 오른쪽 그림과 같이 $\overline{AD} /\!/ \overline{BC}$인 사다리꼴 ABCD에서 $\overline{AB}$, $\overline{DC}$의 중점을 각각 M, N이라고 하자. $\overline{BC}=16\,cm$, $\overline{EF}=5\,cm$일 때, $\overline{AD}$의 길이를 구하시오.

▶ 사다리꼴에서 삼각형의 두 변의 중점을 연결한 선분의 성질의 응용

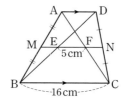

풀이 과정

답

6 오른쪽 그림에서 $l /\!/ m /\!/ n$일 때, x의 값을 구하시오.

▶ 평행선 사이에 있는 선분의 길이의 비

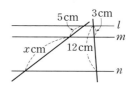

7 오른쪽 그림과 같은 사다리꼴 ABCD에서 $\overline{AD} /\!/ \overline{EF} /\!/ \overline{BC}$일 때, $\overline{EF}$의 길이는?

▶ 사다리꼴에서 평행선과 선분의 길이의 비

① 7 cm ② $\dfrac{15}{2}$ cm ③ 8 cm

④ $\dfrac{17}{2}$ cm ⑤ 9 cm

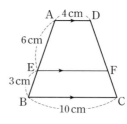

8 오른쪽 그림에서 $\overline{AB}$, $\overline{EF}$, $\overline{DC}$가 모두 $\overline{BC}$에 수직이고 $\overline{AB}=8\,cm$, $\overline{DC}=4\,cm$일 때, 다음 물음에 답하시오.

▶ 평행선과 선분의 길이의 비의 응용

(1) $\overline{BE} : \overline{DE}$를 가장 간단히 자연수의 비로 나타내시오.

(2) $\overline{EF}$의 길이를 구하시오.

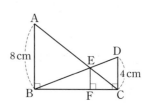

9 오른쪽 그림에서 두 점 G, G′은 각각 △ABC, △GBC의 무게중심
이다. $\overline{G'D}=3$ cm일 때, $\overline{AD}$의 길이를 구하시오.

삼각형의 무게중심

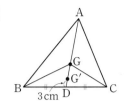

10 오른쪽 그림에서 점 G는 △ABC의 무게중심이고, □EBDG의 넓
이는 15 cm²일 때, △ABC의 넓이는?

① 30 cm² ② 35 cm² ③ 40 cm²
④ 45 cm² ⑤ 50 cm²

삼각형의 무게중심과
넓이

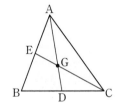

11 오른쪽 그림과 같은 평행사변형 ABCD에서 두 대각선의 교점을
O라 하고, $\overline{BC}$, $\overline{CD}$의 중점을 각각 M, N이라고 하자.
$\overline{PO}=5$ cm일 때, $\overline{BD}$의 길이를 구하시오.

평행사변형에서 삼각형의
무게중심의 응용
- 길이 구하기

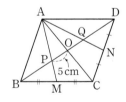

12 오른쪽 그림과 같은 평행사변형 ABCD에서 두 대각선의 교점을
O라 하고, $\overline{BC}$, $\overline{CD}$의 중점을 각각 M, N이라고 하자. △APQ의
넓이가 9 cm²일 때, □ABCD의 넓이는?

① 36 cm² ② 42 cm² ③ 48 cm²
④ 54 cm² ⑤ 60 cm²

평행사변형에서 삼각형의
무게중심의 응용
- 넓이 구하기

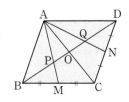

5

경우의 수

1

5. 경우의 수
경우의 수

개념편 130쪽

유형 1 경우의 수

(1) **사건**: 같은 조건에서 반복할 수 있는 실험이나 관찰에서 나타나는 결과
(2) **경우의 수**: 어떤 사건이 일어나는 가짓수

예

실험, 관찰	사건	경우	경우의 수
동전 한 개를 던진다.	뒷면이 나온다.	뒷면	1
주사위 한 개를 던진다.	짝수의 눈이 나온다.	2, 4, 6	3

주의 경우의 수를 구할 때는 모든 경우를 중복하지 않고, 빠짐없이 구한다.

---

1 주사위 한 개를 던질 때, 다음을 구하시오.

(1) 홀수의 눈이 나오는 경우의 수 _____

(2) 2의 배수의 눈이 나오는 경우의 수 _____

(3) 6 이하의 눈이 나오는 경우의 수 _____

2 1부터 10까지의 자연수가 각각 하나씩 적힌 10장의 카드 중에서 한 장을 뽑을 때, 다음을 구하시오.

(1) 소수가 적힌 카드가 나오는 경우의 수

_____

(2) 10의 약수가 적힌 카드가 나오는 경우의 수

_____

(3) 4보다 큰 수가 적힌 카드가 나오는 경우의 수

_____

3 서로 다른 동전 두 개를 동시에 던질 때, 다음 물음에 답하시오.

(1) 일어날 수 있는 모든 경우를 순서쌍으로 나열하시오. _____

(2) 앞면이 한 개만 나오는 경우의 수를 구하시오.

_____

4 아래 표는 두 개의 주사위 A, B를 동시에 던질 때 나오는 두 눈의 수를 순서쌍으로 나타낸 것의 일부이다. 표를 완성하고, 다음을 구하시오.

두 눈의 수의 합이 ☐

A \ B	⚀	⚁	⚂	⚃	⚄	⚅
⚀	(1, 1)	(1, 2)	(1, 3)	(1, 4)	(1, 5)	(1, 6)
⚁	(2, 1)					
⚂					(3, 5)	
⚃					(4, 5)	(4, 6)
⚄	(5, 1)				(5, 5)	(5, 6)
⚅	(6, 1)	(6, 2)	(6, 3)		(6, 5)	(6, 6)

두 눈의 수의 차가 ☐

(1) 두 눈의 수가 같은 경우의 수 _____

(2) 두 눈의 수의 합이 4인 경우의 수 _____

(3) 두 눈의 수의 차가 3인 경우의 수 _____

5 50원짜리, 100원짜리 동전을 각각 5개씩 가지고 있을 때, 500원을 거스름돈 없이 지불하는 방법의 수를 구하려고 한다. 표를 완성하고, 다음을 구하시오.

100원(개)	5	4		
50원(개)	0			

⇨ 방법의 수: _____

유형 2 사건 A 또는 사건 B가 일어나는 경우의 수 　　　　　　　　　　　　　　　　개념편 131쪽

두 사건 A, B가 동시에 일어나지 않을 때,
사건 A가 일어나는 경우의 수를 a, 사건 B가 일어나는 경우의 수를 b라고 하면
　　(사건 A **또는** 사건 B가 일어나는 경우의 수)$=a+b$

예 서로 다른 연필 3자루와 볼펜 2자루 중에서 한 자루를 고를 때, 연필 **또는** 볼펜을 고르는 경우의 수는 $3+2=5$

참고 일반적으로 문제에 '또는', '~이거나'라는 말이 있으면 두 사건이 일어나는 경우의 수를 더한다.

1 동대문에서 남대문까지 가는 지하철 노선은 3가지, 버스 노선은 7가지이다. 동대문에서 남대문까지 갈 때, 다음을 구하시오.

(1) 지하철 노선 중에서 한 가지를 선택하는 경우의 수 　　　　　

(2) 버스 노선 중에서 한 가지를 선택하는 경우의 수 　　　　　

(3) 지하철 또는 버스 노선 중에서 한 가지를 선택하는 경우의 수 　　　　　

2 사탕 4종류와 초콜릿 5종류가 있을 때, 사탕 또는 초콜릿 중에서 한 종류를 고르는 경우의 수를 구하시오. 　　　　　

3 다음 표는 수연이네 반 전체 학생의 취미를 조사하여 나타낸 것이다. 수연이네 반 학생 중에서 한 명을 뽑을 때, 그 학생의 취미가 독서 또는 영화 감상인 경우의 수를 구하시오. 　　　　　

취미	독서	음악 감상	영화 감상
학생 수(명)	9	14	12

4 1부터 20까지의 자연수가 각각 하나씩 적힌 20장의 카드 중에서 한 장을 뽑을 때, 다음을 구하시오.

(1) 3의 배수 또는 7의 배수가 적힌 카드가 나오는 경우의 수

> 3의 배수가 적힌 카드가 나오는 경우는
> 3, 6, ☐, ☐, ☐, ☐의 ☐가지
> 7의 배수가 적힌 카드가 나오는 경우는
> ☐, ☐의 ☐가지
> 따라서 구하는 경우의 수는
> ☐+☐=☐

(2) 짝수 또는 9의 약수가 적힌 카드가 나오는 경우의 수 　　　　　

5 서로 다른 주사위 두 개를 동시에 던질 때, 다음을 구하시오.

(1) 나오는 두 눈의 수의 합이 5 또는 6인 경우의 수

> 두 눈의 수의 합이 5인 경우는
> (1, 4), ☐, ☐, ☐의 ☐가지
> 두 눈의 수의 합이 6인 경우는
> (1, 5), (2, 4), ☐, ☐, ☐의
> ☐가지
> 따라서 구하는 경우의 수는
> ☐+☐=☐

(2) 나오는 두 눈의 수의 차가 2 또는 4인 경우의 수

유형 3 사건 A와 사건 B가 동시에 일어나는 경우의 수

개념편 132~133쪽

사건 A가 일어나는 경우의 수를 a, 그 각각에 대하여 사건 B가 일어나는 경우의 수를 b라고 하면

(사건 A와 사건 B가 동시에 일어나는 경우의 수)$=a \times b$

예 서로 다른 연필 3자루와 볼펜 2자루 중에서 연필과 볼펜을 각각 한 자루씩 고르는 경우의 수는 $3 \times 2 = 6$

참고 일반적으로 문제에 '동시에', '그리고', '~와'라는 말이 있으면 두 사건이 일어나는 경우의 수를 곱한다.

---

1 아래 그림은 A, B, C 세 지점 사이의 길을 나타낸 것이다. A 지점에서 B 지점을 거쳐 C 지점까지 가려고 할 때, 다음을 구하시오.

(단, 한 번 지나간 지점은 다시 지나지 않는다.)

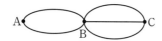

(1) A 지점에서 B 지점까지 가는 경우의 수

───────

(2) B 지점에서 C 지점까지 가는 경우의 수

───────

(3) A 지점에서 B 지점을 거쳐 C 지점까지 가는 경우의 수

───────

2 수학 참고서 5종류와 영어 참고서 3종류가 있을 때, 수학 참고서와 영어 참고서를 각각 한 종류씩 고르는 경우의 수를 구하시오.

───────

3 다음 그림과 같이 4개의 자음 ㅁ, ㅂ, ㅅ, ㅇ과 4개의 모음 ㅏ, ㅓ, ㅗ, ㅜ가 있다. 자음 한 개와 모음 한 개를 짝 지어 만들 수 있는 글자의 개수를 구하시오.

ㅁ	ㅂ	ㅅ	ㅇ
ㅏ	ㅓ	ㅗ	ㅜ

───────

4 두 개의 주사위 A, B를 동시에 던질 때, 다음을 구하시오.

(1) 주사위 A는 3의 배수의 눈이 나오고, 주사위 B는 홀수의 눈이 나오는 경우의 수

> 주사위 A에서 3의 배수의 눈이 나오는 경우는 ☐, ☐의 ☐가지
>
> 주사위 B에서 홀수의 눈이 나오는 경우는 ☐, ☐, ☐의 ☐가지
>
> 따라서 구하는 경우의 수는 ☐×☐=☐

(2) 주사위 A는 6의 약수의 눈이 나오고, 주사위 B는 소수의 눈이 나오는 경우의 수

───────

5 다음의 각 경우에 일어나는 모든 경우의 수를 구하시오.

(1) 동전 한 개와 주사위 한 개를 동시에 던질 때
    앞면, 뒷면   1, 2, 3, 4, 5, 6

───────

(2) 서로 다른 동전 두 개를 동시에 던질 때

───────

(3) 서로 다른 주사위 두 개를 동시에 던질 때

───────

쌍둥이 기출문제

● 정답과 해설 54쪽

형광펜 들고 밑줄 쫙~

쌍둥이 01

1 주사위 한 개를 던질 때, 4의 약수의 눈이 나오는 경우의 수는?

① 1 ② 2 ③ 3
④ 4 ⑤ 5

2 1부터 25까지의 자연수가 각각 하나씩 적힌 25개의 공이 들어 있는 주머니가 있다. 이 주머니에서 공 한 개를 꺼낼 때, 6의 배수가 적힌 공이 나오는 경우의 수를 구하시오.

쌍둥이 02

3 50원짜리, 100원짜리 동전이 각각 5개씩 있을 때, 300원을 지불하는 방법의 수는?
(단, 거스름돈은 없다.)

① 2 ② 3 ③ 4
④ 5 ⑤ 6

4 서영이는 600원짜리 아이스크림을 하나 사려고 한다. 10원짜리 동전 5개, 50원짜리 동전 4개, 100원짜리 동전 6개를 가지고 있을 때, 아이스크림의 값을 지불하는 방법의 수를 구하시오. (단, 거스름돈은 없다.)

쌍둥이 03

5 합정역에서 신당역까지 가는 데 버스 노선은 3가지, 지하철 노선은 2가지가 있다. 합정역에서 신당역까지 버스나 지하철을 타고 가는 경우의 수를 구하시오.

6 A 도시에서 B 도시까지 가는 기차편은 ITX가 하루에 3번, KTX가 하루에 10번 있다고 한다. A 도시에서 B 도시까지 ITX 또는 KTX를 타고 가는 경우의 수를 구하시오.

쌍둥이 04

7 1부터 30까지의 자연수가 각각 하나씩 적힌 30장의 카드 중에서 한 장을 뽑을 때, 5의 배수 또는 9의 배수가 적힌 카드가 나오는 경우의 수는?

① 3 ② 6 ③ 9
④ 15 ⑤ 18

8 오른쪽 그림과 같이 각 면에 1부터 12까지의 자연수가 각각 하나씩 적힌 정십이면체 모양의 주사위를 한 번 던질 때, 바닥에 닿는 면에 적힌 수가 4의 배수 또는 10의 약수인 경우의 수를 구하시오.

쌍둥이 05

9 서로 다른 주사위 두 개를 동시에 던질 때, 나오는 두 눈의 수의 합이 2 또는 8인 경우의 수는?

① 2 ② 4 ③ 5
④ 6 ⑤ 8

10 서로 다른 주사위 두 개를 동시에 던질 때, 나오는 두 눈의 수의 차가 3 또는 5인 경우의 수를 구하시오.

서술형

풀이 과정

답

쌍둥이 06

11 서로 다른 종류의 빵 5개와 음료수 3개가 있다. 이 중에서 빵과 음료수를 각각 한 개씩 선택할 때, 선택할 수 있는 모든 경우의 수를 구하시오.

12 경수가 컴퓨터 본체와 모니터를 구입하려고 한다. 어떤 회사의 제품을 조사해 보니 본체는 4가지가 있고, 모니터는 6가지가 있다고 한다. 경수가 이 회사의 본체와 모니터를 각각 한 가지씩 구입하는 경우의 수를 구하시오.

쌍둥이 07

13 다음 그림은 집, 서점, 도서관 사이의 길을 나타낸 것이다. 집에서 서점을 거쳐 도서관까지 가는 경우의 수를 구하시오.

　　　　(단, 한 번 지나간 곳은 다시 지나지 않는다.)

집　　　서점　　　도서관

14 A 도시에서 B 도시로 가는 길이 3가지, B 도시에서 C 도시로 가는 길이 4가지일 때, A 도시에서 B 도시를 거쳐 C 도시로 가는 경우의 수를 구하시오.

　　　　(단, 한 번 지나간 도시는 다시 지나지 않는다.)

쌍둥이 08

15 두 개의 주사위 A, B를 동시에 던질 때, 주사위 A에서는 짝수의 눈이 나오고, 주사위 B에서는 6의 약수의 눈이 나오는 경우의 수를 구하시오.

서술형

풀이 과정

답

16 두 개의 주사위 A, B를 동시에 던질 때, 주사위 A에서는 3의 배수의 눈이 나오고 주사위 B에서는 소수의 눈이 나오는 경우의 수는?

① 5　　　　② 6　　　　③ 9
④ 10　　　　⑤ 12

쌍둥이 09

17 서로 다른 동전 세 개를 동시에 던질 때, 나오는 모든 경우의 수를 구하시오.

18 서로 다른 주사위 세 개를 동시에 던질 때, 나오는 모든 경우의 수는?

① 72　　　　② 100　　　　③ 144
④ 180　　　　⑤ 216

2 여러 가지 경우의 수

5. 경우의 수

유형 4 한 줄로 세우기

(1) 한 줄로 세우는 경우의 수
① n명을 한 줄로 세울 때 ➡ $n \times (n-1) \times (n-2) \times \cdots \times 2 \times 1$
② n명 중에서 2명을 뽑아 한 줄로 세울 때 ➡ $n \times (n-1)$
③ n명 중에서 3명을 뽑아 한 줄로 세울 때 ➡ $n \times (n-1) \times (n-2)$

(2) 이웃하여 한 줄로 세우는 경우의 수

➡ $\left(\begin{array}{c}\text{이웃하는 것을 하나로 묶어}\\\text{한 줄로 세우는 경우의 수}\end{array}\right) \times \left(\begin{array}{c}\underline{\text{묶음 안에서}}\\\underline{\text{자리를 바꾸는 경우의 수}}\end{array}\right)$

└➤ 묶음 안에서 한 줄로 세우는 경우의 수

1 다음을 구하시오.

(1) 3명을 한 줄로 세우는 경우의 수 _____

(2) 3명 중에서 2명을 뽑아 한 줄로 세우는 경우의 수 _____

(3) 4명을 한 줄로 세우는 경우의 수 _____

(4) 4명 중에서 3명을 뽑아 한 줄로 세우는 경우의 수 _____

2 A, B, C, D 4명을 한 줄로 세울 때, 다음을 구하시오.

(1) A를 맨 앞에 세우는 경우의 수 ⇨ A▢▢▢ ⇨ _____

(2) A를 맨 앞에, B를 맨 뒤에 세우는 경우의 수 ⇨ A▢▢B ⇨ _____

(3) A와 B를 양 끝에 세우는 경우의 수 ⇨ A⌒▢▢B ⇨ _____

(4) A와 B가 이웃하여 서는 경우의 수 ⇨ (AB)▢▢ ⇨ _____

유형 5 자연수 만들기

(1) <u>0을 포함하지 않는 경우</u>
0을 포함하지 않는 서로 다른 한 자리의 숫자가 각각 하나씩 적힌 n장의 카드 중에서
① 2장을 동시에 뽑아 만들 수 있는 두 자리의 자연수의 개수 ➡ $n \times (n-1)$(개)
② 3장을 동시에 뽑아 만들 수 있는 세 자리의 자연수의 개수 ➡ $n \times (n-1) \times (n-2)$(개)

(2) <u>0을 포함하는 경우</u> ← 맨 앞자리에는 0이 올 수 없다.
0을 포함한 서로 다른 한 자리의 숫자가 각각 하나씩 적힌 n장의 카드 중에서
① 2장을 동시에 뽑아 만들 수 있는 두 자리의 자연수의 개수 ➡ $(n-1) \times (n-1)$(개)
② 3장을 동시에 뽑아 만들 수 있는 세 자리의 자연수의 개수
➡ $(n-1) \times (n-1) \times (n-2)$(개)

1 1, 2, 3, 4의 숫자가 각각 하나씩 적힌 4장의 카드가 있다. 다음을 구하시오.

(1) 2장을 동시에 뽑아 만들 수 있는 두 자리의 자연수의 개수 _____

(2) 3장을 동시에 뽑아 만들 수 있는 세 자리의 자연수의 개수 _____

2 0, 1, 2, 3의 숫자가 각각 하나씩 적힌 4장의 카드가 있다. 다음을 구하시오.

(1) 2장을 동시에 뽑아 만들 수 있는 두 자리의 자연수의 개수 _____

(2) 3장을 동시에 뽑아 만들 수 있는 세 자리의 자연수의 개수 _____

3 0, 1, 2, 3의 숫자가 각각 하나씩 적힌 4장의 카드 중에서 서로 다른 2장을 동시에 뽑아 두 자리의 자연수를 만들 때, 짝수의 개수를 구하시오.

> 짝수가 되려면 일의 자리에 올 수 있는 숫자는 0 또는 2이다.
> (i) ■0인 경우
>   십의 자리에 올 수 있는 숫자는 0을 제외한 ☐개
> (ii) ■2인 경우
>   십의 자리에 올 수 있는 숫자는 0, 2를 제외한 ☐개
> 따라서 (i), (ii)에 의해 구하는 짝수의 개수는
> ☐+☐=☐(개)

유형 **6** 대표 뽑기
개념편 139쪽

(1) **자격이 다른 대표를 뽑는 경우** → 뽑는 순서와 관계가 있다.
  ① n명 중에서 자격이 다른 대표 2명을 뽑는 경우의 수 ➡ $n \times (n-1)$
  ② n명 중에서 자격이 다른 대표 3명을 뽑는 경우의 수 ➡ $n \times (n-1) \times (n-2)$

(2) **자격이 같은 대표를 뽑는 경우** → 뽑는 순서와 관계가 없다.
  ① n명 중에서 자격이 같은 대표 2명을 뽑는 경우의 수 ➡ $\dfrac{n \times (n-1)}{2}$ → 대표로 (A, B)와 (B, A)를 뽑는 경우는 같은 경우이므로 2로 나눈다.
  ② n명 중에서 자격이 같은 대표 3명을 뽑는 경우의 수 ➡ $\dfrac{n \times (n-1) \times (n-2)}{6}$
    → 대표로 (A, B, C), (A, C, B), (B, A, C), (B, C, A), (C, A, B), (C, B, A)를 뽑는 경우는 같은 경우이므로 6으로 나눈다.

1 A, B, C, D 4명 중에서 다음과 같이 학급 위원을 뽑는 경우의 수를 구하시오.

(1) 회장 1명, 부회장 1명 _____

(2) 회장 1명, 부회장 1명, 총무 1명 _____

(3) 대의원 2명 _____

(4) 대의원 3명 _____

2 A, B, C, D, E 5명 중에서 대표를 뽑을 때, 다음을 구하시오.

(1) 대표 1명, 부대표 2명을 뽑을 때, A가 부대표로 뽑히는 경우의 수
  ⇨ A B C D E ⇨ _____
    ↓ └→ 대표 1명, 부대표 1명
    부대표

(2) 대표 2명을 뽑을 때, B가 뽑히지 않는 경우의 수
  ⇨ B A C D E ⇨ _____
    ↓ └→ 대표 2명
    ✕

쌍둥이 기출문제

쌍둥이 01

1 주희네 반 학생 중에서 5명이 이어달리기를 할 때, 이어달리기의 순서를 정하는 경우의 수를 구하시오.

2 6종류의 과일 사과, 배, 수박, 감, 오렌지, 망고가 각각 1개씩 있을 때, 이 중에서 3개을 골라 식탁 위에 한 줄로 놓는 경우의 수는?

① 120　　② 180　　③ 240
④ 300　　⑤ 360

쌍둥이 02

3 A, B, C, D, E 5명이 한 줄로 설 때, C가 맨 앞에 서는 경우의 수를 구하시오.

4 아버지, 어머니, 언니, 오빠, 지우가 한 줄로 서서 사진을 찍으려고 한다. 이때 부모님이 양 끝에 서는 경우의 수를 구하시오.

쌍둥이 03

5 유성, 현준, 선우, 교민, 윤창, 준서 6명이 급식소 앞에서 한 줄로 설 때, 유성이와 현준이가 이웃하여 서는 경우의 수를 구하시오.

6 국어, 영어, 수학, 사회, 과학 교과서 한 권씩을 책꽂이에 나란히 꽂을 때, 수학, 과학 교과서를 이웃하게 꽂는 경우의 수를 구하시오.

쌍둥이 04

7 5부터 8까지의 자연수가 각각 하나씩 적힌 4장의 카드 중에서 2장을 동시에 뽑아 만들 수 있는 두 자리의 자연수는 모두 몇 개인지 구하시오.

서술형

풀이 과정

답

8 1부터 5까지의 자연수가 각각 하나씩 적힌 5개의 공이 들어 있는 상자에서 공 2개를 동시에 꺼내 두 자리의 자연수를 만들 때, 홀수의 개수는?

① 6개　　② 8개　　③ 10개
④ 12개　　⑤ 14개

쌍둥이 05

9 6, 7, 8, 9, 0의 숫자가 각각 하나씩 적힌 5장의 카드 중에서 2장을 동시에 뽑아 만들 수 있는 두 자리의 자연수의 개수는?

① 9개　　　② 10개　　　③ 16개
④ 20개　　　⑤ 25개

10 0, 1, 2, 3, 4의 숫자가 각각 하나씩 적힌 5개의 공이 들어 있는 주머니에서 공 2개를 동시에 꺼내 두 자리의 자연수를 만들 때, 짝수의 개수를 구하시오.

쌍둥이 06

11 갑, 을, 병 3명의 후보 중에서 회장 1명, 부회장 1명을 뽑는 경우의 수는?

① 2　　　② 3　　　③ 4
④ 5　　　⑤ 6

12 A, B, C, D 4명의 후보 중에서 연극에 출연할 주연 1명과 조연 1명을 뽑는 경우의 수는?

① 3　　　② 5　　　③ 6
④ 12　　　⑤ 16

쌍둥이 07

13 선영, 지수, 건우, 희진, 재호 5명의 학생 중에서 대의원 2명을 뽑는 경우의 수는?

① 6　　　② 7　　　③ 8
④ 9　　　⑤ 10

14 A, B, C, D, E, F 6명의 학생이 긴 줄넘기를 하려고 한다. 이 중에서 줄을 돌릴 2명을 뽑는 경우의 수를 구하시오.

쌍둥이 08

15 민하네 학교 학생회 임원 10명이 회의를 하기 전에 서로 빠짐없이 한 번씩 악수를 할 때, 악수를 한 총 횟수를 구하시오.

16 6개의 축구팀이 서로 한 번씩 경기를 할 때, 경기의 총 횟수를 구하시오.

1 주사위 한 개를 던질 때, 다음 중 그 경우의 수가 가장 큰 것은?

① 짝수의 눈이 나온다.　　　　　② 4 이하의 눈이 나온다.
③ 5 초과의 눈이 나온다.　　　　④ 3의 배수의 눈이 나온다.
⑤ 8의 약수의 눈이 나온다.

▶ 경우의 수

2 어느 분식점에는 김밥 6종류와 라면 3종류가 있다. 이 분식점에서 김밥이나 라면 중 한 종류를 주문하는 경우의 수를 구하시오.

▶ 사건 A 또는 사건 B가 일어나는 경우의 수
- 물건을 선택하는 경우

3 1부터 20까지의 자연수가 각각 하나씩 적힌 20개의 공이 들어 있는 주머니에서 공 한 개를 꺼낼 때, 6의 배수 또는 10의 배수가 적힌 공이 나오는 경우의 수는?

① 3　　　　　　　② 4　　　　　　　③ 5
④ 6　　　　　　　⑤ 7

▶ 사건 A 또는 사건 B가 일어나는 경우의 수
- 수를 뽑는 경우

4 빨간색, 노란색, 파란색, 흰색 티셔츠 4벌과 흰색, 검정색 바지 2벌이 있다. 티셔츠와 바지를 각각 하나씩 짝 지어 입는 모든 경우의 수를 구하시오.

▶ 사건 A와 사건 B가 동시에 일어나는 경우의 수
- 물건을 선택하는 경우

5 다음 그림은 수호네 집, 문구점, 학교 사이의 길을 나타낸 것이다. 수호가 집에서 출발하여 학교까지 가는 경우의 수를 구하시오. (단, 한 번 지나간 지점은 다시 지나지 않는다.)

▶ 사건 A와 사건 B가 동시에 일어나는 경우의 수
- 길을 선택하는 경우

수호네 집　　　문구점　　　학교

6 남학생 2명과 여학생 4명을 한 줄로 세울 때, 남학생끼리 이웃하도록 세우는 경우의 수는?

① 30   ② 60   ③ 90

④ 120   ⑤ 240

▶ 이웃하여 한 줄로 세우기

서술형

7 0, 1, 2, 3, 4, 5의 숫자가 각각 하나씩 적힌 6장의 카드 중에서 3장을 동시에 뽑아 만들 수 있는 세 자리의 자연수는 모두 몇 개인지 구하시오.

▶ 자연수 만들기
- 0을 포함하는 경우

풀이 과정

답

8 수민, 시은, 채영, 세은, 윤, 재이 6명의 후보 중에서 회장, 부회장, 서기를 각각 1명씩 뽑을 때, 수민이가 회장으로 뽑히는 경우의 수를 구하시오.

▶ 대표 뽑기
- 자격이 다른 경우

9 토론 동아리 학생 8명이 서로 빠짐없이 한 번씩 악수를 할 때, 악수를 한 횟수는 모두 몇 번인가?

① 28번   ② 32번   ③ 40번

④ 48번   ⑤ 56번

▶ 대표 뽑기
- 자격이 같은 경우

III
확률

6 확률

1 확률의 뜻과 성질

개념편 150~151쪽

유형 1 확률의 뜻

확률: 동일한 조건 아래에서 같은 실험이나 관찰을 여러 번 반복할 때, 어떤 사건이 일어나는 상대도수가 가까워지는 일정한 값

$$(사건\ A가\ 일어날\ 확률)=\frac{(사건\ A가\ 일어나는\ 경우의\ 수)}{(모든\ 경우의\ 수)}$$

참고 일반적으로 경우의 수를 이용하여 확률을 구할 때, 각 사건이 일어날 가능성이 모두 같다고 생각한다.

---

1 다음 표는 다미네 반 학생 30명을 대상으로 좋아하는 운동을 조사하여 나타낸 것이다. 조사한 학생 중에서 임의로 한 명을 선택할 때, 축구를 좋아하는 학생일 확률을 구하시오. _____

운동	야구	배구	축구	농구
학생 수(명)	10	3	8	9

2 주머니에 모양과 크기가 같은 흰 공 5개, 검은 공 3개가 들어 있다. 이 주머니에서 공 한 개를 꺼낼 때, 다음을 구하시오.

(1) 흰 공이 나올 확률 _____

(2) 검은 공이 나올 확률 _____

3 1부터 20까지의 자연수가 각각 하나씩 적힌 20장의 카드 중에서 한 장을 뽑을 때, 다음을 구하시오.

(1) 3의 배수가 적힌 카드가 나올 확률 _____

(2) 소수가 적힌 카드가 나올 확률 _____

(3) 20의 약수가 적힌 카드가 나올 확률 _____

4 서로 다른 동전 두 개를 동시에 던질 때, 다음을 구하시오.

(1) 모두 앞면이 나올 확률 _____

(2) 뒷면이 한 개 나올 확률 _____

5 서로 다른 주사위 두 개를 동시에 던질 때, 다음을 구하시오.

(1) 나오는 두 눈의 수가 같을 확률 _____

(2) 나오는 두 눈의 수의 합이 4일 확률 _____

(3) 나오는 두 눈의 수의 차가 2일 확률 _____

6 주사위 한 개를 두 번 던져서 처음에 나오는 눈의 수를 x, 나중에 나오는 눈의 수를 y라고 할 때, 다음 물음에 답하시오.

(1) 모든 경우의 수를 구하시오. _____

(2) $x+2y=9$를 만족시키는 순서쌍 (x, y)를 모두 구하시오. _____

(3) $x+2y=9$일 확률을 구하시오. _____

유형 2 | 확률의 성질 / 어떤 사건이 일어나지 않을 확률

(1) 확률의 성질
  ① 어떤 사건 A가 일어날 확률을 p라고 하면 $0 \leq p \leq 1$이다.
  ② 반드시 일어나는 사건의 확률은 1이다.
  ③ 절대로 일어나지 않는 사건의 확률은 0이다.

(2) 어떤 사건이 일어나지 않을 확률
  사건 A가 일어날 확률을 p라고 하면
  $$(\text{사건 } A \text{가 일어나지 않을 확률}) = 1 - p$$
  참고 일반적으로 문제에 '적어도', '최소한', '~않을', '~아닐', '~못할'이라는 말이 있으면 어떤 사건이 일어나지 않을 확률을 이용하는 것이 편리하다.

1 제비 10개가 들어 있는 상자에서 제비 한 개를 임의로 뽑을 때, 상자 안에 다음과 같이 당첨 제비가 들어 있는 각각의 경우에 대하여 당첨 제비를 뽑을 확률을 구하시오.

(1) 당첨 제비가 3개인 경우 _____

(2) 당첨 제비가 없는 경우 _____

(3) 제비 10개가 모두 당첨 제비인 경우 _____

2 주사위 한 개를 던질 때, 다음을 구하시오.

(1) 6 이하의 눈이 나올 확률 _____

(2) 6보다 큰 눈이 나올 확률 _____

3 서로 다른 주사위 두 개를 동시에 던질 때, 다음을 구하시오.

(1) 나오는 두 눈의 수의 합이 1일 확률 _____

(2) 나오는 두 눈의 수의 합이 12 이하일 확률 _____

4 기상청에서 오늘 비가 올 확률이 0.3이라고 예보했을 때, 오늘 비가 오지 않을 확률을 구하시오.

_____

5 1부터 30까지의 자연수가 각각 하나씩 적힌 30장의 카드 중에서 한 장을 뽑을 때, 그 카드에 적힌 수가 5의 배수가 아닐 확률을 구하시오. _____

6 서로 다른 동전 세 개를 동시에 던질 때, 다음을 구하시오.

(1) 모든 경우의 수 _____

(2) 모두 앞면이 나올 확률 _____

(3) 적어도 한 개는 뒷면이 나올 확률 _____

▸ 적어도 ~일 확률
(적어도 하나는 ~일 확률)=1-(모두 ~가 아닐 확률)

• 정답과 해설 59쪽

한 걸음 더 연습 유형 1~2

1 등과 배가 나올 확률이 같은 윷짝 4개를 동시에 던질 때, 도, 개, 걸, 윷, 모가 각각 나올 확률을 구하려고 한다. 표의 빈칸에 알맞은 것을 쓰시오.

경우	경우의 수	확률
도 	4	$\frac{4}{16} = \frac{1}{4}$
개 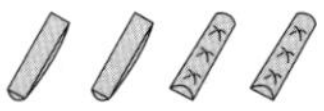		
걸 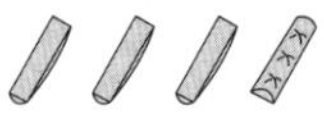		
윷 	1	$\frac{1}{16}$
모 		

2 모양과 크기가 같은 빨간 공 8개, 파란 공 x개가 들어 있는 주머니에서 공 한 개를 꺼낼 때, 빨간 공이 나올 확률이 $\frac{2}{3}$이다. 이때 x의 값을 구하시오.

_____

3 서로 다른 주사위 두 개를 동시에 던져서 나오는 두 눈의 수를 각각 x, y라고 할 때, $x+2y \le 6$일 확률을 구하시오.

_____

4 연아, 효주, 정훈, 시윤, 건형 5명을 한 줄로 세울 때, 다음을 구하시오.

(1) 모든 경우의 수 _____

(2) 연아가 맨 앞에 오는 경우의 수 _____

(3) 연아가 맨 앞에 설 확률 _____

(4) 연아가 맨 앞에 서지 않을 확률 _____

5 서로 다른 주사위 두 개를 동시에 던질 때, 나오는 두 눈의 수가 서로 다를 확률을 구하시오.

_____

(나오는 두 눈의 수가 서로 다를 확률)
=1-(나오는 두 눈의 수가 같을 확률)

6 남학생 4명, 여학생 2명 중에서 대표 2명을 뽑을 때, 적어도 1명은 남학생이 뽑힐 확률을 구하시오.

_____

(적어도 1명은 남학생이 뽑힐 확률)
=1-(2명 모두 여학생이 뽑힐 확률)

쌍둥이 기출문제

• 정답과 해설 59쪽

🖊 형광펜 들고 밑줄 좍~

쌍둥이 01

1 다음 표는 세진이네 반 학생 28명을 대상으로 좋아하는 과목을 조사하여 나타낸 것이다. 조사한 학생 중에서 임의로 한 명을 선택할 때, 수학을 좋아하는 학생일 확률을 구하시오.

과목	국어	영어	수학	과학
학생 수(명)	8	4	10	6

2 오른쪽 그림과 같이 10등분한 원판에 1부터 10까지의 자연수를 한 개씩 적었다. 이 원판을 돌린 후 멈추었을 때, 바늘이 4보다 큰 수를 가리킬 확률을 구하시오. (단, 바늘이 경계선을 가리키는 경우는 생각하지 않는다.)

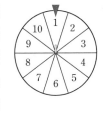

쌍둥이 02

3 서로 다른 주사위 두 개를 동시에 던질 때, 나오는 두 눈의 수의 합이 8일 확률은?

① $\dfrac{1}{9}$ ② $\dfrac{5}{36}$ ③ $\dfrac{1}{6}$

④ $\dfrac{7}{36}$ ⑤ $\dfrac{2}{9}$

4 주사위 한 개를 두 번 던질 때, 나오는 두 눈의 수의 차가 3일 확률을 구하시오.

서술형

[풀이 과정]

[답]

쌍둥이 03

5 모양과 크기가 같은 빨간 구슬 6개, 노란 구슬 x개가 들어 있는 주머니에서 구슬 한 개를 꺼낼 때, 빨간 구슬이 나올 확률이 $\dfrac{3}{4}$이다. 이때 x의 값을 구하시오.

6 모양과 크기가 같은 파란 공 3개, 빨간 공 5개, 흰 공 x개가 들어 있는 주머니에서 공 한 개를 꺼낼 때, 파란 공이 나올 확률이 $\dfrac{1}{5}$이다. 이때 x의 값을 구하시오.

7 1, 2, 3, 4의 숫자가 각각 하나씩 적힌 4장의 카드 중에서 2장을 동시에 뽑아 두 자리의 자연수를 만들 때, 32 이상일 확률은?

① $\dfrac{1}{6}$ ② $\dfrac{1}{4}$ ③ $\dfrac{1}{3}$

④ $\dfrac{5}{12}$ ⑤ $\dfrac{1}{2}$

8 0, 1, 2, 3, 4의 숫자가 각각 하나씩 적힌 5장의 카드 중에서 2장을 동시에 뽑아 두 자리의 자연수를 만들 때, 24 미만일 확률은?

① $\dfrac{1}{4}$ ② $\dfrac{5}{16}$ ③ $\dfrac{3}{8}$

④ $\dfrac{7}{16}$ ⑤ $\dfrac{1}{2}$

9 (서술형) 두 개의 주사위 A, B를 동시에 던져서 나오는 눈의 수를 각각 x, y라고 할 때, $x+2y=7$일 확률을 구하시오.

풀이 과정

답

10 주사위 한 개를 두 번 던져서 처음에 나오는 눈의 수를 x, 나중에 나오는 눈의 수를 y라고 할 때, $2x-y=3$일 확률은?

① $\dfrac{1}{12}$ ② $\dfrac{1}{9}$ ③ $\dfrac{5}{36}$

④ $\dfrac{1}{6}$ ⑤ $\dfrac{7}{36}$

11 주사위 한 개를 던질 때, 다음 중 옳은 것은?

① 0의 눈이 나올 확률은 1이다.

② 4의 눈이 나올 확률은 0이다.

③ 짝수의 눈이 나올 확률은 $\dfrac{1}{3}$이다.

④ 6의 약수의 눈이 나올 확률은 $\dfrac{1}{3}$이다.

⑤ 6 이하의 눈이 나올 확률은 1이다.

12 1부터 8까지의 자연수가 각각 하나씩 적힌 8장의 카드 중에서 한 장을 뽑을 때, 다음 중 옳지 <u>않은</u> 것은?

① 1이 적힌 카드가 나올 확률은 $\dfrac{1}{8}$이다.

② 0이 적힌 카드가 나올 확률은 0이다.

③ 8 이하의 수가 적힌 카드가 나올 확률은 1이다.

④ 8 이상의 수가 적힌 카드가 나올 확률은 0이다.

⑤ 홀수가 적힌 카드가 나올 확률은 $\dfrac{1}{2}$이다.

13 1부터 10까지의 자연수가 각각 하나씩 적힌 10장의 카드 중에서 한 장을 뽑을 때, 그 카드에 적힌 수가 소수가 아닐 확률은?

① $\frac{1}{5}$ ② $\frac{2}{5}$ ③ $\frac{1}{2}$

④ $\frac{3}{5}$ ⑤ $\frac{4}{5}$

14 주머니에 1부터 20까지의 자연수가 각각 하나씩 적힌 모양과 크기가 같은 20개의 구슬이 들어 있다. 이 주머니에서 구슬 한 개를 꺼낼 때, 그 구슬에 적힌 수가 4의 배수가 아닐 확률은?

① $\frac{1}{5}$ ② $\frac{1}{4}$ ③ $\frac{1}{3}$

④ $\frac{2}{3}$ ⑤ $\frac{3}{4}$

15 서로 다른 동전 네 개를 동시에 던질 때, 적어도 한 개는 앞면이 나올 확률은?

① $\frac{11}{16}$ ② $\frac{3}{4}$ ③ $\frac{13}{16}$

④ $\frac{7}{8}$ ⑤ $\frac{15}{16}$

16 시험에 출제한 3개의 ○, × 문제에 임의로 답할 때, 세 문제 중에서 적어도 한 문제 이상 맞힐 확률은?

① $\frac{1}{8}$ ② $\frac{1}{4}$ ③ $\frac{3}{8}$

④ $\frac{5}{8}$ ⑤ $\frac{7}{8}$

17 남학생 3명과 여학생 4명 중에서 대표 2명을 뽑을 때, 적어도 한 명은 여학생이 뽑힐 확률을 구하시오.

서술형

풀이 과정

답

18 어느 중학교 동아리에 1학년 학생이 6명, 2학년 학생이 4명 있다. 이 중에서 대표 2명을 뽑을 때, 적어도 한 명은 1학년 학생이 뽑힐 확률을 구하시오.

2 확률의 계산

6. 확률

개념편 156 쪽

유형 3 사건 A 또는 사건 B가 일어날 확률

동일한 실험이나 관찰에서 두 사건 A, B가 동시에 일어나지 않을 때,
사건 A가 일어날 확률을 p, 사건 B가 일어날 확률을 q라고 하면
　　(사건 A **또는** 사건 B가 일어날 확률)$=p+q$

참고 일반적으로 문제에 '또는', '~이거나'라는 말이 있으면 두 사건이 일어날 확률을 더한다.

1 모양과 크기가 같은 빨간 공 5개, 파란 공 7개, 노란 공 8개가 들어 있는 상자에서 공 한 개를 꺼낼 때, 다음을 구하시오.

(1) 빨간 공을 꺼낼 확률 _____

(2) 파란 공을 꺼낼 확률 _____

(3) 빨간 공 또는 파란 공을 꺼낼 확률 _____

2 다음 표는 어느 중학교 2학년 전체 학생들의 혈액형을 조사하여 나타낸 것이다. 2학년 학생들 중에서 한 명을 임의로 선택할 때, 그 학생의 혈액형이 A형 또는 O형일 확률을 구하시오. _____

혈액형	A	B	O	AB
학생 수(명)	43	35	17	5

3 다음 그림은 어느 해의 9월 달력이다. 이 달력의 날짜 중에서 하루를 임의로 선택할 때, 선택한 날이 토요일 또는 일요일일 확률을 구하시오. _____

9월

일	월	화	수	목	금	토
1	2	3	4	5	6	7
8	9	10	11	12	13	14
15	16	17	18	19	20	21
22	23	24	25	26	27	28
29	30					

4 1부터 15까지의 자연수가 각각 하나씩 적힌 15장의 카드 중에서 한 장을 뽑을 때, 다음을 구하시오.

(1) 6의 배수 또는 8의 약수가 적힌 카드가 나올 확률 _____

(2) 소수 또는 4의 배수가 적힌 카드가 나올 확률 _____

5 서로 다른 주사위 두 개를 동시에 던질 때, 다음을 구하시오.

(1) 나오는 두 눈의 수의 합이 3 또는 7일 확률 _____

(2) 나오는 두 눈의 수의 차가 0 또는 4일 확률 _____

6 2, 3, 4, 5의 숫자가 각각 하나씩 적힌 4장의 카드 중에서 두 장을 동시에 뽑아 두 자리의 자연수를 만들 때, 25 이하 또는 43 이상일 확률을 구하시오. _____

유형 4 　사건 A와 사건 B가 동시에 일어날 확률

두 사건 A, B가 서로 영향을 끼치지 않을 때,
사건 A가 일어날 확률을 p, 사건 B가 일어날 확률을 q라고 하면
　　(사건 A와 사건 B가 동시에 일어날 확률)$=p \times q$

참고　일반적으로 문제에 '동시에', '그리고', '~와', '~하고 나서'라는 말이 있으면 두 사건이 일어날 확률을 곱한다.

1 동전 한 개와 주사위 한 개를 동시에 던질 때, 다음을 구하시오.

(1) 동전은 뒷면이 나올 확률　　　＿＿＿＿＿

(2) 주사위는 3의 배수의 눈이 나올 확률　　＿＿＿＿＿

(3) 동전은 뒷면이 나오고 주사위는 3의 배수의 눈이 나올 확률　　　＿＿＿＿＿

2 A 주머니에는 모양과 크기가 같은 흰 공 3개, 검은 공 3개가 들어 있고, B 주머니에는 모양과 크기가 같은 흰 공 4개, 검은 공 2개가 들어 있다. A, B 두 주머니에서 각각 공을 1개씩 꺼낼 때, 다음을 구하시오.

(1) A 주머니에서는 흰 공, B 주머니에서는 검은 공이 나올 확률　　　＿＿＿＿＿

(2) A, B 두 주머니에서 모두 흰 공이 나올 확률

　　　　　　　　　　　　　　＿＿＿＿＿

3 자유투 성공률이 각각 $\dfrac{5}{6}$, $\dfrac{4}{7}$인 두 농구 선수가 자유투를 한 번씩 던질 때, 두 명 모두 성공할 확률을 구하시오.　　　　　　　　　　＿＿＿＿＿

4 일기 예보에서 토요일에 비가 올 확률이 $\dfrac{1}{5}$, 일요일에 비가 올 확률이 $\dfrac{2}{5}$라고 할 때, 다음을 구하시오.

(1) 토요일에 비가 오고, 일요일에 비가 오지 않을 확률　　　＿＿＿＿＿

(2) 토요일과 일요일 모두 비가 오지 않을 확률

　　　　　　　　　　　　　　＿＿＿＿＿

(3) 토요일과 일요일 중에서 적어도 하루는 비가 올 확률　　　＿＿＿＿＿

5 명중률이 각각 $\dfrac{1}{3}$, $\dfrac{3}{5}$인 두 사격 선수 A, B가 총을 한 번씩 쏠 때, 다음을 구하시오.

(1) 선수 A는 명중하지 못하고, 선수 B는 명중할 확률　　　＿＿＿＿＿

(2) 두 사람 모두 명중하지 못할 확률　　＿＿＿＿＿

(3) 두 사람 중에서 적어도 한 명은 명중할 확률

　　　　　　　　　　　　　　＿＿＿＿＿

두 사건 A, B가 서로 영향을 끼치지 않을 때, 사건 A가 일어날 확률을 p, 사건 B가 일어날 확률을 q라고 하면
(1) 사건 A는 일어나고, 사건 B는 일어나지 않을 확률
　➡ $p \times (1-q)$
(2) 두 사건 A, B가 모두 일어나지 않을 확률
　➡ $(1-p) \times (1-q)$
(3) 두 사건 A, B 중에서 적어도 하나가 일어날 확률
　➡ $1-$(두 사건 A, B가 모두 일어나지 않을 확률)
　　$=1-(1-p) \times (1-q)$

유형 **5** 연속하여 꺼내는 경우의 확률 　　　　　　　　　　개념편 **158**쪽

(1) 꺼낸 것을 다시 넣고 꺼내는 경우
　➡ 처음과 나중의 조건이 같다.
$$\left(\begin{array}{c}\text{처음에 꺼낼 때의}\\\text{전체 개수}\end{array}\right) = \left(\begin{array}{c}\text{나중에 꺼낼 때의}\\\text{전체 개수}\end{array}\right)$$

(2) 꺼낸 것을 다시 넣지 않고 꺼내는 경우
　➡ 처음과 나중의 조건이 다르다.
$$\left(\begin{array}{c}\text{처음에 꺼낼 때의}\\\text{전체 개수}\end{array}\right) \neq \left(\begin{array}{c}\text{나중에 꺼낼 때의}\\\text{전체 개수}\end{array}\right)$$

예 모양과 크기가 같은 빨간 공 3개, 파란 공 2개가 들어 있는 주머니에서 공 2개를 차례로 꺼낼 때, 2개 모두 파란 공이 나올 확률은 다음의 두 경우로 생각할 수 있다.

꺼낸 공을 다시 넣는 경우	꺼낸 공을 다시 넣지 않는 경우
첫 번째　　　두 번째　　조건이 같다.	첫 번째　　　두 번째　　조건이 다르다.

---

1 주머니에 모양과 크기가 같은 노란 구슬 4개, 빨간 구슬 5개가 들어 있다. 이 주머니에서 차례로 구슬 2개를 꺼낼 때, 다음의 각 경우에 대하여 2개 모두 노란 구슬일 확률을 구하시오.

(1) 처음에 꺼낸 구슬을 다시 넣는 경우

첫 번째에 노란 구슬을 꺼낼 확률	$\dfrac{4}{9}$	
두 번째에도 노란 구슬을 꺼낼 확률	남은 구슬의 개수: ☐개	
	이 중에서 노란 구슬의 개수: ☐개	
	➡ 확률: ☐	
꺼낸 구슬 2개가 모두 노란 구슬일 확률	$\dfrac{4}{9} \times$ ☐ $=$ ☐	

(2) 처음에 꺼낸 구슬을 다시 넣지 않는 경우

첫 번째에 노란 구슬을 꺼낼 확률	$\dfrac{4}{9}$	
두 번째에도 노란 구슬을 꺼낼 확률	남은 구슬의 개수: ☐개	
	이 중에서 노란 구슬의 개수: ☐개	
	➡ 확률: ☐	
꺼낸 구슬 2개가 모두 노란 구슬일 확률	$\dfrac{4}{9} \times$ ☐ $=$ ☐	

2 1부터 10까지의 자연수가 각각 하나씩 적힌 10장의 카드 중에서 두 장을 뽑을 때, 다음의 각 경우에 대하여 두 장 모두 홀수가 적힌 카드일 확률을 구하시오.

(1) 처음 뽑은 카드를 다시 넣는 경우　　　_____

(2) 처음 뽑은 카드를 다시 넣지 않는 경우

　　　　　　　　　　　　　　　　　　_____

3 당첨 제비 3개를 포함한 20개의 제비가 들어 있는 상자에서 민석이와 지연이가 차례로 제비를 각각 한 개씩 임의로 뽑을 때, 다음의 각 경우에 대하여 민석이와 지연이가 모두 당첨 제비를 뽑을 확률을 구하시오.

(1) 민석이가 뽑은 제비를 다시 넣는 경우

　　　　　　　　　　　　　　　　　　_____

(2) 민석이가 뽑은 제비를 다시 넣지 않는 경우

　　　　　　　　　　　　　　　　　　_____

쌍둥이 기출문제

● 정답과 해설 62쪽

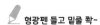
형광펜 들고 밑줄 쫙~

쌍둥이 01

1 1부터 30까지의 자연수가 각각 하나씩 적힌 30장의 카드 중에서 한 장을 뽑을 때, 5의 배수 또는 8의 배수가 적힌 카드가 나올 확률을 구하시오.

2 1부터 25까지의 자연수가 각각 하나씩 적힌 모양과 크기가 같은 25개의 구슬이 들어 있는 주머니에서 구슬 한 개를 꺼낼 때, 7의 배수 또는 25의 약수가 적힌 구슬이 나올 확률을 구하시오.

쌍둥이 02

3 서술형 서로 다른 주사위 두 개를 동시에 던질 때, 나오는 두 눈의 수의 합이 6 또는 10일 확률을 구하시오.

풀이 과정

답

4 서로 다른 주사위 두 개를 동시에 던질 때, 나오는 두 눈의 수의 차가 3 또는 5일 확률은?

① $\frac{1}{9}$ ② $\frac{1}{6}$ ③ $\frac{2}{9}$

④ $\frac{5}{18}$ ⑤ $\frac{1}{3}$

쌍둥이 03

5 두 개의 주사위 A, B를 동시에 던질 때, 주사위 A에서는 짝수의 눈이 나오고 주사위 B에서는 4의 약수의 눈이 나올 확률을 구하시오.

6 각 면에 1부터 12까지의 자연수가 하나씩 적힌 정십이면체 모양의 주사위를 두 번 던질 때, 바닥에 닿는 면에 적힌 수가 첫 번째에는 소수이고 두 번째에는 12의 약수일 확률을 구하시오.

쌍둥이 04

7 사랑이가 A 문제를 맞힐 확률은 $\frac{1}{4}$, B 문제를 맞힐 확률은 $\frac{1}{5}$일 때, 사랑이가 A 문제는 맞히고 B 문제는 틀릴 확률을 구하시오.

8 어느 야구 선수가 타석에 한 번 설 때, 안타를 칠 확률은 $\frac{1}{3}$이다. 이 선수가 타석에 두 번 설 때, 두 번째에만 안타를 칠 확률을 구하시오.

기출문제

쌍둥이 05

9 어느 시험에서 지희가 합격할 확률이 $\frac{2}{5}$이고, 건호가 합격할 확률이 $\frac{2}{3}$일 때, 지희와 건호 중에서 적어도 한 명은 합격할 확률을 구하시오.

10 명중률이 각각 $\frac{2}{5}$, $\frac{3}{4}$인 정은이와 민지가 한 팀이 되어 양궁 대회에 출전하였다. 정은이와 민지가 화살을 한 번씩 쏘았을 때, 적어도 한 명은 명중할 확률을 구하시오.

쌍둥이 06

11 A 주머니에는 모양과 크기가 같은 흰 공 2개, 검은 공 3개가 들어 있고, B 주머니에는 모양과 크기가 같은 흰 공 3개, 검은 공 5개가 들어 있다. A, B 두 주머니에서 각각 공을 1개씩 꺼낼 때, 다음을 구하시오.

(1) 두 공이 모두 흰 공일 확률

(2) 두 공이 모두 검은 공일 확률

(3) 두 공의 색이 같을 확률

12 A 바둑통에는 흰 바둑돌 2개, 검은 바둑돌 4개가 들어 있고, B 바둑통에는 흰 바둑돌 3개, 검은 바둑돌 2개가 들어 있다. A, B 두 바둑통에서 각각 바둑돌을 1개씩 꺼낼 때, 두 바둑돌의 색이 서로 다를 확률은?

① $\frac{2}{15}$ ② $\frac{4}{15}$ ③ $\frac{2}{5}$

④ $\frac{8}{15}$ ⑤ $\frac{2}{3}$

쌍둥이 07

13 모양과 크기가 같은 빨간 구슬 5개와 파란 구슬 3개가 들어 있는 주머니에서 구슬 1개를 꺼내 색을 확인하고 다시 넣은 후 구슬 1개를 또 꺼낼 때, 2개 모두 파란 구슬일 확률을 구하시오.

14 상자 안에 들어 있는 장난감 15개 중에서 불량품이 3개 섞여 있다. 이 상자에서 장난감 2개를 연속하여 꺼낼 때, 2개 모두 불량품일 확률을 구하시오.
(단, 꺼낸 장난감은 다시 넣지 않는다.)

▶ 쌍둥이 기출문제 중에서 연습이 더 필요한 문제들로 구성하였습니다.

단원 마무리

● 정답과 해설 64쪽

1 서로 다른 주사위 두 개를 동시에 던질 때, 나오는 두 눈의 수의 곱이 6일 확률을 구하시오.

● 확률의 뜻

2 모양과 크기가 같은 빨간 공 7개, 노란 공 6개, 파란 공 x개가 들어 있는 주머니에서 공 한 개를 꺼낼 때, 노란 공이 나올 확률이 $\frac{3}{10}$이다. 이때 x의 값을 구하시오.

● 확률의 뜻

서술형

3 0, 1, 2, 3의 숫자가 각각 하나씩 적힌 4장의 카드 중에서 2장을 동시에 뽑아 두 자리의 자연수를 만들 때, 짝수일 확률을 구하시오.

● 여러 가지 확률

풀이 과정

답

4 주사위 한 개를 두 번 던져서 첫 번째 나오는 눈의 수를 x, 두 번째 나오는 눈의 수를 y라고 할 때, $3x+y=11$일 확률을 구하시오.

● 방정식에서의 확률

5 모양과 크기가 같은 흰 공 5개, 검은 공 11개가 들어 있는 주머니에서 공 한 개를 꺼낼 때, 다음 중 옳은 것을 모두 고르면? (정답 2개)

● 확률의 성질

① 흰 공이 나올 확률은 $\frac{5}{11}$이다.

② 검은 공이 나올 확률은 0이다.

③ 빨간 공이 나올 확률은 1이다.

④ 흰 공 또는 검은 공이 나올 확률은 1이다.

⑤ 흰 공이 나오지 않을 확률은 $\frac{11}{16}$이다.

단원 마무리 ● 125

6 선희네 수학 선생님은 수업 시간에 임의로 학생들의 번호를 불러서 질문을 하신다. 선희네 반 학생의 번호가 1번부터 27번까지 있을 때, 선생님이 부른 번호가 7의 배수이거나 9의 배수일 확률은?

① $\dfrac{4}{27}$ ② $\dfrac{5}{27}$ ③ $\dfrac{2}{9}$ ④ $\dfrac{7}{27}$ ⑤ $\dfrac{8}{27}$

사건 A 또는 사건 B가 일어날 확률

서술형

7 동전 한 개와 주사위 한 개를 동시에 던질 때, 동전은 뒷면이 나오고 주사위는 5의 약수의 눈이 나올 확률을 구하시오.

풀이 과정

답

사건 A와 사건 B가 동시에 일어날 확률

8 어느 지역의 일기 예보에서 토요일에 눈이 내릴 확률은 $\dfrac{1}{2}$, 일요일에 눈이 내릴 확률은 $\dfrac{2}{5}$ 라고 했을 때, 주말에 눈이 내리지 않을 확률을 구하시오.

사건 A와 사건 B가 동시에 일어날 확률 -어떤 사건이 일어나지 않을 확률

9 어느 볼링 동호회의 회원 A, B, C 세 사람이 스트라이크를 기록할 확률은 각각 $\dfrac{3}{4}$, $\dfrac{3}{5}$, $\dfrac{5}{6}$ 라고 한다. 세 사람이 한 번씩 볼링공을 던질 때, 적어도 한 명은 스트라이크를 기록할 확률을 구하시오.

사건 A와 사건 B가 동시에 일어날 확률 -'적어도 ~'일 확률

10 모양과 크기가 같은 노란 공 3개, 파란 공 2개, 빨간 공 4개가 들어 있는 주머니에서 A, B 가 차례로 공을 한 개씩 꺼낼 때, A는 노란 공을 꺼내고 B는 파란 공을 꺼낼 확률을 구하시오. (단, 꺼낸 공은 다시 넣지 않는다.)

연속하여 꺼내는 경우의 확률

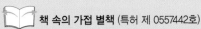
기초탄탄 LITE

유형편 **정답과 해설**

개념과 유형이 하나로

중학 수학

2·2

개념+유형

ABOVE IMAGINATION

우리는 남다른 상상과 혁신으로
교육 문화의 새로운 전형을 만들어
모든 이의 행복한 경험과 성장에 기여한다

우리는 남다른 상상과 혁신으로
교육 문화의 새로운 전형을 만들어
모든 이의 행복한 경험과 성장에 기여한다

1 삼각형의 성질

⌒1 이등변삼각형의 성질

유형 1   P. 6

1 (1) 58° (2) 70° (3) 80° (4) 50° (5) 120° (6) 140°

2 (1) 5 (2) 90 (3) 65

3 (1) ∠x=70°, ∠y=105°
   (2) ∠x=36°, ∠y=72°

유형 2   P. 7

1 (1) 8 (2) 7 (3) 10 (4) 6 (5) 5

2 (1) ∠A=36°, ∠BDC=72°
   (2) △ABC, △ABD, △BCD
   (3) 9 cm

3 (1) ∠ABC, ∠ACB
   (2) 이등변삼각형
   (3) 7 cm

⌒2 직각삼각형의 합동

유형 3   P. 8

1 (1) 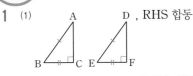 , RHS 합동

   (2) , RHA 합동

   (3) , RHS 합동

   (4) , 합동이 아니다.

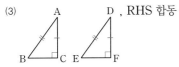

2 (1) 6 (2) 12

3 ㉮와 ㉫(RHS 합동), ㉯와 ㉰(RHA 합동)

유형 4   P. 9

1 90, $\overline{OP}$, BOP, RHA, $\overline{PA}$, 3

2 (1) 8 (2) 3

3 90, $\overline{OP}$, $\overline{PA}$, RHS, AOP, 30

4 (1) 20 (2) 40

한 번 🄳 연습   P. 10

1 (1) ∠x=30°, ∠y=45°
   (2) ∠x=105°, ∠y=70°

2 21°

3 (1) 5 cm (2) 5 cm

4 90, 90, 90, EBC, RHA

5 (1) △AED, RHS 합동 (2) 38°

6 (1) △AED, RHA 합동 (2) 5 cm

쌍둥이 기출문제   P. 11~13

1 55°   **2** ⑤   **3** ③   **4** ④

5 x=50, y=12   **6** 39   **7** ①   **8** 34°

9 6 cm   **10** 10 cm   **11** ④   **12** ④   **13** ③

14 10 cm   **15** ⑤   **16** 40°   **17** 30 cm²

18 15 cm²

⌒3 피타고라스 정리

유형 5   P. 14~15

1 (1) 10 (2) 15 (3) 5 (4) 4

2 12, 12, 20

3 8, 8, 9

4 (1) 17 (2) 15

5 (1) 8 (2) 9

6 (1) 4, 3, 4, 5 (2) 17

7 (1) 20 cm² (2) 7 cm²

유형 **6** P. 16

1 (1) 34 (2) 52 (3) 169
2 (1) 3 (2) 15 (3) 12

유형 **7** P. 17

1 (1) × (2) ○, ∠A (3) ○, ∠B (4) ×
2 (1) 둔각삼각형 (2) 예각삼각형
  (3) 직각삼각형 (4) 예각삼각형
  (5) 둔각삼각형 (6) 직각삼각형

유형 **8** P. 18

1 (1) 30 (2) 5
2 (1) 100 (2) 125
3 (1) 75 (2) 38
4 (1) 74 (2) 181

유형 **9** P. 19

1 (1) $16\pi\,\text{cm}^2$ (2) $30\pi\,\text{cm}^2$ (3) $2\pi\,\text{cm}^2$
2 (1) $24\,\text{cm}^2$ (2) $60\,\text{cm}^2$ (3) $60\,\text{cm}^2$

쌍둥이 기출문제 P. 20~21

1 15 cm **2** $96\,\text{cm}^2$ **3** 13 cm **4** 25 cm
5 15 cm **6** $162\,\text{cm}^2$ **7** $8\,\text{cm}^2$ **8** 2 cm
9 $41\,\text{cm}^2$ **10** 9 cm **11** ④ **12** ③
13 18 **14** 12 **15** ④ **16** 17 cm

4 삼각형의 내심과 외심

유형 **10** P. 22

1 ㄱ, ㅂ
2 (1) ○ (2) × (3) ○ (4) ○ (5) ○ (6) ×
3 (1) 3 (2) 5 (3) 25 (4) 28 (5) 20

유형 **11** P. 23

1 (1) 26° (2) 20° (3) 31° (4) 25°
2 (1) 122° (2) 80° (3) 118° (4) 34°

유형 **12** P. 24

1 (1) $72\,\text{cm}^2$ (2) $69\,\text{cm}^2$
2 (1) 30 cm (2) 40 cm
3 (1) $24\,\text{cm}^2$ (2) 2 cm
4 (1) 7 (2) 13 (3) 11

한 걸음 더 연습 P. 25

1 (1) 37° (2) 94°
2 (1) ∠DBI, ∠DIB (2) ∠ECI, ∠EIC (3) 15 cm
3 (1) $60\,\text{cm}^2$ (2) 3 cm (3) $12\,\text{cm}^2$
4 (1) $\overline{AF}=(9-x)\,\text{cm}$, $\overline{CF}=(15-x)\,\text{cm}$ (2) 6 cm

쌍둥이 기출문제 P. 26~27

1 ③ **2** ①, ③ **3** 30° **4** 120° **5** ④
6 19 cm **7** 30° **8** 25° **9** 119° **10** 40°
11 $9\pi\,\text{cm}^2$ **12** $40\,\text{cm}^2$ **13** $\dfrac{9}{2}$
14 2

유형 **13** P. 28

1 ㄷ, ㅁ
2 (1) ○ (2) ○ (3) × (4) ○ (5) ×
3 (1) 5 (2) 3 (3) 30 (4) 124 (5) 40

유형14　　　　　　　　　　　P. 29

1 (1) 4　(2) 6　(3) 112　(4) 40
2 (1) 5 cm　(2) 3 cm
3 26π cm

유형15　　　　　　　　　　　P. 30

1 (1) $30°$　(2) $15°$　(3) $25°$　(4) $35°$
2 (1) $110°$　(2) $50°$　(3) $50°$　(4) $75°$

한 걸음 🝸 연습　　　　　　　　P. 31

1 점 A와 점 F(외심), 점 C와 점 D(내심)
2 7 cm
3 14 cm
4 (1) $52°$　(2) $140°$
5 (1) $40°$　(2) $80°$
6 (1) $100°$　(2) $50°$

쌍둥이 기출문제　　　　　　　P. 32~34

1 ②　　**2** ②　　**3** 7 cm　　**4** ④　　**5** 13π cm
6 25π cm²　　**7** 5 cm　**8** 6 cm　**9** ④
10 $24°$　**11** $\angle x=60°$, $\angle y=120°$　　**12** ②
13 $100°$　**14** $75°$　**15** ③, ⑤　**16** ③, ④　**17** $116°$
18 $80°$

단원 마무리　　　　　　　　　P. 35~37

1 $105°$　**2** 7 cm, $65°$　　**3** 13 cm　**4** $65°$
5 56 cm²　**6** (1) 25 cm²　(2) 5 cm　　**7** ⑤
8 10 cm　**9** 25π cm²　　**10** ②　**11** ②
12 ①

2 사각형의 성질

⌒1 평행사변형

유형1　　　　　　　　　　　P. 40

1 (1) $x=4$, $y=6$　(2) $x=40$, $y=140$　(3) $x=2$, $y=65$
　(4) $x=9$, $y=70$　(5) $x=5$, $y=4$
2 (1) 6 cm　(2) 4 cm
3 (1) ○　(2) ○　(3) ×　(4) ×　(5) ○　(6) ○

유형2　　　　　　　　　　　P. 41

1 (1) ○, 두 쌍의 대변이 각각 평행하다.
　(2) ○, 두 대각선이 서로 다른 것을 이등분한다.
　(3) ×
　(4) ○, 두 쌍의 대각의 크기가 각각 같다.
　(5) ×
　(6) ○, 한 쌍의 대변이 평행하고 그 길이가 같다.
2 ㄱ, ㄷ, ㄹ
3 $\overline{OA}$, $\overline{OF}$, 대각선

유형3　　　　　　　　　　　P. 42

1 (1) 24 cm²　(2) 10 cm²　(3) 72 cm²
2

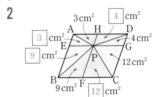

　(1) 28 cm²　(2) 28 cm²
3 (1) 29 cm²　(2) 20 cm²　(3) 40 cm²　(4) 12 cm²

쌍둥이 기출문제　　　　　　　P. 43~44

1 $x=3$, $y=4$　　　**2** $x=3$, $y=65$　　**3** 2 cm
4 3 cm　**5** $144°$　**6** $108°$　**7** ①　　**8** ⑤
9 ③　　**10** ②, ④
11 (1) △COF, ASA 합동　(2) 12 cm²　　**12** 15 cm²
13 ③　　**14** 36 cm²

2 여러 가지 사각형

사각형의 종류\대각선의 성질	평	직	마	정	등
서로 다른 것을 이등분한다.	○	○	○	○	×
길이가 길다.	×	○	×	○	○
서로 다른 것을 수직이등분한다.	×	×	○	○	×

3 평행선과 넓이

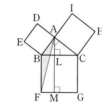 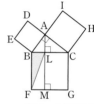

(또는 △BFM)

3 도형의 닮음

1 닮은 도형

P. 60
유형 1

1 (1) 점 F (2) $\overline{\text{EH}}$ (3) ∠G
2 (1) 점 F (2) $\overline{\text{DE}}$ (3) ∠E
3 (1) ○ (2) ○ (3) × (4) × (5) × (6) ○ (7) ○
   (8) × (9) ○

P. 61
유형 2

1 (1) 2 : 1 (2) 4 cm (3) 70°
2 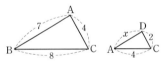 (1) 3 : 2 (2) $x=6$, $y=\dfrac{10}{3}$
   (3) ∠a=65°, ∠b=115°

3 (1) 1 : 2 (2) $x=8$, $y=4$, $z=7$
4 (1) 3 : 4 (2) 4 cm

P. 62
유형 3

1 (1) 2 : 3 (2) 2 : 3 (3) 4 : 9
2 (1) 3 : 5 (2) 3 : 5 (3) 9 : 25 (4) 12π cm (5) 75π cm²
3 (1) 3 : 4 (2) 9 : 16 (3) 27 : 64
4 (1) 2 : 3 (2) 4 : 9 (3) 8 : 27 (4) 48π cm² (5) 81π cm³

한 걸음 더 연습
P. 63

1 (1) 2 : 3 (2) 15 cm (3) 16 cm²
2 (1) 1 : 2 (2) 1 : 4 (3) 20 cm²
3 (1) 3 : 5 (2) 27 : 125 (3) 250π cm³
4 (1) 1 : 3 (2) 1 : 27 (3) 243 cm³

쌍둥이 기출문제
P. 64~65

1 ②, ⑤ 2 4개 3 $x=8$, $y=25$
4 ④ 5 17 6 ③ 7 56 cm²
8 45 cm² 9 180 cm² 10 ⑤ 11 96π cm³
12 45 cm² 13 81 cm³ 14 ④

2 삼각형의 닮음 조건

P. 66
유형 4

1 , F, 80°, 60°, △FDE, AA

2 △ABC∽△QPR (SSS 닮음),
  △DEF∽△KLJ (AA 닮음),
  △GHI∽△NMO (SAS 닮음)
3 (1) △ABD∽△DBC (SSS 닮음)
  (2) △ABC∽△ADE (AA 닮음)
  (3) △ABE∽△DCE (SAS 닮음)

P. 67
유형 5

1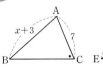
  △ABC, △EBD, 3 : 2, $\dfrac{15}{2}$
2 (1) 4 (2) 2
3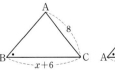
  △ABC, △DAC, 2 : 1, $\dfrac{7}{2}$
4 (1) $\dfrac{16}{3}$ (2) $\dfrac{5}{2}$

P. 68
유형 6

1
  △ABC, △AED, $\dfrac{26}{3}$
2 (1) 12 (2) 8
3
  △ABC, △DAC, $\dfrac{14}{3}$
4 (1) 7 (2) 3

유형 7 P. 69

1 (1) ㄴ, 12 (2) ㄱ, 4 (3) ㄷ, $\frac{25}{3}$

2 $\overline{AD}$, $\overline{AC}$, $\frac{60}{13}$ cm

3 (1) 9 cm (2) 12 cm (3) 54 cm^2

한 번 더 연습 P. 70

1 (1) △ABC∽△ACD (SSS 닮음)
(2) △ABC∽△EBD (SAS 닮음)
(3) △ABC∽△AED (AA 닮음)

2 (1) 18 (2) 15 (3) 5

3 (1) 19 (2) 4 (3) 8

4 (1) 5 (2) 7 (3) 12

유형 8 P. 71

1 (1) △ABC∽△DBE (AA 닮음) (2) 7.5 m

2 (1) △DEC (2) 8 m

쌍둥이 기출문제 P. 72~73

1 ② 2 ② 3 14 cm 4 $\frac{16}{3}$ cm

5 $\frac{16}{3}$ 6 ③

7 (1) △ABD∽△CBE (AA 닮음) (2) 5 cm

8 8 cm 9 9 10 20 cm^2 11 9 m 12 4 m

단원 마무리 P. 74~75

1 ② 2 ⑤ 3 114 cm^3 4 ④

5 10 cm 6 ④ 7 6 8 24 m

4 평행선 사이의 선분의 길이의 비

1 삼각형과 평행선

유형 1 P. 78

1 $\overline{AD}$, 4, 9

2 (1) $\frac{36}{5}$ (2) 6 (3) 10 (4) $\frac{28}{3}$

3 (1) $x=4$, $y=\frac{24}{5}$ (2) $x=\frac{9}{2}$, $y=12$

4 ㄹ, ㅁ

유형 2 P. 79

1 $\overline{AC}$, 2, $\frac{3}{2}$

2 (1) 3 (2) 6 (3) 12

3 $\overline{BD}$, 8, $\frac{24}{5}$

4 (1) $\frac{15}{2}$ (2) $\frac{8}{3}$ (3) 4

쌍둥이 기출문제 P. 80

1 9 cm 2 $x=6$, $y=4$ 3 $x=9$, $y=2$

4 3 5 $\overline{EF}$ // $\overline{CD}$ 6 $\overline{EF}$ 7 14

8 6 cm

2 삼각형의 두 변의 중점을 연결한 선분의 성질

유형 3 P. 81

1 (1) $x=55$, $y=14$ (2) $x=45$, $y=5$

2 (1) $\overline{DE}=3$ cm, $\overline{EF}=4$ cm, $\overline{DF}=\frac{11}{2}$ cm (2) $\frac{25}{2}$ cm

3 (1) $x=6$, $y=10$ (2) $x=7$, $y=9$

4 (1) △AMN≡△CME (2) 3 cm (3) 6 cm

유형 4 P. 82

1 (1) 5, 3, 8 (2) 5, 3, 2

2 (1) 11 (2) 7 (3) 10

3 (1) 5 (2) 12 (3) 14

유형편

쌍둥이 기출문제 P. 83~84

1 53 **2** 10 **3** 6 cm **4** 4 cm **5** 10 cm
6 ⑤ **7** 9 cm **8** 6 cm **9** 24 cm **10** 6 cm
11 22 cm **12** 34 cm **13** 3 cm **14** 10 cm

3 평행선과 선분의 길이의 비

유형 5 P. 85

1 (1) 1 : 2 (2) 4 : 5 (3) 3 : 2

2 (1) 12 (2) $\frac{25}{6}$ (3) 15

3 (1) $x=\frac{9}{4}$, $y=\frac{9}{2}$ (2) $x=\frac{24}{5}$, $y=\frac{20}{3}$
  (3) $x=4$, $y=8$ (4) $x=24$, $y=16$

유형 6 P. 86

1 (1)

, 5, 2, 8

  (2) 11, $\frac{22}{5}$, 6, $\frac{18}{5}$, 8

2 (1) 3, 1, 4 (2) 4, 3, 7   **3** (1) 10 (2) 9

유형 7 P. 87

1 2, 3, 3, $\frac{6}{5}$

2 (1) 1 : 2, 1 : 3, 4 (2) $\frac{24}{5}$ (3) 1 : 3, 2 : 3, 3 (4) 12

3 (1) 6, 8 (2) 6, 16

쌍둥이 기출문제 P. 88

1 40 **2** ④ **3** 2 **4** 9 cm
5 $x=\frac{8}{3}$, $y=\frac{13}{3}$ **6** $x=2$, $y=15$ **7** $\frac{9}{2}$ cm
8 27

4 삼각형의 무게중심

유형 8 P. 89

1 (1) $x=10$ (2) $x=3$ (3) $x=5$, $y=4$ (4) $x=9$, $y=8$
  (5) $x=5$, $y=8$

2 (1) 5 cm (2) 6 cm

3 (1) $x=12$, $y=8$ (2) $x=4$, $y=18$

유형 9 P. 90

1 (1) 24 cm² (2) 8 cm² (3) 16 cm² (4) 16 cm²
  (5) 16 cm² (6) 4 cm²

2 (1) 24 cm² (2) 30 cm² (3) 21 cm²

3 18, 6

한 걸음 더 연습 P. 91

1 $\frac{3}{2}$, 12, $\frac{1}{2}$, 6   **2** $x=6$, $y=\frac{9}{2}$

3 2, 1, 8, 2, 3, $\frac{9}{2}$ **4** $x=10$, $y=4$

5 12, 6, 2, 1, 2

유형 10 P. 92

1 (1) 3 cm (2) 6 cm (3) 6 cm (4) 18 cm

2 (1) 4 cm, 12 cm (2) 12 cm, 6 cm

3 30, 5, 10

4 (1) 21 cm² (2) 7 cm² (3) 14 cm²

쌍둥이 기출문제 P. 93~94

1 ④ **2** ③ **3** 4 cm **4** 9 cm
5 $\frac{9}{2}$ cm² **6** ② **7** 24 cm² **8** 4 cm²
9 2 cm **10** 9 cm **11** 30 cm² **12** 16 cm²

단원 마무리 P. 95~97

1 ⑤ **2** $\frac{12}{5}$ cm **3** $\frac{27}{5}$ cm **4** ③, ⑤
5 6 cm **6** 15 **7** ③
8 (1) 2 : 1 (2) $\frac{8}{3}$ cm **9** 27 cm **10** ④
11 30 cm **12** ④

5 경우의 수

⌒1 경우의 수

유형 **1** P. 100

1 (1) 3 (2) 3 (3) 6 **2** (1) 4 (2) 4 (3) 6
3 (1) (앞면, 앞면), (앞면, 뒷면), (뒷면, 앞면), (뒷면, 뒷면)
(2) 2
4

두 눈의 수의 합이 $\boxed{4}$

A\B	⚀	⚁	⚂	⚃	⚄	⚅
⚀	(1, 1)	(1, 2)	(1, 3)	(1, 4)	(1, 5)	(1, 6)
⚁	(2, 1)	(2, 2)	(2, 3)	(2, 4)	(2, 5)	(2, 6)
⚂	(3, 1)	(3, 2)	(3, 3)	(3, 4)	(3, 5)	(3, 6)
⚃	(4, 1)	(4, 2)	(4, 3)	(4, 4)	(4, 5)	(4, 6)
⚄	(5, 1)	(5, 2)	(5, 3)	(5, 4)	(5, 5)	(5, 6)
⚅	(6, 1)	(6, 2)	(6, 3)	(6, 4)	(6, 5)	(6, 6)

두 눈의 수의 차가 $\boxed{3}$

(1) 6 (2) 3 (3) 6
5

100원(개)	5	4	3
50원(개)	0	2	4

, 3

유형 **2** P. 101

1 (1) 3 (2) 7 (3) 10 **2** 9 **3** 21
4 (1) 9, 12, 15, 18, 6, 7, 14, 2, 6, 2, 8 (2) 13
5 (1) (2, 3), (3, 2), (4, 1), 4,
(3, 3), (4, 2), (5, 1), 5, 4, 5, 9
(2) 12

유형 **3** P. 102

1 (1) 2 (2) 3 (3) 6 **2** 15 **3** 16개
4 (1) 3, 6, 2, 1, 3, 5, 3, 2, 3, 6 (2) 12
5 (1) 12 (2) 4 (3) 36

쌍둥이 **기출문제** P. 103~105

1 ③	**2** 4	**3** ②	**4** 5	**5** 5
6 13	**7** ③	**8** 7	**9** ④	**10** 8
11 15	**12** 24	**13** 9	**14** 12	**15** 12
16 ②	**17** 8	**18** ⑤		

⌒2 여러 가지 경우의 수

유형 **4** P. 106

1 (1) 6 (2) 6
(3) 24 (4) 24
2 (1) 6 (2) 2
(3) 4 (4) 12

유형 **5** P. 106

1 (1) 12개 (2) 24개
2 (1) 9개 (2) 18개
3 3, 2, 3, 2, 5

유형 **6** P. 107

1 (1) 12 (2) 24
(3) 6 (4) 4
2 (1) 12 (2) 6

쌍둥이 **기출문제** P. 108~109

1 120	**2** ①	**3** 24	**4** 12	**5** 240
6 48	**7** 12개	**8** ④	**9** ③	**10** 10개
11 ⑤	**12** ④	**13** ⑤	**14** 15	**15** 45회
16 15회				

단원 **마무리** P. 110~111

1 ②	**2** 9	**3** ③	**4** 8	**5** 8
6 ⑤	**7** 100개	**8** 20	**9** ①	

6 확률

1 확률의 뜻과 성질

유형 1   P. 114

1 $\dfrac{4}{15}$ **2** (1) $\dfrac{5}{8}$ (2) $\dfrac{3}{8}$

3 (1) $\dfrac{3}{10}$ (2) $\dfrac{2}{5}$ (3) $\dfrac{3}{10}$ **4** (1) $\dfrac{1}{4}$ (2) $\dfrac{1}{2}$

5 (1) $\dfrac{1}{6}$ (2) $\dfrac{1}{12}$ (3) $\dfrac{2}{9}$

6 (1) 36 (2) $(1, 4), (3, 3), (5, 2)$ (3) $\dfrac{1}{12}$

유형 2   P. 115

1 (1) $\dfrac{3}{10}$ (2) 0 (3) 1   **2** (1) 1 (2) 0

3 (1) 0 (2) 1   **4** 0.7

5 $\dfrac{4}{5}$ **6** (1) 8 (2) $\dfrac{1}{8}$ (3) $\dfrac{7}{8}$

한 걸음 🔁 연습   P. 116

1

경우	경우의 수	확률
도 ⬜▮▮▮	4	$\dfrac{4}{16}=\dfrac{1}{4}$
개 ⬜⬜▮▮	6	$\dfrac{3}{8}$
걸 ⬜⬜⬜▮	4	$\dfrac{1}{4}$
윷 ⬜⬜⬜⬜	1	$\dfrac{1}{16}$
모 ▮▮▮▮	1	$\dfrac{1}{16}$

2 4   **3** $\dfrac{1}{6}$

4 (1) 120 (2) 24 (3) $\dfrac{1}{5}$ (4) $\dfrac{4}{5}$

5 $\dfrac{5}{6}$ **6** $\dfrac{14}{15}$

쌍둥이 기출문제   P. 117~119

1 $\dfrac{5}{14}$ **2** $\dfrac{3}{5}$ **3** ②   **4** $\dfrac{1}{6}$ **5** 2

6 7   **7** ④   **8** ④   **9** $\dfrac{1}{12}$ **10** ①

11 ⑤   **12** ④   **13** ④   **14** ⑤   **15** ⑤

16 ⑤   **17** $\dfrac{6}{7}$ **18** $\dfrac{13}{15}$

2 확률의 계산

유형 3   P. 120

1 (1) $\dfrac{1}{4}$ (2) $\dfrac{7}{20}$ (3) $\dfrac{3}{5}$ **2** $\dfrac{3}{5}$

3 $\dfrac{3}{10}$ **4** (1) $\dfrac{2}{5}$ (2) $\dfrac{3}{5}$

5 (1) $\dfrac{2}{9}$ (2) $\dfrac{5}{18}$ **6** $\dfrac{2}{3}$

유형 4   P. 121

1 (1) $\dfrac{1}{2}$ (2) $\dfrac{1}{3}$ (3) $\dfrac{1}{6}$ **2** (1) $\dfrac{1}{6}$ (2) $\dfrac{1}{3}$

3 $\dfrac{10}{21}$ **4** (1) $\dfrac{3}{25}$ (2) $\dfrac{12}{25}$ (3) $\dfrac{13}{25}$

5 (1) $\dfrac{2}{5}$ (2) $\dfrac{4}{15}$ (3) $\dfrac{11}{15}$

유형 5   P. 122

1 (1) $9, 4, \dfrac{4}{9}, \dfrac{4}{9}, \dfrac{16}{81}$ (2) $8, 3, \dfrac{3}{8}, \dfrac{3}{8}, \dfrac{1}{6}$

2 (1) $\dfrac{1}{4}$ (2) $\dfrac{2}{9}$ **3** (1) $\dfrac{9}{400}$ (2) $\dfrac{3}{190}$

쌍둥이 기출문제   P. 123~124

1 $\dfrac{3}{10}$ **2** $\dfrac{6}{25}$ **3** $\dfrac{2}{9}$ **4** ③   **5** $\dfrac{1}{4}$

6 $\dfrac{5}{24}$ **7** $\dfrac{1}{5}$ **8** $\dfrac{2}{9}$ **9** $\dfrac{4}{5}$ **10** $\dfrac{17}{20}$

11 (1) $\dfrac{3}{20}$ (2) $\dfrac{3}{8}$ (3) $\dfrac{21}{40}$ **12** ④   **13** $\dfrac{9}{64}$

14 $\dfrac{1}{35}$

단원 마무리   P. 125~126

1 $\dfrac{1}{9}$ **2** 7   **3** $\dfrac{5}{9}$ **4** $\dfrac{1}{18}$ **5** ④, ⑤

6 ③   **7** $\dfrac{1}{6}$ **8** $\dfrac{3}{10}$ **9** $\dfrac{59}{60}$ **10** $\dfrac{1}{12}$

1 이등변삼각형의 성질

유형 1   P. 6

1 (1) 58° (2) 70° (3) 80° (4) 50° (5) 120° (6) 140°
2 (1) 5 (2) 90 (3) 65
3 (1) ∠x=70°, ∠y=105° (2) ∠x=36°, ∠y=72°

1 (2) △ABC에서 $\overline{AB}=\overline{AC}$이므로

$$\angle x=\frac{1}{2}\times(180°-40°)=70°$$

(3) △ABC에서 $\overline{BA}=\overline{BC}$이므로 ∠A=∠C=50°

∴ ∠x=180°−(50°+50°)=80°

(4) ∠ABC=180°−100°=80°

△ABC에서 $\overline{BA}=\overline{BC}$이므로

$$\angle x=\frac{1}{2}\times(180°-80°)=50°$$

(5) △ABC에서 $\overline{AB}=\overline{AC}$이므로

$$\angle ACB=\frac{1}{2}\times(180°-60°)=60°$$

∴ ∠x=180°−60°=120°

(6) △ABC에서 $\overline{CA}=\overline{CB}$이므로 ∠B=∠A=70°

∴ ∠x=70°+70°=140°

2 (1) $x=\overline{DC}=5$

(2) ∠ADC=90°이므로 x=90

(3) ∠BAD=∠CAD=25°이고, ∠ADB=90°이므로
△ABD에서 ∠ABD=180°−(25°+90°)=65°

∴ x=65

3 (1) △ABC에서 $\overline{AB}=\overline{AC}$이므로 ∠ACB=∠B=35°

∴ ∠x=35°+35°=70°

△ACD에서 $\overline{CA}=\overline{CD}$이므로 ∠D=∠DAC=70°

따라서 △DBC에서 ∠y=35°+70°=105°

(2) △ABC에서 $\overline{AB}=\overline{AC}$이므로 ∠ACB=∠B=∠$x$

∴ ∠y=∠x+∠x=2∠x

△ACD에서 $\overline{CA}=\overline{CD}$이므로 ∠D=∠$y$=2∠$x$

따라서 △DBC에서 ∠x+2∠x=108°이므로

3∠x=108° ∴ ∠x=36°

∴ ∠y=2∠x=2×36°=72°

유형 2   P. 7

1 (1) 8 (2) 7 (3) 10 (4) 6 (5) 5
2 (1) ∠A=36°, ∠BDC=72°
(2) △ABC, △ABD, △BCD (3) 9 cm
3 (1) ∠ABC, ∠ACB (2) 이등변삼각형 (3) 7 cm

1 (1) ∠B=∠C=55°이므로 △ABC는 $\overline{AB}=\overline{AC}$인 이등변
삼각형이다.

∴ $x=\overline{AB}$=8

(2) △ABC에서 ∠C=180°−(50°+65°)=65°

즉, ∠B=∠C이므로 △ABC는 $\overline{AB}=\overline{AC}$인 이등변삼
각형이다.

∴ $x=\overline{AB}$=7

(3) △ABC에서 ∠A=70°−35°=35°

즉, ∠A=∠B이므로 △ABC는 $\overline{CA}=\overline{CB}$인 이등변삼
각형이다.

∴ $x=\overline{BC}$=10

(4) ∠DCA=∠A=50°이므로 △ADC는 $\overline{DA}=\overline{DC}$인 이
등변삼각형이다.

∴ $\overline{DC}=\overline{DA}$=6

∠B=∠DCB=40°이므로 △DBC는 $\overline{DB}=\overline{DC}$인 이
등변삼각형이다.

∴ $x=\overline{DC}$=6

(5) △ADC에서 ∠ADB=30°+30°=60°

즉, ∠B=∠ADB이므로 △ABD는 $\overline{AB}=\overline{AD}$인 이등
변삼각형이다.

∴ $\overline{AD}=\overline{AB}$=5

∠DAC=∠C이므로 △ADC는 $\overline{DA}=\overline{DC}$인 이등변삼
각형이다.

∴ $x=\overline{AD}$=5

2 (1) △ABC에서 $\overline{AB}=\overline{AC}$이므로 ∠ABC=∠C=72°

∴ ∠A=180°−(72°+72°)=36°

이때 $\overline{BD}$는 ∠A의 이등분선이므로

$$\angle ABD=\angle DBC=\frac{1}{2}\angle ABC=\frac{1}{2}\times72°=36°$$

따라서 △ABD에서 ∠BDC=36°+36°=72°

(2) 오른쪽 그림에서 이등변삼각형은
△ABC, △ABD, △BCD이다.

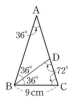

(3) △BCD는 $\overline{BC}=\overline{BD}$인 이등변삼각형이므로

$\overline{BD}=\overline{BC}$=9 cm

△ABD는 $\overline{DA}=\overline{DB}$인 이등변삼각형이므로

$\overline{AD}=\overline{BD}$=9 cm

3 (1) $\overline{AC}\,/\!/\,\overline{BD}$이므로

∠ACB=∠CBD (엇각), ∠ABC=∠CBD (접은 각)

∴ ∠CBD=∠ABC=∠ACB

(2) ∠ABC=∠ACB이므로 △ABC는 $\overline{AB}=\overline{AC}$인 이등
변삼각형이다.

(3) $\overline{AC}=\overline{AB}$=7 cm

2 직각삼각형의 합동

유형 3   P. 8

1 그림은 풀이 참조
   (1) RHS 합동   (2) RHA 합동
   (3) RHS 합동   (4) 합동이 아니다.

2 (1) 6   (2) 12

3 ㉮와 ㉱(RHS 합동), ㉯와 ㉰(RHA 합동)

1
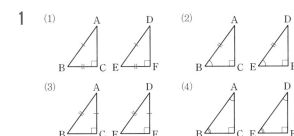

2 (1) △ABC와 △EDF에서
    $\angle B = \angle D = 90°$, $\overline{AC} = \overline{EF}$, $\overline{AB} = \overline{ED}$이므로
    $\triangle ABC \equiv \triangle EDF$ (RHS 합동)
    $\therefore x = \overline{BC} = 6$
  (2) △ABC와 △EDF에서
    $\angle C = \angle F = 90°$, $\overline{AB} = \overline{ED}$,
    $\angle B = 180° - (90° + 37°) = 53° = \angle D$이므로
    $\triangle ABC \equiv \triangle EDF$ (RHA 합동)
    $\therefore x = \overline{AC} = 12$

3 ㉯에서 나머지 한 각의 크기는 $180° - (30° + 90°) = 60°$
따라서 두 직각삼각형 ㉯와 ㉰는 빗변의 길이와 한 예각의
크기가 각각 같으므로 RHA 합동이다.

유형 4   P. 9

1 90, $\overline{OP}$, BOP, RHA, $\overline{PA}$, 3

2 (1) 8   (2) 3

3 90, $\overline{OP}$, $\overline{PA}$, RHS, AOP, 30

4 (1) 20   (2) 40

2 (1) $\triangle AOP \equiv \triangle BOP$ (RHA 합동)이므로
    $\overline{AP} = \overline{BP} = 8\,cm$ $\therefore x = 8$
  (2) $\triangle AOP \equiv \triangle BOP$ (RHA 합동)이므로
    $\overline{BP} = \overline{AP} = 3\,cm$ $\therefore x = 3$

4 (1) $\triangle AOP \equiv \triangle BOP$ (RHS 합동)이므로
    $\angle BOP = \angle AOP = 20°$ $\therefore x = 20$

---

  (2) $\triangle AOP \equiv \triangle BOP$ (RHS 합동)이므로
    $\angle APO = \angle BPO = 50°$
    따라서 △AOP에서 $\angle AOP = 90° - 50° = 40°$
    $\therefore x = 40$

한 번 더 연습   P. 10

1 (1) $\angle x = 30°$, $\angle y = 45°$ (2) $\angle x = 105°$, $\angle y = 70°$

2 $21°$

3 (1) 5 cm   (2) 5 cm

4 90, 90, 90, EBC, RHA

5 (1) △AED, RHS 합동   (2) 38°

6 (1) △AED, RHA 합동   (2) 5 cm

1 (1) △ABC에서 $\overline{AB} = \overline{AC}$이므로 $\angle ABC = \angle C = 75°$
    $\therefore \angle x = 180° - (75° + 75°) = 30°$
    △BCD에서 $\overline{BD} = \overline{BC}$이므로 $\angle BDC = \angle C = 75°$
    $\therefore \angle DBC = 180° - (75° + 75°) = 30°$
    $\therefore \angle y = \angle ABC - \angle DBC = 75° - 30° = 45°$
  (2) △ABC에서 $\angle y = \angle ABC = \dfrac{1}{2} \times (180° - 40°) = 70°$
    $\therefore \angle ABD = \dfrac{1}{2}\angle ABC = \dfrac{1}{2} \times 70° = 35°$
    따라서 △ABD에서 $\angle x = 180° - (40° + 35°) = 105°$

2 $\angle B = \angle x$라고 하면
△EBD에서 $\overline{EB} = \overline{ED}$이므로
$\angle EDB = \angle B = \angle x$
$\therefore \angle AED = \angle x + \angle x = 2\angle x$
△AED에서 $\overline{DE} = \overline{DA}$이므로
$\angle EAD = \angle AED = 2\angle x$
△ABD에서 $\angle ADC = \angle x + 2\angle x = 3\angle x$
△ADC에서 $\overline{AD} = \overline{AC}$이므로
$\angle C = \angle ADC = 3\angle x$
따라서 △ABC에서 $96° + \angle x + 3\angle x = 180°$이므로
$4\angle x = 84°$ $\therefore \angle x = 21°$

3 (1) $\angle ABC = \angle C = \dfrac{1}{2} \times (180° - 36°) = 72°$
    $\therefore \angle ABD = \angle DBC = \dfrac{1}{2}\angle ABC = \dfrac{1}{2} \times 72° = 36°$
    따라서 $\angle A = \angle ABD$이므로 △ABD는 $\overline{DA} = \overline{DB}$인
    이등변삼각형이다.
    $\therefore \overline{BD} = \overline{AD} = 5\,cm$
  (2) △ABD에서 $\angle BDC = 36° + 36° = 72°$
    따라서 $\angle C = \angle BDC$이므로 △BCD는 $\overline{BC} = \overline{BD}$인 이
    등변삼각형이다.
    $\therefore \overline{BC} = \overline{BD} = 5\,cm$

5 (1) △ABD와 △AED에서
∠ABD=∠AED=90°, $\overline{AD}$는 공통
$\overline{AB}=\overline{AE}$이므로
△ABD≡△AED(RHS 합동)
(2) △ABD≡△AED이므로 ∠EAD=∠BAD=26°
∴ ∠BAC=26°+26°=52°
따라서 △ABC에서 ∠C=180°−(90°+52°)=38°

6 (1) △ABD와 △AED에서
∠ABD=∠AED=90°, $\overline{AD}$는 공통,
∠BAD=∠EAD이므로
△ABD≡△AED(RHA 합동)
(2) △ABD≡△AED이므로 $\overline{ED}=\overline{BD}$=5 cm

쌍둥이 기출문제 P. 11~13

1 55°	**2** ⑤	**3** ③	**4** ④
5 $x=50$, $y=12$	**6** 39	**7** ①	**8** 34°
9 6 cm	**10** 10 cm	**11** ④	**12** ④	**13** ③
14 10 cm	**15** ⑤	**16** 40°	**17** 30 cm²
18 15 cm²				

[1~8] 이등변삼각형의 성질
(1) 이등변삼각형의 두 밑각의 크기는 같다.
(2) 이등변삼각형의 꼭지각의 이등분선은 밑변을 수직이등분한다.

1 △ABC에서 $\overline{AB}=\overline{AC}$이므로
$\angle x=\dfrac{1}{2}\times(180°-70°)=55°$

2 ∠ACB=180°−110°=70°
△ABC에서 $\overline{AB}=\overline{AC}$이므로 ∠B=∠ACB=70°
∴ $\angle x$=180°−(70°+70°)=40°

3 △ABC에서 $\overline{AB}=\overline{AC}$이므로
∠ABC=∠C=68°
△BCD에서 $\overline{BC}=\overline{BD}$이므로
∠BDC=∠C=68°
∴ ∠DBC=180°−(68°+68°)=44°
∴ ∠ABD=∠ABC−∠DBC=68°−44°=24°

4 △ABC에서 $\overline{AB}=\overline{AC}$이므로
$\angle ABC=\angle C=\dfrac{1}{2}\times(180°-32°)=74°$
∴ $\angle ABD=\angle DBC=\dfrac{1}{2}\angle ABC=\dfrac{1}{2}\times74°=37°$
따라서 △ABD에서 ∠BDC=32°+37°=69°

5 $\overline{AD}\perp\overline{BC}$이므로 ∠ADB=90°
△ABD에서 ∠ABD=180°−(90°+40°)=50°
∴ $x=50$
△ABC에서 $\overline{BD}=\overline{CD}$이므로
$\overline{BC}=2\overline{CD}=2\times6=12$(cm) ∴ $y=12$

다른 풀이
∠BAC=2∠BAD=2×40°=80°
△ABC에서 $\overline{AB}=\overline{AC}$이므로
$\angle B=\dfrac{1}{2}\times(180°-80°)=50°$ ∴ $x=50$

6 △ABC에서 $\overline{AB}=\overline{AC}$이므로 ∠B=∠C=55°
이때 $\overline{AD}\perp\overline{BC}$이므로 ∠ADB=90°
△ABD에서 ∠BAD=180°−(90°+55°)=35°
∴ $x=35$
△ABC에서 $\overline{BD}=\overline{CD}$이므로
$\overline{BD}=\dfrac{1}{2}\overline{BC}=\dfrac{1}{2}\times8=4$(cm) ∴ $y=4$
∴ $x+y=35+4=39$

7 △ABC에서 $\overline{AB}=\overline{AC}$이므로
∠ACB=∠B=42°
∴ ∠DAC=42°+42°=84°
△ACD에서 $\overline{CA}=\overline{CD}$이므로
∠D=∠DAC=84°
따라서 △DBC에서 $\angle x$=42°+84°=126°

8 △ABC에서 $\overline{AB}=\overline{AC}$이므로
∠ACB=∠B=$\angle x$ ··· (i)
∴ ∠DAC=$\angle x$+$\angle x$=$2\angle x$ ··· (ii)
△ACD에서 $\overline{CA}=\overline{CD}$이므로
∠D=∠DAC=$2\angle x$ ··· (iii)
따라서 △DBC에서 $\angle x+2\angle x$=102°이므로
$3\angle x$=102° ∴ $\angle x$=34° ··· (iv)

채점 기준	비율
(i) ∠ACB의 크기를 $\angle x$를 사용하여 나타내기	20 %
(ii) ∠DAC의 크기를 $\angle x$를 사용하여 나타내기	30 %
(iii) ∠D의 크기를 $\angle x$를 사용하여 나타내기	20 %
(iv) $\angle x$의 크기 구하기	30 %

[9~10] 직사각형 모양의 종이를 접었을 때, 종이가 겹치는 부분은 이등변삼각형이다.

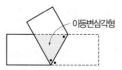
이등변삼각형

9 $\overline{CB}\,/\!/\,\overline{AD}$이므로
∠CBA=∠BAD(엇각), ∠CAB=∠BAD(접은 각)
∴ ∠CBA=∠CAB
따라서 △CAB는 $\overline{CA}=\overline{CB}$인 이등변삼각형이므로
$\overline{BC}=\overline{AC}$=6 cm

10 $\overline{AD} /\!/ \overline{BC}$이므로

∠DAC=∠ACB(엇각), ∠BAC=∠DAC(접은 각)

∴ ∠ACB=∠BAC

따라서 △ABC는 $\overline{BA}=\overline{BC}$인 이등변삼각형이므로

$\overline{AB}=\overline{BC}=3\,\text{cm}$

∴ (△ABC의 둘레의 길이)$=\overline{AB}+\overline{BC}+\overline{AC}$

$=3+3+4=10\,(\text{cm})$

[11~18] 두 직각삼각형에서 빗변의 길이가 같을 때

(1) 크기가 같은 한 예각이 있으면 ⇨ RHA 합동

(2) 길이가 같은 다른 한 변이 있으면 ⇨ RHS 합동

11 ④ RHS 합동

12 ① RHA 합동 또는 ASA 합동　② ASA 합동

③ RHS 합동　　　　　　　⑤ SAS 합동

따라서 합동이 되기 위한 조건이 아닌 것은 ④이다.

13 △ABE와 △ECD에서

∠B=∠C=90°, $\overline{AE}=\overline{ED}$,

∠BAE+∠AEB=90°이고,

∠AEB+∠CED=90°이므로 ∠BAE=∠CED

∴ △ABE≡△ECD(RHA 합동)

따라서 $\overline{BE}=\overline{CD}=8\,\text{cm}$, $\overline{EC}=\overline{AB}=6\,\text{cm}$이므로

$\overline{BC}=\overline{BE}+\overline{EC}=8+6=14\,(\text{cm})$

14 △DBA와 △EAC에서

∠ADB=∠CEA=90°, $\overline{AB}=\overline{CA}$,

∠DBA+∠DAB=90°이고,

∠DAB+∠EAC=90°이므로 ∠DBA=∠EAC

∴ △DBA≡△EAC(RHA 합동)

따라서 $\overline{AD}=\overline{CE}=5\,\text{cm}$이므로

$\overline{BD}=\overline{AE}=\overline{DE}-\overline{AD}=15-5=10\,(\text{cm})$

15 △ABE와 △ADE에서

∠ABE=∠ADE=90°, $\overline{AE}$는 공통, $\overline{AB}=\overline{AD}$이므로

△ABE≡△ADE(RHS 합동)

따라서 ∠BAE=∠DAE이므로

$\angle DAE=\dfrac{1}{2}\angle BAC=\dfrac{1}{2}\times(90°-36°)=27°$

16 ∠DAE=90°−65°=25°

△ADE와 △ACE에서

∠ADE=∠ACE=90°, $\overline{AE}$는 공통, $\overline{AD}=\overline{AC}$이므로

△ADE≡△ACE(RHS 합동)

따라서 ∠CAE=∠DAE=25°이므로

∠BAC=25°+25°=50°

△ABC에서 ∠B=90°−50°=40°

17 △AED와 △ACD에서

∠AED=∠ACD=90°, $\overline{AD}$는 공통,

∠EAD=∠CAD이므로

△AED≡△ACD(RHA 합동)

따라서 $\overline{DE}=\overline{DC}=4\,\text{cm}$이므로

$\triangle ABD=\dfrac{1}{2}\times\overline{AB}\times\overline{DE}=\dfrac{1}{2}\times15\times4=30\,(\text{cm}^2)$

18 오른쪽 그림과 같이 점 D에서 $\overline{AC}$에 내린 수선의 발을 E라고 하면

△ABD와 △AED에서

∠ABD=∠AED=90°, $\overline{AD}$는 공통,

∠BAD=∠EAD이므로

△ABD≡△AED(RHA 합동)

따라서 $\overline{DE}=\overline{DB}=3\,\text{cm}$이므로

$\triangle ADC=\dfrac{1}{2}\times\overline{AC}\times\overline{DE}=\dfrac{1}{2}\times10\times3=15\,(\text{cm}^2)$

3 피타고라스 정리

유형 5　　　　　　　　　　　　　　　P. 14~15

1 (1) 10　(2) 15　(3) 5　(4) 4

2 12, 12, 20

3 8, 8, 9

4 (1) 17　(2) 15

5 (1) 8　(2) 9

6 (1) 4, 3, 4, 5　(2) 17

7 (1) 20 cm²　(2) 7 cm²

1 (1) $x^2=8^2+6^2=100$

이때 $x>0$이므로 $x=10$

(2) $x^2=9^2+12^2=225$

이때 $x>0$이므로 $x=15$

(3) $13^2=12^2+x^2$이므로

$x^2=13^2-12^2=25$

이때 $x>0$이므로 $x=5$

(4) $x^2+3^2=5^2$이므로

$x^2=5^2-3^2=16$

이때 $x>0$이므로 $x=4$

2 △ABD에서 $5^2+\overline{AD}^2=13^2$이므로

$\overline{AD}^2=13^2-5^2=144$

이때 $\overline{AD}>0$이므로 $\overline{AD}=12$

△ADC에서 $x^2=12^2+16^2=400$

이때 $x>0$이므로 $x=20$

3 △ADC에서 $6^2+\overline{AC}^2=10^2$이므로

$\overline{AC}^2=10^2-6^2=64$

이때 $\overline{AC}>0$이므로 $\overline{AC}=8$

△ABC에서 $\overline{BC}^2+8^2=17^2$이므로

$\overline{BC}^2=17^2-8^2=225$

이때 $\overline{BC}>0$이므로 $\overline{BC}=15$

따라서 $x+6=15$이므로 $x=9$

4 (1) △ADC에서 $20^2+\overline{AD}^2=25^2$이므로

$\overline{AD}^2=25^2-20^2=225$

이때 $\overline{AD}>0$이므로 $\overline{AD}=15$

△ABD에서 $x^2=8^2+15^2=289$

이때 $x>0$이므로 $x=17$

(2) △ABC에서 $(9+7)^2+\overline{AB}^2=20^2$이므로

$\overline{AB}^2=20^2-16^2=144$

이때 $\overline{AB}>0$이므로 $\overline{AB}=12$

△ABD에서 $x^2=9^2+12^2=225$

이때 $x>0$이므로 $x=15$

5 (1) △OAB에서 $\overline{OB}^2=12^2+9^2=225$

이때 $\overline{OB}>0$이므로 $\overline{OB}=15$

△OBC에서 $15^2+x^2=17^2$이므로

$x^2=17^2-15^2=64$

이때 $x>0$이므로 $x=8$

(2) △ABD에서 $\overline{BD}^2=6^2+7^2=85$

△BCD에서 $x^2+2^2=85$이므로

$x^2=85-2^2=81$

이때 $x>0$이므로 $x=9$

6 (1) $\overline{AH}=\overline{DC}=4$이고, $\overline{HC}=\overline{AD}=4$이므로

$\overline{BH}=\overline{BC}-\overline{CH}=7-4=3$

△ABH에서 $x^2=3^2+4^2=25$

이때 $x>0$이므로 $x=5$

(2) 오른쪽 그림과 같이 꼭짓점 D에서 $\overline{BC}$에 내린 수선의 발을 H라고 하면 $\overline{DH}=\overline{AB}=15$이고, $\overline{BH}=\overline{AD}=9$이므로

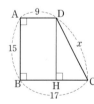

$\overline{HC}=\overline{BC}-\overline{BH}=17-9=8$

△DHC에서

$x^2=8^2+15^2=289$

이때 $x>0$이므로 $x=17$

7 (1) $\overline{AC}^2+\overline{BC}^2=\overline{AB}^2$이므로

$\overline{AB}^2=7+13=20$

따라서 정사각형 AFGB의 넓이는 $20\,\mathrm{cm}^2$이다.

(2) $\overline{AC}^2+\overline{AB}^2=\overline{BC}^2$이므로

$\overline{AC}^2+12=19$　∴ $\overline{AC}^2=7$

따라서 정사각형 ACDE의 넓이는 $7\,\mathrm{cm}^2$이다.

유형 **6**　　　　　　P. 16

1 (1) 34　(2) 52　(3) 169

2 (1) 3　(2) 15　(3) 12

1 △AEH≡△BFE≡△CGF≡△DHG (SAS 합동)이므로 사각형 EFGH는 정사각형이다.

(1) △EBF에서 $\overline{EF}^2=3^2+5^2=34$

∴ $x=\overline{EF}^2=34$

(2) $\overline{AE}=\overline{DH}=4\,\mathrm{cm}$이므로

△AEH에서 $\overline{EH}^2=4^2+6^2=52$

∴ $x=\overline{EH}^2=52$

(3) $\overline{DG}=\overline{CF}=12\,\mathrm{cm}$이므로

△HGD에서 $\overline{HG}^2=5^2+12^2=169$

∴ $x=\overline{HG}^2=169$

2 △AEH≡△BFE≡△CGF≡△DHG (SAS 합동)이므로 사각형 EFGH는 정사각형이다.

(1) 정사각형 EFGH의 넓이가 $25\,\mathrm{cm}^2$이므로 $\overline{EF}^2=25$

△EBF에서 $x^2+4^2=25$이므로

$x^2=25-4^2=9$

이때 $x>0$이므로 $x=3$

(2) $\overline{FC}=\overline{GD}=8\,\mathrm{cm}$이고,

정사각형 EFGH의 넓이가 $289\,\mathrm{cm}^2$이므로 $\overline{FG}^2=289$

△GFC에서 $8^2+x^2=289$이므로

$x^2=289-8^2=225$

이때 $x>0$이므로 $x=15$

(3) $\overline{GC}=\overline{HD}=9\,\mathrm{cm}$이고,

정사각형 EFGH의 넓이가 $225\,\mathrm{cm}^2$이므로 $\overline{FG}^2=225$

△GFC에서 $x^2+9^2=225$이므로

$x^2=225-9^2=144$

이때 $x>0$이므로 $x=12$

유형 **7**　　　　　　P. 17

1 (1) ×　(2) ○, ∠A　(3) ○, ∠B　(4) ×

2 (1) 둔각삼각형　(2) 예각삼각형　(3) 직각삼각형

(4) 예각삼각형　(5) 둔각삼각형　(6) 직각삼각형

2
(1) $2^2+4^2<5^2$이므로 둔각삼각형이다.
(2) $4^2+5^2>6^2$이므로 예각삼각형이다.
(3) $5^2+12^2=13^2$이므로 직각삼각형이다.
(4) $7^2+8^2>9^2$이므로 예각삼각형이다.
(5) $6^2+11^2<13^2$이므로 둔각삼각형이다.
(6) $8^2+15^2=17^2$이므로 직각삼각형이다.

(3) (색칠한 부분의 넓이)
$\quad=(\overline{BC}$를 지름으로 하는 반원의 넓이$)$
$\quad=\dfrac{1}{2}\times\pi\times\left(\dfrac{4}{2}\right)^2=2\pi(\text{cm}^2)$

2
(1) (색칠한 부분의 넓이)$=\triangle ABC$
$\qquad=\dfrac{1}{2}\times 8\times 6=24(\text{cm}^2)$
(2) (색칠한 부분의 넓이)$=2\triangle ABC$
$\qquad=2\times\left(\dfrac{1}{2}\times 5\times 12\right)=60(\text{cm}^2)$
(3) $\triangle ABC$에서 $17^2=15^2+\overline{AC}^2$이므로
$\quad\overline{AC}^2=17^2-15^2=64$
이때 $\overline{AC}>0$이므로 $\overline{AC}=8(\text{cm})$
$\therefore$ (색칠한 부분의 넓이)$=\triangle ABC$
$\qquad=\dfrac{1}{2}\times 15\times 8=60(\text{cm}^2)$

유형 **8**　　　　P. 18

1 (1) 30　(2) 5	**2** (1) 100　(2) 125
3 (1) 75　(2) 38	**4** (1) 74　(2) 181

1
(1) $\overline{DE}^2+\overline{BC}^2=\overline{BE}^2+\overline{CD}^2$이므로
$\quad 3^2+11^2=x^2+10^2$
$\quad\therefore x^2=30$
(2) $\overline{DE}^2+\overline{BC}^2=\overline{BE}^2+\overline{CD}^2$이므로
$\quad x^2+6^2=5^2+4^2$
$\quad\therefore x^2=5$

2
(1) $\overline{DE}^2+\overline{BC}^2=\overline{BE}^2+\overline{CD}^2$
$\qquad=6^2+8^2=100$
(2) $\triangle ADE$에서 $\overline{DE}^2=4^2+3^2=25$
$\quad\therefore\overline{BE}^2+\overline{CD}^2=\overline{DE}^2+\overline{BC}^2$
$\qquad=25+10^2=125$

3
(1) $\overline{AB}^2+\overline{CD}^2=\overline{AD}^2+\overline{BC}^2$이므로
$\quad 8^2+6^2=x^2+5^2$
$\quad\therefore x^2=75$
(2) $\overline{AB}^2+\overline{CD}^2=\overline{AD}^2+\overline{BC}^2$이므로
$\quad 5^2+7^2=x^2+6^2$
$\quad\therefore x^2=38$

4
(1) $\overline{AD}^2+\overline{BC}^2=\overline{AB}^2+\overline{CD}^2$
$\qquad=7^2+5^2=74$
(2) $\triangle AOD$에서 $\overline{AD}^2=6^2+8^2=100$
$\quad\therefore\overline{AB}^2+\overline{CD}^2=\overline{AD}^2+\overline{BC}^2$
$\qquad=100+9^2=181$

쌍둥이 기출문제　　　　P. 20~21

1 15 cm	**2** 96 cm²	**3** 13 cm	**4** 25 cm
5 15 cm	**6** 162 cm²	**7** 8 cm²	**8** 2 cm
9 41 cm²	**10** 9 cm	**11** ④	**12** ③
13 18	**14** 12	**15** ④	**16** 17 cm

[1~4] 직각삼각형에서 변의 길이 구하기
직각삼각형에서 두 변의 길이를 알면 나머지 한 변의 길이를 구할 수 있다.

1 $\overline{BC}^2=12^2+9^2=225$
이때 $\overline{BC}>0$이므로 $\overline{BC}=15(\text{cm})$

2 $\overline{BC}^2+12^2=20^2$이므로
$\overline{BC}^2=20^2-12^2=256$
이때 $\overline{BC}>0$이므로 $\overline{BC}=16(\text{cm})$
$\therefore\triangle ABC=\dfrac{1}{2}\times 16\times 12=96(\text{cm}^2)$

3 $\triangle ABD$에서 $9^2+\overline{AD}^2=15^2$이므로
$\overline{AD}^2=15^2-9^2=144$
이때 $\overline{AD}>0$이므로 $\overline{AD}=12(\text{cm})$
$\triangle ADC$에서 $\overline{AC}^2=5^2+12^2=169$
이때 $\overline{AC}>0$이므로 $\overline{AC}=13(\text{cm})$

4 $\triangle ABD$에서 $\overline{BD}^2+15^2=17^2$이므로
$\overline{BD}^2=17^2-15^2=64$
이때 $\overline{BD}>0$이므로 $\overline{BD}=8(\text{cm})$
$\triangle ABC$에서 $\overline{AC}^2=(8+12)^2+15^2=625$
이때 $\overline{AC}>0$이므로 $\overline{AC}=25(\text{cm})$

유형 **9**　　　　P. 19

1 (1) 16π cm²　(2) 30π cm²　(3) 2π cm²
2 (1) 24 cm²　(2) 60 cm²　(3) 60 cm²

1
(1) (색칠한 부분의 넓이)$=6\pi+10\pi=16\pi(\text{cm}^2)$
(2) (색칠한 부분의 넓이)$=50\pi-20\pi=30\pi(\text{cm}^2)$

사다리꼴에서는 수선을 그어 직각삼각형을 만든 후
피타고라스 정리를 이용한다.

5 오른쪽 그림과 같이 꼭짓점 D에서
$\overline{BC}$에 내린 수선의 발을 H라고 하면
$\overline{DH}=\overline{AB}=12\,cm$이고,
$\overline{BH}=\overline{AD}=7\,cm$이므로
$\overline{CH}=\overline{BC}-\overline{BH}=16-7=9\,(cm)$
$\triangle DHC$에서 $\overline{CD}^2=9^2+12^2=225$
이때 $\overline{CD}>0$이므로 $\overline{CD}=15\,(cm)$

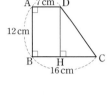

6 오른쪽 그림과 같이 꼭짓점 A에서
$\overline{BC}$에 내린 수선의 발을 H라고 하면
$\overline{AH}=\overline{DC}=12\,cm$
$\triangle ABH$에서 $\overline{BH}^2+12^2=15^2$이므로
$\overline{BH}^2=15^2-12^2=81$
이때 $\overline{BH}>0$이므로 $\overline{BH}=9\,(cm)$
$\therefore \overline{BC}=\overline{BH}+\overline{HC}=\overline{BH}+\overline{AD}=9+9=18\,(cm)$
$\therefore$ (사다리꼴 ABCD의 넓이)
$\qquad =\dfrac{1}{2}\times(9+18)\times12=162\,(cm^2)$

직각삼각형에서 직각을 낀 두 변을 각각 한 변으
로 하는 정사각형의 넓이의 합은 빗변을 한 변으
로 하는 정사각형의 넓이와 같다.

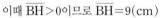

7 (직각삼각형의 빗변을 한 변으로 하는 정사각형의 넓이)
$\qquad =5+3=8\,(cm^2)$

8 (R의 넓이)=(P의 넓이)−(Q의 넓이)
$\qquad\qquad\quad =13-9=4\,(cm^2)$
즉, $\overline{AC}^2=4$이고 $\overline{AC}>0$이므로 $\overline{AC}=2\,(cm)$

정사각형 ABCD에서
(1) $\triangle AEH\equiv\triangle BFE\equiv\triangle CGF\equiv\triangle DHG$
$\qquad\qquad\qquad\qquad\qquad$ (SAS 합동)
(2) 사각형 EFGH는 정사각형이다.

9 $\triangle AEH$에서 $\overline{EH}^2=4^2+5^2=41$
이때 사각형 EFGH는 정사각형이므로
(정사각형 EFGH의 넓이)$=\overline{EH}^2=41\,(cm^2)$

10 사각형 EFGH는 정사각형이므로 $\overline{EH}^2=225$
이때 $\overline{EH}>0$이므로 $\overline{EH}=15\,(cm)$
$\triangle AEH$에서 $\overline{AE}^2+12^2=15^2$이므로
$\overline{AE}^2=15^2-12^2=81$
이때 $\overline{AE}>0$이므로 $\overline{AE}=9\,(cm)$
$\therefore \overline{DH}=\overline{AE}=9\,cm$

세 변의 길이가 각각 a, b, c인 $\triangle ABC$에서 $a^2+b^2=c^2$이면
$\Rightarrow \triangle ABC$는 빗변의 길이가 c인 직각삼각형이다.

11 ① $4^2+5^2\neq7^2$이므로 직각삼각형이 아니다.
② $5^2+12^2\neq15^2$이므로 직각삼각형이 아니다.
③ $6^2+8^2\neq12^2$이므로 직각삼각형이 아니다.
④ $7^2+24^2=25^2$이므로 직각삼각형이다.
⑤ $9^2+15^2\neq17^2$이므로 직각삼각형이 아니다.
따라서 직각삼각형인 것은 ④이다.

12 ① $8^2+10^2\neq12^2$이므로 직각삼각형이 아니다.
② $8^2+10^2\neq15^2$이므로 직각삼각형이 아니다.
③ $8^2+15^2=17^2$이므로 직각삼각형이다.
④ $10^2+12^2\neq15^2$이므로 직각삼각형이 아니다.
⑤ $12^2+15^2\neq17^2$이므로 직각삼각형이 아니다.
따라서 직각삼각형인 것은 ③이다.

13 $\overline{AB}^2+\overline{CD}^2=\overline{AD}^2+\overline{BC}^2$이므로
$4^2+x^2=3^2+5^2 \qquad \therefore x^2=18$

14 $\overline{DE}^2+\overline{BC}^2=\overline{BE}^2+\overline{CD}^2$이므로
$x^2+7^2=5^2+6^2 \qquad \therefore x^2=12$

$\Rightarrow S_1+S_2=S_3$

15 $\triangle ABC$에서 $\overline{AB}^2+5^2=13^2$이므로
$\overline{AB}^2=13^2-5^2=144$
이때 $\overline{AB}>0$이므로 $\overline{AB}=12\,(cm)$
$\therefore$ (색칠한 부분의 넓이)$=\triangle ABC$
$\qquad\qquad\qquad\qquad\quad =\dfrac{1}{2}\times12\times5=30\,(cm^2)$

16 색칠한 부분의 넓이는 $\triangle ABC$의 넓이와 같으므로
$\dfrac{1}{2}\times15\times\overline{AB}=60 \qquad \therefore \overline{AB}=8\,(cm)$
$\triangle ABC$에서 $\overline{BC}^2=15^2+8^2=289$
이때 $\overline{BC}>0$이므로 $\overline{BC}=17\,(cm)$

4 삼각형의 내심과 외심

유형 10   P. 22

1 ㄱ, ㅂ
2 (1) ○ (2) × (3) ○ (4) ○ (5) ○ (6) ×
3 (1) 3 (2) 5 (3) 25 (4) 28 (5) 20

1 ㄱ. 점 P에서 세 변에 이르는 거리가 같다.
 ㅂ. 삼각형의 세 내각의 이등분선의 교점이다.

2 (1) △BDI와 △BEI에서
  ∠IDB=∠IEB=90°, $\overline{IB}$는 공통,
  ∠DBI=∠EBI이므로
  △BDI≡△BEI(RHA 합동)
 (3) 내심에서 삼각형의 세 변에 이르는 거리는 같으므로
  $\overline{ID}=\overline{IE}=\overline{IF}$
 (4) △ADI와 △AFI에서
  ∠IDA=∠IFA=90°, $\overline{AI}$는 공통,
  ∠DAI=∠FAI이므로
  △ADI≡△AFI (RHA 합동)
  ∴ $\overline{AD}=\overline{AF}$
 (5) 삼각형의 내심은 세 내각의 이등분선의 교점이므로
  ∠FCI=∠ECI

3 (4) ∠IAC=$\frac{1}{2}$×56°=28° ∴ $x=28$
 (5) ∠IBC=∠IBA=40°이므로
  △IBC에서
  ∠ICB=180°−(120°+40°)=20°
  ∴ $x=20$

유형 11   P. 23

1 (1) 26° (2) 20° (3) 31° (4) 25°
2 (1) 122° (2) 80° (3) 118° (4) 34°

1 (1) ∠x+22°+42°=90°이므로 ∠x=26°
 (2) ∠x+50°+20°=90°이므로 ∠x=20°
 (3) ∠ICA=∠ICB=$\frac{1}{2}$∠ACB=$\frac{1}{2}$×50°=25°
  따라서 ∠x+34°+25°=90°이므로 ∠x=31°
 (4) ∠IAB=∠IAC=$\frac{1}{2}$∠BAC=$\frac{1}{2}$×60°=30°
  따라서 30°+∠x+35°=90°이므로 ∠x=25°

2 (1) ∠x=90°+$\frac{1}{2}$×64°=122°

 (2) 130°=90°+$\frac{1}{2}$∠x이므로
  $\frac{1}{2}$∠x=40° ∴ ∠x=80°
 (3) ∠x=90°+$\frac{1}{2}$∠BAC=90°+28°=118°
 (4) ∠BIC=90°+$\frac{1}{2}$×60°=120°이므로
  △IBC에서
  ∠x=180°−(120°+26°)=34°

유형 12   P. 24

1 (1) 72 cm² (2) 69 cm²
2 (1) 30 cm (2) 40 cm
3 (1) 24 cm² (2) 2 cm
4 (1) 7 (2) 13 (3) 11

1 (1) △ABC=$\frac{1}{2}$×4×(11+13+12)
  =72(cm²)
 (2) △ABC=$\frac{1}{2}$×3×(17+21+8)
  =69(cm²)

2 (1) △ABC=$\frac{1}{2}$×3×($\overline{AB}+\overline{BC}+\overline{CA}$)=45(cm²)
  ∴ $\overline{AB}+\overline{BC}+\overline{CA}$=30(cm)
 (2) △ABC=$\frac{1}{2}$×4×($\overline{AB}+\overline{BC}+\overline{CA}$)=80(cm²)
  ∴ $\overline{AB}+\overline{BC}+\overline{CA}$=40(cm)

3 (1) △ABC=$\frac{1}{2}$×8×6=24(cm²)
 (2) △ABC의 내접원의 반지름의 길이를 r cm라고 하면
  $\frac{1}{2}$×r×(10+8+6)=24
  12r=24 ∴ r=2
  따라서 △ABC의 내접원의 반지름의 길이는 2 cm이다.

4 (1) $\overline{AD}=\overline{AF}$=5이므로
  $x=\overline{BD}=\overline{AB}-\overline{AD}$=12−5=7
 (2) $\overline{BE}=\overline{BD}$=4, $\overline{AF}=\overline{AD}$=5이므로
  $\overline{CE}=\overline{CF}=\overline{AC}-\overline{AF}$=14−5=9
  ∴ $x=\overline{BE}+\overline{CE}$=4+9=13
 (3) $\overline{AD}=\overline{AF}=\overline{AC}-\overline{FC}$=9−4=5
  $\overline{CE}=\overline{CF}$=4이므로
  $\overline{BD}=\overline{BE}=\overline{BC}-\overline{CE}$=10−4=6
  ∴ $x=\overline{AD}+\overline{BD}$=5+6=11

1 (1) 37°   (2) 94°
2 (1) ∠DBI, ∠DIB   (2) ∠ECI, ∠EIC   (3) 15 cm
3 (1) 60 cm²   (2) 3 cm   (3) 12 cm²
4 (1) $\overline{AF}=(9-x)$ cm, $\overline{CF}=(15-x)$ cm   (2) 6 cm

1 (1) 오른쪽 그림과 같이 $\overline{IA}$를 그으면

$$∠IAB=∠IAC=\frac{1}{2}∠BAC$$
$$=\frac{1}{2}×70°=35°$$

따라서 $35°+∠x+18°=90°$이므로 $∠x=37°$

(2) 오른쪽 그림과 같이 $\overline{IC}$를 그으면

$$∠ICB=∠ICA=\frac{1}{2}∠ACB$$
$$=\frac{1}{2}∠x$$

따라서 $20°+23°+\frac{1}{2}∠x=90°$이므로

$$\frac{1}{2}∠x=47° \qquad ∴ ∠x=94°$$

다른 풀이

$∠BAI=∠IAC=20°$이므로

$∠AIB=180°-(23°+20°)=137°$

따라서 $\frac{1}{2}∠x+90°=137°$이므로

$$\frac{1}{2}∠x=47° \qquad ∴ ∠x=94°$$

2 (1) 점 I는 △ABC의 내심이므로 ∠DBI=∠IBC
이때 $\overline{DE}/\!/\overline{BC}$이므로 ∠DIB=∠IBC (엇각)
∴ ∠IBC=∠DBI=∠DIB

(2) 점 I는 △ABC의 내심이므로 ∠ECI=∠ICB
이때 $\overline{DE}/\!/\overline{BC}$이므로 ∠EIC=∠ICB (엇각)
∴ ∠ICB=∠ECI=∠EIC

(3) △DBI, △EIC는 각각 이등변삼각형이므로
$\overline{DI}=\overline{DB}=7$ cm, $\overline{EI}=\overline{EC}=8$ cm
∴ $\overline{DE}=\overline{DI}+\overline{EI}=7+8=15$(cm)

3 (1) $△ABC=\frac{1}{2}×8×15=60$(cm²)

(2) △ABC의 내접원의 반지름의 길이를 r cm라고 하면
$\frac{1}{2}×r×(17+8+15)=60$, $20r=60$ ∴ $r=3$
따라서 내접원의 반지름의 길이는 3 cm이다.

(3) $△IBC=\frac{1}{2}×8×3=12$(cm²)

4 (1) $\overline{BD}=\overline{BE}=x$ cm이므로
$\overline{AF}=\overline{AD}=(9-x)$ cm
$\overline{CF}=\overline{CE}=(15-x)$ cm

(2) $\overline{AF}+\overline{CF}=\overline{AC}$이므로
$(9-x)+(15-x)=12$, $2x=12$ ∴ $x=6$
∴ $\overline{BE}=6$ cm

---

1 ③   **2** ①, ③   **3** 30°   **4** 120°   **5** ④
6 19 cm   **7** 30°   **8** 25°   **9** 119°   **10** 40°
11 9π cm²   **12** 40 cm²   **13** $\frac{9}{2}$
14 2

[1~4] 삼각형의 내심
(1) 세 내각의 이등분선의 교점이다.
(2) 삼각형의 내심에서 세 변에 이르는 거리는 같다.

1 ① 내심에서 세 변에 이르는 거리는 같으므로
$\overline{ID}=\overline{IE}=\overline{IF}$
② △IDB와 △IEB에서
∠IDB=∠IEB=90°, $\overline{IB}$는 공통,
∠IBD=∠IBE이므로
△IDB≡△IEB (RHA 합동)
④ 내심은 삼각형의 세 내각의 이등분선의 교점이므로
$\overline{IA}$는 ∠A의 이등분선이다.
따라서 옳지 않은 것은 ③이다.

2 ② ∠IAD=∠IAF이므로
∠AID=90°-∠IAD
      =90°-∠IAF=∠AIF
④ △ICE와 △ICF에서
∠IEC=∠IFC=90°, $\overline{IC}$는 공통,
∠ICE=∠ICF이므로
△ICE≡△ICF (RHA 합동)
⑤ △IBD와 △IBE에서
∠IDB=∠IEB=90°, $\overline{IB}$는 공통,
∠IBD=∠IBE이므로
△IBD≡△IBE (RHA 합동)
∴ $\overline{BD}=\overline{BE}$
따라서 옳지 않은 것은 ①, ③이다.

3 점 I는 △ABC의 내심이므로
∠IAB=∠IAC=40°, ∠IBA=∠IBC=∠x
따라서 △ABI에서 ∠x=180°-(40°+110°)=30°

4 점 I는 △ABC의 내심이므로
∠IBC=∠ABI=36°, ∠ICB=∠ACI=24°
따라서 △IBC에서 ∠x=180°-(36°+24°)=120°

[5~6] 삼각형의 내심과 평행선
점 I가 △ABC의 내심이고, $\overline{DE}/\!/\overline{BC}$일 때
(1) $\overline{DE}=\overline{DI}+\overline{IE}=\overline{DB}+\overline{EC}$
(2) (△ADE의 둘레의 길이)=$\overline{AB}+\overline{AC}$

5 점 I는 △ABC의 내심이므로

$\angle DBI = \angle IBC, \angle ECI = \angle ICB$

이때 $\overline{DE} /\!/ \overline{BC}$이므로

$\angle DIB = \angle IBC$ (엇각), $\angle EIC = \angle ICB$ (엇각)

$\therefore \angle DBI = \angle DIB, \angle EIC = \angle ECI$

즉, △DBI, △EIC는 각각 이등변삼각형이므로

$\overline{DI} = \overline{DB} = 5\,cm, \overline{EI} = \overline{EC} = 4\,cm$

$\therefore \overline{DE} = \overline{DI} + \overline{IE} = 5 + 4 = 9\,(cm)$

6 점 I는 △ABC의 내심이므로

$\angle DBI = \angle IBC, \angle ECI = \angle ICB$

이때 $\overline{DE} /\!/ \overline{BC}$이므로

$\angle DIB = \angle IBC$ (엇각), $\angle EIC = \angle ICB$ (엇각)

$\therefore \angle DBI = \angle DIB, \angle EIC = \angle ECI$

즉, △DBI, △EIC는 각각 이등변삼각형이므로

$\overline{DI} = \overline{DB}, \overline{EI} = \overline{EC}$

$\begin{aligned} \therefore (\triangle ADE의\ 둘레의\ 길이) &= \overline{AD} + \overline{DE} + \overline{EA} \\ &= \overline{AD} + (\overline{DI} + \overline{EI}) + \overline{EA} \\ &= (\overline{AD} + \overline{DB}) + (\overline{EC} + \overline{EA}) \\ &= \overline{AB} + \overline{AC} \\ &= 10 + 9 = 19\,(cm) \end{aligned}$

[7~10] 삼각형의 내심의 응용

점 I가 △ABC의 내심일 때

(1)

$\Rightarrow \angle x + \angle y + \angle z = 90°$

(2)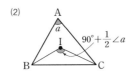

$\Rightarrow \angle BIC = 90° + \frac{1}{2} \angle A$

7 $35° + \angle x + 25° = 90°$이므로 $\angle x = 30°$

8 $\angle IBA = \angle IBC = \frac{1}{2} \angle ABC = \frac{1}{2} \times 80° = 40°$

따라서 $25° + 40° + \angle x = 90°$이므로 $\angle x = 25°$

9 $\angle BIC = 90° + \frac{1}{2} \times 58° = 119°$

10 $130° = 90° + \frac{1}{2} \angle BAC$이므로

$\frac{1}{2} \angle BAC = 40° \quad \therefore \angle BAC = 80°$

$\therefore \angle x = \frac{1}{2} \angle BAC = \frac{1}{2} \times 80° = 40°$

[11~12] 삼각형의 넓이와 내접원의 반지름의 길이

△ABC에서 내접원의 반지름의 길이를 r라고 하면

$\Rightarrow \triangle ABC = \frac{1}{2} r(a + b + c)$

11 내접원의 반지름의 길이를 $r\,cm$라고 하면

$\frac{1}{2} \times r \times (12 + 15 + 9) = 54$

$18r = 54 \quad \therefore r = 3 \qquad \cdots (i)$

$\therefore (\triangle ABC의\ 내접원의\ 넓이) = \pi \times 3^2 = 9\pi\,(cm^2) \quad \cdots (ii)$

채점 기준	비율
(i) △ABC의 내접원의 반지름의 길이 구하기	60 %
(ii) △ABC의 내접원의 넓이 구하기	40 %

12 $\triangle ABC = \frac{1}{2} \times 16 \times 12 = 96\,(cm^2)$

△ABC의 내접원의 반지름의 길이를 $r\,cm$라고 하면

$\frac{1}{2} \times r \times (20 + 16 + 12) = 96, \ 24r = 96 \quad \therefore r = 4$

$\therefore \triangle ABI = \frac{1}{2} \times 20 \times 4 = 40\,(cm^2)$

[13~14] 삼각형의 내접원의 접선의 길이

점 I는 △ABC의 내심이고, 세 점 D, E, F는 각각 내접원과 세 변의 접점일 때

$\Rightarrow \overline{AD} = \overline{AF}, \overline{BD} = \overline{BE}, \overline{CE} = \overline{CF}$

13 $\overline{AD} = \overline{AF} = x$라고 하면

$\overline{BE} = \overline{BD} = 8 - x, \overline{CE} = \overline{CF} = 7 - x$

이때 $\overline{BE} + \overline{CE} = \overline{BC}$이므로 $(8 - x) + (7 - x) = 6$

$15 - 2x = 6, \ 2x = 9 \quad \therefore x = \frac{9}{2}$

$\therefore \overline{AD} = \frac{9}{2}$

14 $\overline{CE} = \overline{CF} = x$라고 하면

$\overline{AD} = \overline{AF} = 5 - x, \overline{BD} = \overline{BE} = 6 - x$

이때 $\overline{AD} + \overline{BD} = \overline{AB}$이므로 $(5 - x) + (6 - x) = 7$

$11 - 2x = 7, \ 2x = 4 \quad \therefore x = 2$

$\therefore \overline{CE} = 2$

유형 13 P. 28

1 ㄷ, ㅁ

2 (1) ○ (2) ○ (3) × (4) ○ (5) ×

3 (1) 5 (2) 3 (3) 30 (4) 124 (5) 40

1 ㄷ. 점 P에서 세 꼭짓점에 이르는 거리가 같다.

ㅁ. 삼각형의 세 변의 수직이등분선의 교점이다.

2 (1) △ADO와 △BDO에서

$\angle ODA = \angle ODB = 90°, \overline{DA} = \overline{DB}, \overline{OD}$는 공통이므로

$\triangle ADO \equiv \triangle BDO$ (SAS 합동)

(4) 외심은 세 변의 수직이등분선의 교점이므로

$$\overline{BE}=\overline{CE}=\frac{1}{2}\overline{BC}$$

3 (3) △OBC에서 $\overline{OB}=\overline{OC}$이므로

$\angle OBC=\angle OCB=30^\circ$ ∴ $x=30$

(4) $\overline{OB}=\overline{OC}$이므로 $\angle OBC=\angle OCB=28^\circ$

△OBC에서 $\angle BOC=180^\circ-(28^\circ+28^\circ)=124^\circ$

∴ $x=124$

(5) △OBC에서 $\overline{OB}=\overline{OC}$이므로

$\angle OBC=\frac{1}{2}\times(180^\circ-100^\circ)=40^\circ$ ∴ $x=40$

유형 **14** P. 29

1 (1) 4 (2) 6 (3) 112 (4) 40
2 (1) 5 cm (2) 3 cm
3 26π cm

1 점 O는 직각삼각형 ABC의 외심이다.

(1) $\overline{OC}=\overline{OA}=\overline{OB}=4\,\text{cm}$ ∴ $x=4$

(2) $\overline{OC}=\overline{OA}=\overline{OB}=\frac{1}{2}\overline{AB}=\frac{1}{2}\times12=6\,(\text{cm})$

∴ $x=6$

(3) $\overline{OA}=\overline{OB}=\overline{OC}$이므로

△AOC에서 $\angle OAC=\angle OCA=56^\circ$

∴ $\angle AOB=56^\circ+56^\circ=112^\circ$ ∴ $x=112$

(4) $\overline{OA}=\overline{OB}=\overline{OC}$이므로

△AOC에서

$\angle OAC=\angle OCA=\frac{1}{2}\times(180^\circ-80^\circ)=50^\circ$

이때 $\angle BAC=90^\circ$이므로

$\angle BAO=90^\circ-50^\circ=40^\circ$

∴ $x=40$

2 (1) 직각삼각형에서 외심은 빗변의 중점이므로

(외접원의 반지름의 길이)$=\frac{1}{2}\overline{AB}$

$=\frac{1}{2}\times10=5\,(\text{cm})$

(2) 점 O는 직각삼각형 ABC의 외심이므로

(외접원의 반지름의 길이)$=\overline{OA}=\overline{OB}=3\,(\text{cm})$

3 직각삼각형의 외심은 빗변의 중점이므로

△ABC의 외접원의 반지름의 길이는

$\frac{1}{2}\overline{AB}=\frac{1}{2}\times26=13\,(\text{cm})$

∴ (△ABC의 외접원의 둘레의 길이)$=2\pi\times13$

$=26\pi\,(\text{cm})$

유형 **15** P. 30

1 (1) 30° (2) 15° (3) 25° (4) 35°
2 (1) 110° (2) 50° (3) 50° (4) 75°

1 (1) $\angle x+25^\circ+35^\circ=90^\circ$이므로 $\angle x=30^\circ$

(2) $\angle x+43^\circ+32^\circ=90^\circ$이므로 $\angle x=15^\circ$

(3) $21^\circ+\angle x+44^\circ=90^\circ$이므로 $\angle x=25^\circ$

(4) △AOC에서 $\overline{OA}=\overline{OC}$이므로

$\angle OAC=\frac{1}{2}\times(180^\circ-150^\circ)=15^\circ$

따라서 $40^\circ+\angle x+15^\circ=90^\circ$이므로 $\angle x=35^\circ$

2 (1) $\angle x=2\angle A=2\times55^\circ=110^\circ$

(2) $\angle x=\frac{1}{2}\angle AOC=\frac{1}{2}\times100^\circ=50^\circ$

(3) $\angle BOC=2\angle A=2\times40^\circ=80^\circ$

△OBC에서 $\overline{OB}=\overline{OC}$이므로

$\angle OBC=\frac{1}{2}\times(180^\circ-80^\circ)=50^\circ$

(4) △ABO에서 $\overline{OA}=\overline{OB}$이므로

$\angle ABO=\angle BAO=15^\circ$

∴ $\angle AOB=180^\circ-(15^\circ+15^\circ)=150^\circ$

∴ $\angle x=\frac{1}{2}\angle AOB=\frac{1}{2}\times150^\circ=75^\circ$

한 걸음 더 연습 P. 31

1 점 A와 점 F(외심), 점 C와 점 D(내심)
2 7 cm **3** 14 cm
4 (1) 52° (2) 140°
5 (1) 40° (2) 80° **6** (1) 100° (2) 50°

1 점 A와 점 F: 삼각형의 외심은 세 변의 수직이등분선의 교점이고, 외심에서 세 꼭짓점에 이르는 거리는 같다.

점 C와 점 D: 삼각형의 내심은 세 내각의 이등분선의 교점이고, 내심에서 세 변에 이르는 거리는 같다.

2 △ABC의 외접원의 반지름의 길이가 5 cm이므로

$\overline{OA}=\overline{OC}=5\,\text{cm}$

이때 △AOC의 둘레의 길이가 17 cm이므로

$\overline{AC}=17-(5+5)=7\,(\text{cm})$

3 점 O는 직각삼각형 ABC의 외심이므로 $\overline{OA}=\overline{OB}=\overline{OC}$

이때 △AOC에서 $\angle OCA=\angle A=60^\circ$

∴ $\angle AOC=180^\circ-(60^\circ+60^\circ)=60^\circ$

따라서 △AOC는 정삼각형이므로

$\overline{OA}=\overline{OC}=\overline{AC}=7\,\text{cm}$

∴ $\overline{AB}=2\overline{OA}=2\times7=14\,(\text{cm})$

4 (1) 오른쪽 그림과 같이 $\overline{OA}$를 그으면

$\angle OAB + 38° + 30° = 90°$

$\therefore \angle OAB = 22°$

$\triangle OCA$에서 $\overline{OA} = \overline{OC}$이므로

$\angle OAC = \angle OCA = 30°$

$\therefore \angle x = \angle OAB + \angle OAC = 22° + 30° = 52°$

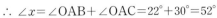

(2) 오른쪽 그림과 같이 $\overline{OC}$를 그으면

$\triangle OAC$에서 $\overline{OA} = \overline{OC}$이므로

$\angle OCA = \angle OAC = 40°$

$\triangle OBC$에서 $\overline{OB} = \overline{OC}$이므로

$\angle OCB = \angle OBC = 30°$

$\therefore \angle BCA = \angle OCA + \angle OCB$

$= 40° + 30° = 70°$

$\therefore \angle x = 2\angle BCA = 2 \times 70° = 140°$

5 (1) $\angle BAC : \angle ABC : \angle ACB = 4 : 3 : 2$이므로

$\angle ACB = 180° \times \dfrac{2}{9} = 40°$

(2) $\angle AOB = 2\angle ACB = 2 \times 40° = 80°$

6 (1) 점 I는 $\triangle OBC$의 내심이므로

$140° = 90° + \dfrac{1}{2}\angle BOC$

$\dfrac{1}{2}\angle BOC = 50°$ $\therefore \angle BOC = 100°$

(2) 점 O는 $\triangle ABC$의 외심이므로

$\angle A = \dfrac{1}{2}\angle BOC = \dfrac{1}{2} \times 100° = 50°$

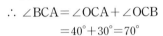 **기출문제** P. 32~34

1	②	**2**	②	**3**	7 cm	**4**	④	**5**	13π cm
6	25π cm²		**7**	5 cm	**8**	6 cm	**9**	④	
10	24°	**11**	$\angle x = 60°$, $\angle y = 120°$			**12**	②		
13	100°	**14**	75°	**15**	③, ⑤	**16**	③, ④	**17**	116°
18	80°								

[1~4] 삼각형의 외심

(1) 세 변의 수직이등분선의 교점이다.

(2) 삼각형의 외심에서 세 꼭짓점에 이르는 거리는 같다.

1 ① 외심에서 세 꼭짓점에 이르는 거리는 같으므로

$\overline{OA} = \overline{OB} = \overline{OC}$

② 점 O가 $\triangle ABC$의 내심일 때 성립한다.

③ $\triangle OAD$와 $\triangle OBD$에서

$\angle ODA = \angle ODB = 90°$, $\overline{DA} = \overline{DB}$,

$\overline{OD}$는 공통이므로

$\triangle OAD \equiv \triangle OBD$ (SAS 합동)

---

④ $\triangle OBC$는 $\overline{OB} = \overline{OC}$인 이등변삼각형이므로

$\angle OBE = \angle OCE$

⑤ 외심은 세 변의 수직이등분선의 교점이므로 $\overline{BE} = \overline{CE}$

따라서 옳지 않은 것은 ②이다.

2 ①, ③, ④, ⑤ 점 O가 $\triangle ABC$의 내심일 때 성립한다.

② $\triangle ABO$는 $\overline{OA} = \overline{OB}$인 이등변삼각형이므로

$\angle ABO = \angle BAO$

따라서 옳은 것은 ②이다.

3 $\triangle ABO$에서 $\overline{OA} = \overline{OB}$이므로

$\overline{OA} = \overline{OB} = \dfrac{1}{2} \times (24 - 10) = 7$(cm)

따라서 $\triangle ABC$의 외접원의 반지름의 길이는 7 cm이다.

4 $\triangle AOC$에서 $\overline{OA} = \overline{OC}$이므로

$\overline{OA} = \overline{OC} = \dfrac{1}{2} \times (20 - 8) = 6$(cm)

즉, $\triangle ABC$의 외접원의 반지름의 길이는 6 cm이다.

$\therefore (\triangle ABC$의 외접원의 넓이$) = \pi \times 6^2$

$= 36\pi$(cm²)

[5~8] 직각삼각형의 외심의 위치

직각삼각형의 외심은 빗변의 중점이다.

⇨ (외접원의 반지름의 길이) $= \dfrac{1}{2} \times$ (빗변의 길이)

5 직각삼각형의 외심은 빗변의 중점이므로

$\triangle ABC$의 외접원의 반지름의 길이는

$\dfrac{1}{2}\overline{AB} = \dfrac{1}{2} \times 13 = \dfrac{13}{2}$(cm) ⋯ (i)

$\therefore (\triangle ABC$의 외접원의 둘레의 길이)

$= 2\pi \times \dfrac{13}{2} = 13\pi$(cm) ⋯ (ii)

채점 기준	비율
(i) $\triangle ABC$의 외접원의 반지름의 길이 구하기	50 %
(ii) $\triangle ABC$의 외접원의 둘레의 길이 구하기	50 %

6 직각삼각형의 외심은 빗변의 중점이므로

$\triangle ABC$의 외접원의 반지름의 길이는

$\dfrac{1}{2}\overline{AB} = \dfrac{1}{2} \times 10 = 5$(cm)

$\therefore (\triangle ABC$의 외접원의 넓이$) = \pi \times 5^2 = 25\pi$(cm²)

7 점 O는 직각삼각형 ABC의 외심이므로

$\overline{OA} = \overline{OB} = \overline{OC}$

이때 $\triangle AOC$에서 $\angle OCA = \angle A = 60°$

$\therefore \angle AOC = 180° - (60° + 60°) = 60°$

따라서 $\triangle AOC$는 정삼각형이므로

$\overline{AC} = \overline{OA} = \dfrac{1}{2}\overline{AB} = \dfrac{1}{2} \times 10 = 5$(cm)

8 △ABC에서 ∠A=180°−(30°+90°)=60°
오른쪽 그림과 같이 $\overline{OB}$를 그으
면 점 O는 직각삼각형 ABC의
외심이므로 $\overline{OA}=\overline{OB}=\overline{OC}$
이때 △ABO에서
∠ABO=∠A=60°
∴ ∠AOB=180°−(60°+60°)=60°
따라서 △ABO는 정삼각형이므로
$\overline{OA}=\overline{OB}=\overline{AB}=3$ cm
∴ $\overline{AC}=2\overline{OA}=2\times3=6$(cm)

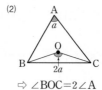

[9~14] 삼각형의 외심의 응용

(1)

⇒ ∠x+∠y+∠z=90°

(2)
⇒ ∠BOC=2∠A

9 ∠x+40°+25°=90°이므로 ∠x=25°

10 ∠OBA+28°+38°=90°이므로 ∠OBA=24°

11 오른쪽 그림과 같이 $\overline{AO}$를 그으면
△ABO에서 $\overline{OA}=\overline{OB}$이므로
∠OAB=∠OBA=24° ⋯(i)
△AOC에서 $\overline{OA}=\overline{OC}$이므로
∠OAC=∠OCA=36° ⋯(ii)
∴ ∠x=∠OAB+∠OAC=24°+36°=60° ⋯(iii)
∴ ∠y=2∠x=2×60°=120° ⋯(iv)

채점 기준	비율
(i) ∠OAB의 크기 구하기	25%
(ii) ∠OAC의 크기 구하기	25%
(iii) ∠x의 크기 구하기	25%
(iv) ∠y의 크기 구하기	25%

12 오른쪽 그림과 같이 $\overline{OB}$를 그으면
△ABO에서 $\overline{OA}=\overline{OB}$이므로
∠OBA=∠OAB=47°
△OBC에서 $\overline{OB}=\overline{OC}$이므로
∠OBC=∠OCB=23°
∴ ∠x=∠OBA+∠OBC=47°+23°=70°
∴ ∠y=2∠x=70°×2=140°
∴ ∠x+∠y=70°+140°=210°

13 ∠BAC : ∠ABC : ∠ACB=5 : 6 : 7이므로
∠BAC=180°×$\frac{5}{18}$=50°
∴ ∠BOC=2∠BAC=2×50°=100°

14 ∠AOB : ∠BOC : ∠COA=3 : 4 : 5이므로
∠AOC=360°×$\frac{5}{12}$=150°
∴ ∠ABC=$\frac{1}{2}$∠AOC=$\frac{1}{2}$×150°=75°

15 ③ 세 내각의 이등분선이 만나는 점은 내심이다.
⑤ 세 변의 수직이등분선이 만나는 점은 외심이다.

16 ③ 이등변삼각형의 내심과 외심은 꼭지각의 이등분선 위에
있다.
참고 정삼각형의 내심과 외심은 일치한다.
④ 예각삼각형의 외심은 삼각형의 내부에, 둔각삼각형의 외
심은 삼각형의 외부에, 직각삼각형의 외심은 빗변의 중
점에 위치한다.

17 점 O는 △ABC의 외심이므로
∠A=$\frac{1}{2}$∠BOC=$\frac{1}{2}$×104°=52° ⋯(i)
점 I는 △ABC의 내심이므로
∠BIC=90°+$\frac{1}{2}$∠A=90°+$\frac{1}{2}$×52°=116° ⋯(ii)

채점 기준	비율
(i) ∠A의 크기 구하기	50%
(ii) ∠BIC의 크기 구하기	50%

18 점 I는 △ABC의 내심이므로
110°=90°+$\frac{1}{2}$∠A, $\frac{1}{2}$∠A=20° ∴ ∠A=40°
점 O는 △ABC의 외심이므로
∠BOC=2∠A=2×40°=80°

🔵 단원 **마무리**   P. 35~37

1 105°	**2** 7 cm, 65°		**3** 13 cm	**4** 65°		
5 56 cm²	**6** (1) 25 cm² (2) 5 cm				**7** ⑤	
8 10 cm	**9** 25π cm²		**10** ②		**11** ②	
12 ①						

1 △ACD에서 $\overline{AC}=\overline{DC}$이므로
∠DAC=∠ADC=70°
∴ ∠BAC=180°−70°=110°
△ABC에서 $\overline{AB}=\overline{AC}$이므로
∠ABC=$\frac{1}{2}$×(180°−110°)=35°
따라서 △DBC에서 ∠DCE=70°+35°=105°

2 $\overline{AC}\,/\!/\,\overline{BD}$이므로
∠ACB=∠CBD(엇각), ∠ABC=∠CBD(접은 각)

$\therefore \angle ABC = \angle ACB$

따라서 $\triangle ABC$는 $\overline{AB} = \overline{AC}$인 이등변삼각형이므로

$\overline{AB} = \overline{AC} = 7\,\text{cm}$

$\therefore \angle ABC = \dfrac{1}{2} \times (180° - 50°) = 65°$

3 $\triangle DBA$와 $\triangle EAC$에서

$\angle ADB = \angle CEA = 90°$, $\overline{AB} = \overline{CA}$,

$\angle DBA + \angle DAB = 90°$이고,

$\angle DAB + \angle EAC = 90°$이므로 $\angle DBA = \angle EAC$

$\therefore \triangle DBA \equiv \triangle EAC$ (RHA 합동) $\qquad \cdots$ (i)

따라서 $\overline{DA} = \overline{EC} = 4\,\text{cm}$, $\overline{AE} = \overline{BD} = 9\,\text{cm}$이므로 $\cdots$ (ii)

$\overline{DE} = \overline{DA} + \overline{AE} = 4 + 9 = 13(\text{cm})$ $\qquad \cdots$ (iii)

채점 기준	비율
(i) $\triangle DBA \equiv \triangle EAC$임을 설명하기	50 %
(ii) $\overline{DA}$, $\overline{AE}$의 길이 구하기	30 %
(iii) $\overline{DE}$의 길이 구하기	20 %

4 $\triangle BDE$와 $\triangle BCE$에서

$\angle EDB = \angle ECB = 90°$, $\overline{BE}$는 공통, $\overline{ED} = \overline{EC}$이므로

$\triangle BDE \equiv \triangle BCE$ (RHS 합동)

$\therefore \angle BED = \angle BEC$

$\triangle ADE$에서 $\angle AED = 180° - (90° + 40°) = 50°$이므로

$\angle BEC = \dfrac{1}{2} \times (180° - 50°) = 65°$

5 오른쪽 그림과 같이 꼭짓점 A에서 $\overline{DC}$에 내린 수선의 발을 H라고 하면

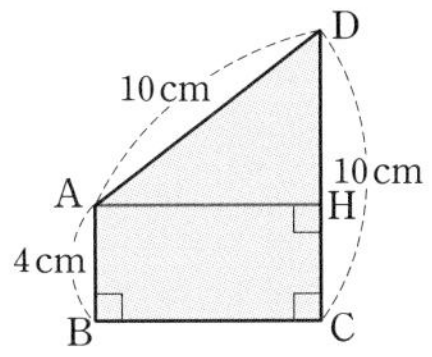

$\overline{HC} = \overline{AB} = 4\,\text{cm}$이므로

$\overline{DH} = \overline{DC} - \overline{HC} = 10 - 4 = 6(\text{cm})$

$\triangle DAH$에서 $\overline{AH}^2 + 6^2 = 10^2$이므로

$\overline{AH}^2 = 10^2 - 6^2 = 64$

이때 $\overline{AH} > 0$이므로 $\overline{AH} = 8(\text{cm})$

따라서 $\overline{BC} = \overline{AH} = 8\,\text{cm}$이므로

(사다리꼴 ABCD의 넓이)$= \dfrac{1}{2} \times (4 + 10) \times 8 = 56(\text{cm}^2)$

6 (1) $\overline{BC}^2 + \overline{AC}^2 = \overline{AB}^2$이므로

$56 + \overline{AC}^2 = 81$ $\quad \therefore \overline{AC}^2 = 25$

따라서 정사각형 ACHI의 넓이는 $25\,\text{cm}^2$이다.

(2) (1)에서 $\overline{AC}^2 = 25$이고, $\overline{AC} > 0$이므로

$\overline{AC} = 5(\text{cm})$

7 ① $3^2 + 5^2 \neq 6^2$이므로 직각삼각형이 아니다.

② $4^2 + 5^2 \neq 5^2$이므로 직각삼각형이 아니다.

③ $5^2 + 6^2 \neq 7^2$이므로 직각삼각형이 아니다.

④ $6^2 + 7^2 \neq 10^2$이므로 직각삼각형이 아니다.

⑤ $12^2 + 16^2 = 20^2$이므로 직각삼각형이다.

따라서 직각삼각형인 것은 ⑤이다.

8 오른쪽 그림과 같이 $\overline{IB}$, $\overline{IC}$를 각각 그으면

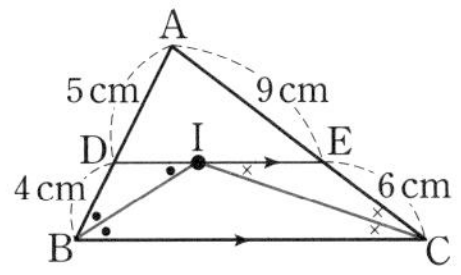

점 I는 $\triangle ABC$의 내심이므로

$\angle DBI = \angle IBC$,

$\angle ECI = \angle ICB$,

이때 $\overline{DE} /\!/ \overline{BC}$이므로

$\angle DIB = \angle IBC$ (엇각), $\angle EIC = \angle ICB$ (엇각)

$\therefore \angle DBI = \angle DIB$, $\angle EIC = \angle ECI$

즉, $\triangle DBI$, $\triangle EIC$는 각각 이등변삼각형이므로

$\overline{DI} = \overline{DB} = 4\,\text{cm}$, $\overline{EI} = \overline{EC} = 6\,\text{cm}$

$\therefore \overline{DE} = \overline{DI} + \overline{IE} = 4 + 6 = 10(\text{cm})$

9 $\triangle ABC = \dfrac{1}{2} \times 20 \times 15 = 150(\text{cm}^2)$

$\triangle ABC$의 내접원의 반지름의 길이를 $r\,\text{cm}$라고 하면

$\dfrac{1}{2} \times r \times (15 + 20 + 25) = 150$

$30r = 150$ $\quad \therefore r = 5$

$\therefore$ ($\triangle ABC$의 내접원의 넓이)$= \pi \times 5^2 = 25\pi(\text{cm}^2)$

10 직각삼각형의 외심은 빗변의 중점이므로 점 M은 $\triangle ABC$의 외심이다. (⑤)

즉, $\overline{AM} = \overline{BM} = \overline{CM}$이므로

$\overline{CM} = \dfrac{1}{2}\overline{AB} = \dfrac{1}{2} \times 16 = 8(\text{cm})$ (①)

$\triangle MBC$에서 $\overline{MB} = \overline{MC}$이므로

$\angle MCB = \angle MBC = 50°$

$\therefore \angle AMC = 50° + 50° = 100°$ (③)

또 $\overline{AM} = \overline{CM}$이므로 $\triangle AMC$는 이등변삼각형 (④)이다.

따라서 옳지 않은 것은 ②이다.

11 $\triangle AOC$에서 $\overline{OA} = \overline{OC}$이므로

$\angle OAC = \angle OCA = 35°$

이때 $\angle BAC = \dfrac{1}{2}\angle BOC = \dfrac{1}{2} \times 114° = 57°$이므로

$\angle BAO = \angle BAC - \angle OAC = 57° - 35° = 22°$

다른 풀이

$\triangle OBC$에서 $\overline{OB} = \overline{OC}$이므로

$\angle OBC = \angle OCB = \dfrac{1}{2} \times (180° - 114°) = 33°$

따라서 $\angle OAB + 33° + 35° = 90°$이므로

$\angle OAB = 22°$

12 $\triangle ABC$에서 $\angle A = 180° - (45° + 80°) = 55°$

점 O는 $\triangle ABC$의 외심이므로

$\angle BOC = 2\angle A = 2 \times 55° = 110°$

점 I는 $\triangle ABC$의 내심이므로

$\angle BIC = 90° + \dfrac{1}{2}\angle A = 90° + \dfrac{1}{2} \times 55° = 117.5°$

$\therefore \angle BIC - \angle BOC = 117.5° - 110° = 7.5°$

1 평행사변형

1 (1) $x=4$, $y=6$　(2) $x=40$, $y=140$　(3) $x=2$, $y=65$
　　(4) $x=9$, $y=70$　(5) $x=5$, $y=4$
2 (1) 6 cm　(2) 4 cm
3 (1) ○　(2) ○　(3) ×　(4) ×　(5) ○　(6) ○

1 (1) $\overline{AD}=\overline{BC}$이므로
　　　$12=2x+4$, $2x=8$　∴ $x=4$
　　　$\overline{AB}=\overline{DC}$이므로
　　　$y+1=7$　∴ $y=6$
　　(2) $\angle C=\angle A=40°$　∴ $x=40$
　　　$\angle A+\angle D=180°$이므로
　　　$\angle D=180°-40°=140°$　∴ $y=140$
　　(3) $\overline{AD}=\overline{BC}$이므로
　　　$2x+1=5$, $2x=4$　∴ $x=2$
　　　$\angle D=\angle B=65°$　∴ $y=65$
　　(4) $\overline{AB}=\overline{DC}$이므로 $x=9$
　　　$\angle DAC=\angle ACB=50°$(엇각)이므로
　　　$\angle BAD=60°+50°=110°$
　　　이때 $\angle BAD+\angle D=180°$이므로
　　　$\angle D=180°-110°=70°$　∴ $y=70$
　　(5) $\overline{BO}=\dfrac{1}{2}\overline{BD}=\dfrac{1}{2}\times10=5$이므로 $x=5$
　　　$\overline{OC}=\overline{OA}=4$이므로 $y=4$

2 (1) $\overline{AD}/\!/\overline{BC}$이므로
　　　$\angle BEA=\angle DAE$ (엇각)
　　　∴ $\angle BAE=\angle BEA$
　　　따라서 △ABE는 $\overline{BA}=\overline{BE}$인
　　　이등변삼각형이므로 $\overline{BE}=\overline{BA}=6$ cm
　　(2) $\overline{EC}=\overline{BC}-\overline{BE}=\overline{AD}-\overline{BE}=10-6=4$(cm)

3 (1) 평행사변형의 두 쌍의 대변의 길이는 각각 같으므로
　　　$\overline{AD}=\overline{BC}$ (○)
　　(2) 평행사변형의 두 쌍의 대각의 크기는 각각 같으므로
　　　$\angle BAD=\angle BCD$ (○)
　　(3) 두 대각선은 서로 다른 것을 이등분하므로
　　　$\overline{OA}=\overline{OC}$, $\overline{OB}=\overline{OD}$
　　　∴ $\overline{OA}=\overline{OB}$, $\overline{OC}=\overline{OD}$ (×)
　　(4) $\angle ABC=\angle ADC$이므로 $\angle ABC=\angle ADC=90°$인
　　　경우에만 $\angle ABC+\angle ADC=180°$가 성립한다.
　　　∴ $\angle ABC+\angle ADC=180°$ (×)
　　(5) 평행사변형의 이웃하는 두 내각의 크기의 합은 180°이므로
　　　$\angle ABC+\angle BCD=180°$ (○)

(6) △AOD와 △COB에서
　　$\angle ADO=\angle CBO$ (엇각), $\overline{AD}=\overline{CB}$,
　　$\angle DAO=\angle BCO$ (엇각)이므로
　　△AOD≡△COB (ASA 합동) (○)

1 (1) ○, 두 쌍의 대변이 각각 평행하다.
　　(2) ○, 두 대각선이 서로 다른 것을 이등분한다.
　　(3) ×
　　(4) ○, 두 쌍의 대각의 크기가 각각 같다.
　　(5) ×
　　(6) ○, 한 쌍의 대변이 평행하고 그 길이가 같다.
2 ㄱ, ㄷ, ㄹ
3 $\overline{OA}$, $\overline{OF}$, 대각선

1 (3) 오른쪽 그림의 □ABCD는
　　　$\overline{AD}/\!/\overline{BC}$, $\overline{AB}=\overline{DC}=7$ cm이
　　　지만 평행사변형이 아니다.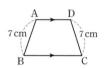

　　(5) 오른쪽 그림의 □ABCD는
　　　$\overline{AB}=\overline{BC}=5$ cm,
　　　$\overline{CD}=\overline{DA}=7$ cm이지만 평행사변
　　　형이 아니다.

2 ㄱ. 두 쌍의 대각의 크기가 각각 같으므로 평행사변형이다.
　　ㄴ. 한 쌍의 대변이 평행하고, 다른 한 쌍의 대변의 길이가
　　　같으므로 평행사변형이 아니다.
　　ㄷ. 두 대각선이 서로 다른 것을 이등분하므로 평행사변형
　　　이다.
　　ㄹ. 두 쌍의 대변의 길이가 각각 같으므로 평행사변형이다.
　　따라서 평행사변형이 되는 것은 ㄱ, ㄷ, ㄹ이다.

1 (1) 24 cm²　(2) 10 cm²　(3) 72 cm²
2 그림은 풀이 참조　(1) 28 cm²　(2) 28 cm²
3 (1) 29 cm²　(2) 20 cm²　(3) 40 cm²　(4) 12 cm²

1 (1) △ABD$=\dfrac{1}{2}$□ABCD$=$△ABC$=24$(cm²)

　　(2) △OBC$=\dfrac{1}{4}$□ABCD$=\dfrac{1}{4}\times40=10$(cm²)

　　(3) □ABCD$=2$△ACD$=2\times36=72$(cm²)

2 오른쪽 그림에서
$\overline{AB} /\!\!/ \overline{HF} /\!\!/ \overline{DC}$,
$\overline{AD} /\!\!/ \overline{EG} /\!\!/ \overline{BC}$이므로
□AEPH, □EBFP,
□PFCG, □HPGD는
모두 평행사변형이다.

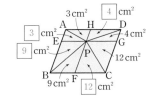

$\therefore \triangle AEP = \triangle APH = 3\,cm^2$, $\triangle PEB = \triangle PBF = 9\,cm^2$
$\quad \triangle PFC = \triangle PCG = 12\,cm^2$, $\triangle DHP = \triangle DPG = 4\,cm^2$

(1) $\triangle PAB + \triangle PCD = (3+9) + (4+12)$
$\qquad\qquad\qquad\qquad = 12 + 16 = 28\,(cm^2)$

(2) $\triangle PDA + \triangle PBC = (3+4) + (9+12)$
$\qquad\qquad\qquad\qquad = 7 + 21 = 28\,(cm^2)$

3 (1) $\triangle PAB + \triangle PCD = \triangle PDA + \triangle PBC$이므로
$\quad 10 + 19 = \triangle PDA + \triangle PBC$
$\quad \therefore \triangle PDA + \triangle PBC = 29\,(cm^2)$

(2) $\triangle PAB + \triangle PCD = \triangle PDA + \triangle PBC$이므로
$\quad 16 + \triangle PCD = 26 + 10$
$\quad \therefore \triangle PCD = 20\,(cm^2)$

(3) $\triangle PAB + \triangle PCD = \dfrac{1}{2}$□ABCD
$\qquad\qquad\qquad\qquad = \dfrac{1}{2} \times 80 = 40\,(cm^2)$

(4) $\triangle PDA + \triangle PBC = \dfrac{1}{2}$□ABCD이므로
$\quad \triangle PDA + 18 = \dfrac{1}{2} \times 60$ $\quad \therefore \triangle PDA = 12\,(cm^2)$

 기출문제
P.43~44

1 $x=3$, $y=4$	**2** $x=3$, $y=65$	**3** $2\,cm$
4 $3\,cm$	**5** $144°$	**6** $108°$	**7** ①	**8** ⑤

9 ③ **10** ②, ④
11 (1) △COF, ASA 합동 (2) $12\,cm^2$ **12** $15\,cm^2$
13 ③ **14** $36\,cm^2$

[1~6] 평행사변형의 뜻과 성질
(1) **평행사변형**: 두 쌍의 대변이 각각 평행한 사각형
(2) **평행사변형의 성질**
 ① 두 쌍의 대변의 길이는 각각 같다.
 ② 두 쌍의 대각의 크기는 각각 같다.
 ③ 두 대각선은 서로 다른 것을 이등분한다.

1 $\overline{AB} = \overline{DC}$이므로
$3x = 9$ $\quad \therefore x = 3$
또 $\overline{OC} = \dfrac{1}{2}\overline{AC} = \dfrac{1}{2} \times 14 = 7$이므로
$2y - 1 = 7$, $2y = 8$ $\quad \therefore y = 4$

2 $\overline{AD} = \overline{BC}$이므로
$5x - 4 = 2x + 5$, $3x = 9$ $\quad \therefore x = 3$
또 △ABC에서 $\angle B = 180° - (75° + 40°) = 65°$이므로
$\angle D = \angle B = 65°$ $\quad \therefore y = 65$

3 $\overline{AB} /\!\!/ \overline{EC}$이므로 $\angle CEB = \angle ABE$ (엇각)
$\therefore \angle CBE = \angle CEB$
즉, △BCE는 $\overline{CB} = \overline{CE}$인 이등변삼각형이므로
$\overline{CE} = \overline{CB} = 5\,cm$
이때 $\overline{CD} = \overline{AB} = 3\,cm$이므로
$\overline{DE} = \overline{CE} - \overline{CD} = 5 - 3 = 2\,(cm)$

4 $\overline{AB} /\!\!/ \overline{DE}$이므로 $\angle DEA = \angle BAE$ (엇각)
$\therefore \angle DAE = \angle DEA$
즉, △DAE는 $\overline{DA} = \overline{DE}$인 이등변삼각형이므로
$\overline{DE} = \overline{DA} = 11\,cm$
이때 $\overline{CD} = \overline{AB} = 8\,cm$이므로
$\overline{CE} = \overline{DE} - \overline{CD} = 11 - 8 = 3\,(cm)$

5 $\angle A + \angle B = 180°$이고, $\angle A : \angle B = 4 : 1$이므로
$\angle A = 180° \times \dfrac{4}{5} = 144°$ $\quad \therefore \angle C = \angle A = 144°$

6 $\angle C + \angle D = 180°$이고, $\angle C : \angle D = 2 : 3$이므로
$\angle D = 180° \times \dfrac{3}{5} = 108°$ $\quad \therefore \angle B = \angle D = 108°$

[7~10] 평행사변형이 되는 조건
(1) 두 쌍의 대변이 각각 평행하다.
(2) 두 쌍의 대변의 길이가 각각 같다.
(3) 두 쌍의 대각의 크기가 각각 같다.
(4) 두 대각선이 서로 다른 것을 이등분한다.
(5) 한 쌍의 대변이 평행하고 그 길이가 같다.

7 ① 한 쌍의 대변이 평행하고, 다른 한 쌍의 대변의 길이가 같으므로 평행사변형이 아니다.

8 ⑤ 엇각의 크기가 같으므로 두 쌍의 대변이 각각 평행하다. 즉, 평행사변형이다.

9 ① 두 쌍의 대변이 각각 평행하므로 평행사변형이다.
 ② 엇각의 크기가 같으므로 $\overline{AD} /\!\!/ \overline{BC}$
  즉, 한 쌍의 대변이 평행하고 그 길이가 같으므로 평행사변형이다.
 ③ 오른쪽 그림의 □ABCD는 $\angle B = \angle C$,
  $\overline{AB} = \overline{DC}$이지만 평행사변형이 아니다.

 ④ 두 쌍의 대각의 크기가 각각 같으므로 평행사변형이다.
 ⑤ 두 대각선이 서로 다른 것을 이등분하므로 평행사변형이다.
 따라서 평행사변형이 되지 않는 것은 ③이다.

10 ① 오른쪽 그림의 □ABCD는
$\overline{AB}=\overline{BC}=5cm$, $\overline{AC}\perp\overline{BD}$이지만
평행사변형이 아니다.

② 한 쌍의 대변이 평행하고 그 길이가 같으므로 평행사변
형이다.

③ 두 쌍의 대변의 길이가 각각 같지 않으므로 평행사변형
이 아니다.

④ $\angle D=360°-(125°+55°+125°)=55°$
즉, 두 쌍의 대각의 크기가 각각 같으므로 평행사변형이다.

⑤ 두 대각선이 서로 다른 것을 이등분하지 않으므로 평행사
변형이 아니다.

따라서 평행사변형이 되는 것은 ②, ④이다.

[11~14] 평행사변형과 넓이
(1) $S_1=S_2=S_3=S_4$ (2) $S_1+S_3=S_2+S_4$

11 (1) △AOE와 △COF에서
$\overline{AO}=\overline{CO}$, $\angle EAO=\angle FCO$ (엇각),
$\angle AOE=\angle COF$ (맞꼭지각)이므로
△AOE≡△COF (ASA 합동)

(2) △AOE≡△COF이므로 △AOE=△COF
∴ (색칠한 부분의 넓이)=△AOE+△OBF
$=$△COF+△OBF
$=$△OBC
$=\dfrac{1}{4}$□ABCD
$=\dfrac{1}{4}\times48=12(cm^2)$

12 △OEB와 △OFD에서
$\overline{BO}=\overline{DO}$, $\angle EBO=\angle FDO$ (엇각),
$\angle EOB=\angle FOD$ (맞꼭지각)이므로
△OEB≡△OFD (ASA 합동)
∴ △OEB=△OFD
∴ (색칠한 부분의 넓이)=△AEO+△OFD
$=$△AEO+△OEB
$=$△ABO
$=\dfrac{1}{4}$□ABCD
$=\dfrac{1}{4}\times60=15(cm^2)$

13 □ABCD$=5\times6=30(cm^2)$
∴ △PDA+△PBC$=\dfrac{1}{2}$□ABCD
$=\dfrac{1}{2}\times30=15(cm^2)$

14 △PAB+△PCD$=\dfrac{1}{2}$□ABCD이므로
□ABCD$=2($△PAB+△PCD$)$ ··· (ⅰ)
$=2\times18=36(cm^2)$ ··· (ⅱ)

채점 기준	비율
(ⅰ) △PAB와 △PCD의 넓이의 합과 □ABCD의 넓이 사이의 관계 알기	60 %
(ⅱ) □ABCD의 넓이 구하기	40 %

⌒2 여러 가지 사각형

유형 4   P. 45

1 (1) $x=4$, $y=8$ (2) $x=40$, $y=50$
2 (1) 90 (2) $\overline{BD}$
3 (1) $x=6$, $y=3$ (2) $x=30$, $y=120$
4 90°
5 (1) 직 (2) 마 (3) 마 (4) 직 (5) 직 (6) 마

1 (1) $\overline{OA}=\overline{OD}=4$이므로 $x=4$
$\overline{AC}=\overline{BD}=2\overline{OD}=2\times4=8$이므로 $y=8$

(2) $\overline{OA}=\overline{OD}$이므로
$\angle ADO=\angle DAO=40°$ ∴ $x=40$
$\overline{OA}=\overline{OB}$이므로
$\angle OBA=\angle OAB=90°-40°=50°$ ∴ $y=50$

3 (1) $\overline{BC}=\overline{CD}=6$이므로 $x=6$
$\overline{OC}=\overline{OA}=3$이므로 $y=3$

(2) $\overline{AB}=\overline{AD}$이므로
$\angle ABD=\angle ADB=30°$ ∴ $x=30$
△ABD에서 $\angle A=180°-(30°+30°)=120°$
이때 $\angle C=\angle A=120°$이므로 $y=120$

4 $\overline{AB}=\overline{AD}$이므로 $\angle ABD=\angle y$
△ABO에서 $\angle AOB=90°$이므로
$\angle x+\angle y+90°=180°$
∴ $\angle x+\angle y=90°$

5 (5) $\overline{OB}=\overline{OC}$이면 $\overline{BD}=\overline{AC}$이므로 평행사변형 ABCD는
직사각형이 된다.
(6) △ACD에서 $\angle DAO=\angle DCO$이면 $\overline{AD}=\overline{CD}$이므로
평행사변형 ABCD는 마름모가 된다.

참고 평행사변형이 마름모가 되는 조건
① 이웃하는 두 변의 길이가 같다.
② 두 대각선이 서로 수직이다.

유형 5 P. 46

1 (1) $x=45$, $y=5$ (2) $x=90$, $y=8$
2 $9\,cm^2$ **3** ㄷ, ㄹ
4 (1) ∠DCB (2) $\overline{DC}$ (3) ∠CDA
  (4) $\overline{BD}$ (5) △DCB (6) △DCA
5 (1) $x=6$, $y=11$ (2) $x=54$, $y=24$
6 $50°$

1 (1) $\angle ABD=\dfrac{1}{2}\angle ABC=\dfrac{1}{2}\times 90°=45°$ ∴ $x=45$
  $\overline{OC}=\overline{OD}=5$이므로 $y=5$
 (2) $\overline{AC}\perp\overline{BD}$이므로 ∠BOC=90°   ∴ $x=90$
  $\overline{AC}=\overline{BD}=2\overline{OB}=2\times 4=8$이므로 $y=8$

2 $\overline{AO}=\dfrac{1}{2}\overline{AC}=\dfrac{1}{2}\overline{BD}=\dfrac{1}{2}\times 6=3\,(cm)$
  ∴ $\triangle ABD=\dfrac{1}{2}\times\overline{BD}\times\overline{AO}=\dfrac{1}{2}\times 6\times 3=9\,(cm^2)$

3 ㄷ. $\overline{AC}=\overline{BD}$이면 두 대각선의 길이가 같으므로 마름모
  ABCD는 정사각형이 된다.
 ㄹ. ∠ADC=90°이면 한 내각의 크기가 90°이므로 마름모
  ABCD는 정사각형이 된다.

4 (3) $\overline{AD}\,/\!/\,\overline{BC}$이고, ∠ABC=∠DCB이므로
  ∠BAD=180°−∠ABC=180°−∠DCB=∠CDA
 (4), (5) △ABC와 △DCB에서
  $\overline{AB}=\overline{DC}$, ∠ABC=∠DCB, $\overline{BC}$는 공통이므로
  △ABC≡△DCB (SAS 합동)
  ∴ $\overline{AC}=\overline{BD}$
 (6) △ABD와 △DCA에서
  $\overline{AB}=\overline{DC}$, ∠BAD=∠CDA, $\overline{AD}$는 공통이므로
  △ABD≡△DCA (SAS 합동)

5 (1) $\overline{DC}=\overline{AB}=6$이므로 $x=6$
  $\overline{AC}=\overline{BD}=7+4=11$이므로 $y=11$
 (2) $\overline{AD}\,/\!/\,\overline{BC}$이므로 ∠DBC=∠ADB=51° (엇각)
  △DBC에서 ∠BDC=180°−(51°+75°)=54°
  ∴ $x=54$
  이때 ∠ABC=∠C이므로
  ∠ABD+51°=75°   ∴ ∠ABD=24°
  ∴ $y=24$

6 △ABD에서 $\overline{AB}=\overline{AD}$이므로
  ∠ABD=∠ADB=∠x
 또 $\overline{AD}\,/\!/\,\overline{BC}$이므로 ∠DBC=∠ADB=∠$x$ (엇각)
 이때 ∠ABC=∠C=100°이고,
 ∠ABC=∠x+∠x=2∠x이므로
 $2\angle x=100°$ ∴ ∠$x=50°$

유형 6 P. 47

1 (1) 마름모 (2) 마름모   (3) 직사각형
  (4) 직사각형 (5) 정사각형 (6) 정사각형
2 (1) 직사각형 (2) 정사각형
3 풀이 참조
4 (1) ㄱ, ㄷ   (2) ㄷ, ㅂ

2 (1) □ABCD는 $\overline{AB}\,/\!/\,\overline{DC}$, $\overline{AB}=\overline{DC}$이므로 평행사변형이
  고, 이때 ∠A=90°이므로 직사각형이다.
 (2) □ABCD는 $\overline{AB}\,/\!/\,\overline{DC}$, $\overline{AD}\,/\!/\,\overline{BC}$이므로 평행사변형이
  고, 이때 $\overline{AC}=\overline{BD}$, $\overline{AC}\perp\overline{BD}$이므로 정사각형이다.

3

대각선의 성질 \ 사각형의 종류	평	직	마	정	등
서로 다른 것을 이등분한다.	○	○	○	○	×
길이가 길다.	×	○	×	○	○
서로 다른 것을 수직이등분한다.	×	×	○	○	×

쌍둥이 기출문제 P. 48~50

1 $x=7$, $y=52$ **2** ③   **3** $59°$ **4** ④
5 ⑤   **6** ㄱ, ㅁ   **7** (1) △CED, SAS 합동 (2) $72°$
8 ③   **9** $73°$ **10** $20°$ **11** ④   **12** ㄷ, ㄹ
13 $8\,cm$ **14** ③   **15** ⑤   **16** ㄴ, ㅂ

[1~2] 직사각형
(1) 직사각형: 네 내각의 크기가 같은 사각형
(2) 직사각형의 성질: 두 대각선은 길이가 같고, 서로 다른 것을 이등분한다.

1 $\overline{DO}=\dfrac{1}{2}\overline{BD}=\dfrac{1}{2}\overline{AC}=\dfrac{1}{2}\times 14=7$
  ∴ $x=7$
  ∠OAB=90°−38°=52°이고,
  △OAB에서 $\overline{OA}=\overline{OB}$이므로
  ∠OBA=∠OAB=52°   ∴ $y=52$

2 $\overline{OA}=\overline{OC}$이므로
  $5x-4=2x+5$, $3x=9$ ∴ $x=3$
  ∴ $\overline{BD}=\overline{AC}=2\overline{AO}$
   $=2\times(5\times 3-4)=22$

(1) 마름모: 네 변의 길이가 같은 사각형
(2) 마름모의 성질: 두 대각선은 서로 다른 것을 수직이등분한다.

3 △BCD에서 $\overline{CB}=\overline{CD}$이므로

$\angle CDB=\dfrac{1}{2}\times(180°-118°)=31°$

△FED에서 $\angle DFE=180°-(90°+31°)=59°$

∴ $\angle AFB=\angle DFE=59°$ (맞꼭지각)

4 △BCD에서 $\overline{CB}=\overline{CD}$이므로

$\angle CBD=\dfrac{1}{2}\times(180°-130°)=25°$

△BEF에서 $\angle BFE=180°-(90°+25°)=65°$

∴ $\angle AFD=\angle BFE=65°$ (맞꼭지각)

[5~6] 평행사변형과 직사각형, 마름모의 관계

(1) 평행사변형이고 ┌ 한 내각의 크기가 90°이면
                      └ 두 대각선의 길이가 같으면 ┐⇒ 직사각형

(2) 평행사변형이고 ┌ 이웃하는 두 변의 길이가 같으면
                      └ 두 대각선이 서로 수직이면 ┐⇒ 마름모

5 ② $\overline{AO}=\overline{BO}$이면 $\overline{AC}=\overline{BD}$이므로 평행사변형 ABCD는 직사각형이 된다.

③ $\angle ABC+\angle BCD=180°$이므로

$\angle ABC=\angle BCD$이면 $\angle ABC=\angle BCD=90°$

즉, 한 내각의 크기가 90°이므로 평행사변형 ABCD는 직사각형이 된다.

⑤ 평행사변형이 마름모가 되는 조건이다.

따라서 평행사변형 ABCD가 직사각형이 되는 조건이 아닌 것은 ⑤이다.

6 ㄱ. $\overline{AD}=6\,\text{cm}$이면 $\overline{AB}=\overline{AD}$이므로 평행사변형 ABCD는 마름모가 된다.

ㄷ. $\angle AOB=90°$이면 $\overline{AC}\perp\overline{BD}$이므로 평행사변형 ABCD는 마름모가 된다.

[7~10] 정사각형

(1) 정사각형: 네 변의 길이가 같고, 네 내각의 크기가 같은 사각형
(2) 정사각형의 성질: 두 대각선은 길이가 같고, 서로 다른 것을 수직이등분한다.

7 (1) △AED와 △CED에서

$\overline{AD}=\overline{CD}$, $\angle ADE=\angle CDE=45°$,

$\overline{DE}$는 공통이므로

△AED≡△CED (SAS 합동)

(2) △AED≡△CED (SAS 합동)이므로

$\angle DCE=\angle DAE=27°$

따라서 △DEC에서 $\angle EDC=45°$이므로

$\angle BEC=45°+27°=72°$

8 △ABE에서 $\angle BAE=45°$이므로

$\angle ABE=80°-45°=35°$

△ABE와 △ADE에서

$\overline{AB}=\overline{AD}$, $\angle BAE=\angle DAE=45°$,

$\overline{AE}$는 공통이므로

△ABE≡△ADE (SAS 합동)

∴ $\angle ADE=\angle ABE=35°$

9 $\overline{AB}=\overline{AD}=\overline{AE}$이므로

△ABE에서 $\angle AEB=\angle ABE=28°$

∴ $\angle EAB=180°-(28°+28°)=124°$ ⋯ (i)

이때 $\angle DAB=90°$이므로

$\angle EAD=124°-90°=34°$ ⋯ (ii)

따라서 △ADE에서 $\overline{AD}=\overline{AE}$이므로

$\angle ADE=\dfrac{1}{2}\times(180°-34°)=73°$ ⋯ (iii)

채점 기준	비율
(i) $\angle EAB$의 크기 구하기	40 %
(ii) $\angle EAD$의 크기 구하기	30 %
(iii) $\angle ADE$의 크기 구하기	30 %

10 △ADE에서 $\overline{AD}=\overline{AE}$이므로

$\angle AED=\angle ADE=65°$

∴ $\angle EAD=180°-(65°+65°)=50°$

이때 $\angle DAB=90°$이므로

$\angle EAB=50°+90°=140°$

따라서 $\overline{AE}=\overline{AD}=\overline{AB}$이므로

△ABE에서 $\angle ABE=\dfrac{1}{2}\times(180°-140°)=20°$

[11~12] 정사각형이 되는 조건

(1) 직사각형이 정사각형이 되는 조건
 ① 이웃하는 두 변의 길이가 같다.
 ② 두 대각선이 서로 수직이다.

(2) 마름모가 정사각형이 되는 조건
 ① 한 내각이 직각이다.
 ② 두 대각선의 길이가 같다.

11 ①, ② 평행사변형이 직사각형이 되는 조건이다.

③, ⑤ 평행사변형이 마름모가 되는 조건이다.

④ $\overline{OA}=\overline{OD}$이면 $\overline{OA}=\overline{OB}=\overline{OC}=\overline{OD}$이므로 $\overline{AC}=\overline{BD}$

따라서 $\overline{AC}\perp\overline{BD}$, $\overline{AC}=\overline{BD}$이므로 평행사변형 ABCD는 정사각형이 된다.

따라서 평행사변형 ABCD가 정사각형이 되는 조건은 ④이다.

12 ㄷ. $\overline{AD}=\overline{DC}$이면 직사각형의 네 변의 길이가 모두 같으므로 직사각형 ABCD는 정사각형이 된다.

ㄹ. $\overline{AC}\perp\overline{BD}$이면 직사각형의 두 대각선이 서로 수직이므로 직사각형 ABCD는 정사각형이 된다.

[13~14] 등변사다리꼴의 성질

(1) ∠A+∠B=180°,
　　∠A+∠C=180°
(2) $\overline{AB}=\overline{DC}$
(3) $\overline{AC}=\overline{BD}$

13 오른쪽 그림과 같이 점 D를 지나고 $\overline{AB}$에 평행한 직선을 그어 $\overline{BC}$와 만나는 점을 E라고 하면 □ABED는 평행사변형이므로
$\overline{DE}=\overline{AB}=9\,cm$
이때 ∠C=∠B=60°이고,
$\overline{AB}/\!/\overline{DE}$이므로 ∠DEC=∠B=60° (동위각)
△DEC에서 ∠EDC=180°−(60°+60°)=60°
즉, △DEC는 정삼각형이므로
$\overline{EC}=\overline{DE}=9\,cm$
∴ $\overline{AD}=\overline{BE}=\overline{BC}-\overline{EC}=17-9=8(cm)$

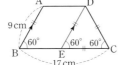

14 오른쪽 그림과 같이 점 D를 지나고 $\overline{AB}$에 평행한 직선을 그어 $\overline{BC}$와 만나는 점을 E라고 하면 □ABED는 평행사변형이므로
$\overline{BE}=\overline{AD}=6\,cm$
이때 ∠A+∠B=180°에서
∠B=180°−120°=60°이므로 ∠C=∠B=60°
$\overline{AB}/\!/\overline{DE}$이므로 ∠DEC=∠B=60° (동위각)
△DEC에서 ∠EDC=180°−(60°+60°)=60°
즉, △DEC는 정삼각형이므로
$\overline{EC}=\overline{DC}=\overline{AB}=10\,cm$
∴ $\overline{BC}=\overline{BE}+\overline{EC}=6+10=16(cm)$

[15~16] 여러 가지 사각형 사이의 관계
(1) 평행사변형은 두 쌍의 대변이 각각 평행하므로 사다리꼴이다.
(2) 직사각형은 두 쌍의 대각의 크기가 각각 같으므로 평행사변형이다.
(3) 마름모는 두 쌍의 대변의 길이가 각각 같으므로 평행사변형이다.
(4) 정사각형은
① 네 변의 길이가 같으므로 마름모이고,
② 네 내각의 크기가 같으므로 직사각형이다.

15 ① 다른 한 쌍의 대변이 평행하다.
②, ⑤ 이웃하는 두 변의 길이가 같다.
　　또는 두 대각선이 서로 수직이다.
③, ④ 한 내각이 직각이다.
　　또는 두 대각선의 길이가 같다.
따라서 옳은 것은 ⑤이다.

16 ㄴ. 마름모는 한 내각이 직각인 경우에만 정사각형이 된다.
ㅂ. 두 대각선이 서로 다른 것을 수직이등분하는 평행사변형은 마름모이다.

3 평행선과 넓이

유형 7　　　　　　　　　　　　　　　P. 51

1 (1) △ABC, △DBC　(2) 40 cm²
2 (1) △DBC　(2) △ACD　(3) △ABC, △DBC, △DOC
3 (1) △ACE　(2) △ACD, △ACE, △ABE　(3) △CEF
4 (1) △BCD　(2) 35 cm²

1 (1) $\overline{AD}/\!/\overline{BC}$이고, 밑변이 $\overline{BC}$로 같으므로
△PBC=△ABC=△DBC
(2) △PBC=△ABC이므로
□ABCD=2△ABC=2×20=40(cm²)

2 (1) $\overline{AD}/\!/\overline{BC}$이고, 밑변이 $\overline{BC}$로 같으므로
△ABC=△DBC
(2) $\overline{AD}/\!/\overline{BC}$이고, 밑변이 $\overline{AD}$로 같으므로
△ABD=△ACD

3 (1) $\overline{AC}/\!/\overline{DE}$이고, 밑변이 $\overline{AC}$로 같으므로
△ACD=△ACE
(3) △ACD=△ACE이므로
△AFD=△ACD−△ACF
　　　=△ACE−△ACF=△CEF

4 (1) $\overline{AB}/\!/\overline{DC}$이고, 밑변이 $\overline{CD}$로 같으므로
△ACD=△BCD
(2) □ACED=△ACD+△DCE
　　　=△BCD+△DCE
　　　=△DBE=35(cm²)

유형 8　　　　　　　　　　　　　　　P. 52

1 (1) ❶ △ABF　❷ △BFL(또는 △BFM)
그림은 풀이 참조
(2) □BFML
(3) □LMGC
(4) □LMGC, □BFGC, $\overline{AC}$, $\overline{BC}$, $\overline{BC}^2$
2 (1) 18　(2) $\frac{9}{2}$　(3) 9　(4) 144

1 (1) ❶　　　　　　❷

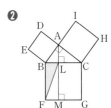

(또는 △BFM)

2 (1) 색칠한 부분의 넓이는 $\overline{AB}$를 한 변으로 하는 정사각형의 넓이의 $\frac{1}{2}$이다.

$\triangle ABC$에서 $\overline{AB}^2 = 10^2 - 8^2 = 36$

이때 $\overline{AB} > 0$이므로 $\overline{AB} = 6$

$\therefore$ (색칠한 부분의 넓이) $= \frac{1}{2} \times 6^2 = 18$

(2) 색칠한 부분의 넓이는 $\overline{AC}$를 한 변으로 하는 정사각형의 넓이의 $\frac{1}{2}$이다.

$\triangle ABC$에서 $\overline{AC}^2 = 5^2 - 4^2 = 9$

이때 $\overline{AC} > 0$이므로 $\overline{AC} = 3$

$\therefore$ (색칠한 부분의 넓이) $= \frac{1}{2} \times 3^2 = \frac{9}{2}$

(3) 색칠한 부분의 넓이는 $\overline{AB}$를 한 변으로 하는 정사각형의 넓이와 같으므로

(색칠한 부분의 넓이) $= 3^2 = 9$

(4) 색칠한 부분의 넓이는 $\overline{AC}$를 한 변으로 하는 정사각형의 넓이와 같으므로

(색칠한 부분의 넓이) $= 12^2 = 144$

유형 9　　　　　　　　　　　P. 53

1　$6\,cm^2$　　　**2**　(1) $10\,cm^2$　(2) $6\,cm^2$
3　(1) $20\,cm^2$　(2) $8\,cm^2$
4　(1) $4\,cm^2$　(2) $4\,cm^2$　(3) $8\,cm^2$

1 $\overline{BP} : \overline{PC} = 2 : 3$이므로

$\triangle ABP : \triangle APC = 2 : 3$

$\therefore \triangle APC = \frac{3}{5} \triangle ABC = \frac{3}{5} \times 10 = 6(cm^2)$

2 (1) $\overline{BM} = \overline{CM}$이므로 $\triangle ABM = \triangle AMC$

$\therefore \triangle ABM = \frac{1}{2} \triangle ABC = \frac{1}{2} \times 20 = 10(cm^2)$

(2) $\overline{AP} : \overline{PM} = 3 : 2$이므로

$\triangle ABP : \triangle PBM = 3 : 2$

$\therefore \triangle ABP = \frac{3}{5} \triangle ABM = \frac{3}{5} \times 10 = 6(cm^2)$

3 (1) $\triangle ABC = \frac{1}{2}\square ABCD = \frac{1}{2} \times 40 = 20(cm^2)$

(2) $\overline{BE} : \overline{EC} = 2 : 3$이므로

$\triangle ABE : \triangle AEC = 2 : 3$

$\therefore \triangle ABE = \frac{2}{5} \triangle ABC = \frac{2}{5} \times 20 = 8(cm^2)$

---

4 (1) $\overline{AO} : \overline{OC} = 1 : 2$이므로

$\triangle AOD : \triangle DOC = 1 : 2$

$\therefore \triangle DOC = 2\triangle AOD = 2 \times 2 = 4(cm^2)$

(2) $\overline{AD} /\!/ \overline{BC}$이므로 $\triangle ABD = \triangle ACD$

$\therefore \triangle ABO = \triangle ABD - \triangle AOD$
$= \triangle ACD - \triangle AOD$
$= \triangle DOC = 4(cm^2)$

(3) $\overline{AO} : \overline{OC} = 1 : 2$이므로

$\triangle ABO : \triangle OBC = 1 : 2$

$\therefore \triangle OBC = 2\triangle ABO = 2 \times 4 = 8(cm^2)$

쌍둥이 **기출문제**　　　　　　　　　P. 54

1　$42\,cm^2$　　**2**　$20\,cm^2$　　**3**　④
4　①　　　　　**5**　$35\,cm^2$　　**6**　$45\,cm^2$

[1~2] 평행선과 넓이
밑변 AB가 공통이고, 높이가 같으므로
$\triangle ABC = \triangle ABD$

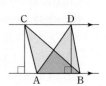

1 $\overline{AC} /\!/ \overline{DE}$이고, 밑변이 $\overline{AC}$로 같으므로

$\triangle ACD = \triangle ACE$

$\therefore \triangle ABE = \triangle ABC + \triangle ACE$
$= \triangle ABC + \triangle ACD$
$= 26 + 16 = 42(cm^2)$

2 $\overline{AC} /\!/ \overline{DE}$이므로 $\triangle ACD = \triangle ACE$

$\therefore \square ABCD = \triangle ABC + \triangle ACD$
$= \triangle ABC + \triangle ACE$
$= \triangle ABE$
$= \frac{1}{2} \times (5+5) \times 4 = 20(cm^2)$

[3~4] 피타고라스 정리가 성립함을 설명하기 – 유클리드의 방법
직각삼각형의 세 변을 각각 한 변으로 하는 세 정사각형에서 넓이가 같은 도형을 찾는다.

(1) $\triangle EBA = \triangle EBC = \triangle ABF$
$= \triangle BFL$

(2) $\square ADEB = \square BFML$
$\square ACHI = \square LMGC$

(3) $\square BFGC$
$= \square ADEB + \square ACHI$
$\Rightarrow \overline{BC}^2 = \overline{AB}^2 + \overline{AC}^2$

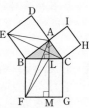

3

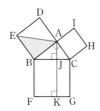

(i) △ADE≡△EBA

(ii) $\overline{EB}\,/\!/\,\overline{AC}$이므로
△EBA=△EBC

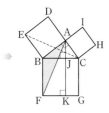 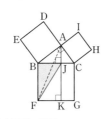

(iii) △EBC≡△ABF
　└ △EBC≡△ABF
　　(SAS 합동)이므로
　　넓이가 같다.

(iv) $\overline{BF}\,/\!/\,\overline{AJ}$이므로
△ABF=△BFJ

(i)~(iv)에 의해

$\underset{③}{\underline{△ADE}}=\underset{①}{\underline{△EBA}}=\underset{②}{\underline{△EBC}}=\underline{△ABF}=\underset{⑤}{\underline{△BFJ}}$

따라서 넓이가 나머지 넷과 다른 하나는 ④이다.

4 △ABC에서 $\overline{AB}^2=10^2-6^2=64$
이때 $\overline{AB}>0$이므로 $\overline{AB}=8$(cm)
∴ △BFL=△ABF=△EBC
　　=△EBA=$\frac{1}{2}$□ADEB
　　=$\frac{1}{2}\times8^2=32$(cm²)

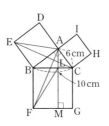

[5~6] 높이가 같은 삼각형의 넓이
높이가 같은 두 삼각형의 넓이의 비는 밑변
의 길이의 비와 같다.
⇨ △ABC : △ACD=$\overline{BC}$: $\overline{CD}$

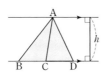

5 $\overline{BO}$: $\overline{OD}$=5 : 2이므로
△OBC : △DOC=5 : 2
즉, 25 : △DOC=5 : 2이므로
5△DOC=50　　∴ △DOC=10(cm²)
이때 $\overline{AD}\,/\!/\,\overline{BC}$이므로
△ABC=△DBC=△OBC+△DOC
　　=25+10=35(cm²)

6 $\overline{OC}=2\overline{AO}$이므로 △ABO : △OBC=1 : 2
∴ △OBC=2△ABO=2×15=30(cm²)
이때 $\overline{AD}\,/\!/\,\overline{BC}$이므로
△DBC=△ABC=△ABO+△OBC
　　=15+30=45(cm²)

단원 **마무리**

P. 55~57

1	$x=8$, $y=55$	**2**	(1) 3 cm (2) 8 cm (3) 5 cm
3	④	**4**	④
5	18 cm²	**6**	③
7	58°	**8**	25°
9	⑤	**10**	⑤
11	$\frac{81}{2}$ cm²	**12**	12 cm²

1 $\overline{CD}=\overline{AB}=8$ cm이므로 $x=8$
또 ∠B+∠C=180°이므로
∠B=180°−120°=60°
△ABE에서 ∠AEB=180°−(65°+60°)=55°
∴ $y=55$

2 (1) $\overline{AD}\,/\!/\,\overline{BC}$이므로
∠BEA=∠DAE (엇각)
∴ ∠BAE=∠BEA
즉, △BEA는 $\overline{BA}=\overline{BE}$인 이등변삼각형이므로
$\overline{BE}=\overline{BA}=8$ cm
∴ $\overline{CE}=\overline{BC}-\overline{BE}=\overline{AD}-\overline{BE}$
　　=11−8=3(cm)
(2) $\overline{AD}\,/\!/\,\overline{BC}$이므로
∠CFD=∠ADF (엇각)
∴ ∠CDF=∠CFD
즉, △CDF는 $\overline{CD}=\overline{CF}$인 이등변삼각형이므로
$\overline{CF}=\overline{CD}=\overline{AB}=8$ cm
(3) $\overline{EF}=\overline{CF}-\overline{CE}=8-3=5$(cm)

3 ∠A+∠B=180°이고, ∠A : ∠B=5 : 4이므로
∠B=180°×$\frac{4}{9}$=80°
∴ ∠x=∠B=80° (동위각)

4 ① 두 쌍의 대변이 각각 평행하므로 평행사변형이다.
② 두 쌍의 대변의 길이가 각각 같으므로 평행사변형이다.
③ □ABCD에서
∠D=360°−(105°+75°+105°)=75°
즉, 두 쌍의 대각의 크기가 각각 같으므로 평행사변형이다.
④ 두 대각선이 서로 다른 것을 이등분하지 않으므로 평행
사변형이 아니다.
⑤ 한 쌍의 대변이 평행하고 그 길이가 같으므로 평행사변형
이다.
따라서 평행사변형이 되는 조건이 아닌 것은 ④이다.

5 △PAB+△PCD=$\frac{1}{2}$□ABCD이므로
10+△PCD=$\frac{1}{2}$×56
∴ △PCD=28−10=18(cm²)

6 $\overline{OB}=\dfrac{1}{2}\overline{BD}=\dfrac{1}{2}\overline{AC}=\dfrac{1}{2}\times10=5\,(cm)$

∴ $x=5$

△AOD에서 $\overline{OA}=\overline{OD}$이므로

∠ADO=∠DAO=28°

∴ ∠DOC=28°+28°=56°

∴ $y=56$

∴ $x+y=5+56=61$

7 △ABD에서 $\overline{AB}=\overline{AD}$이므로

∠ADB=∠ABD=32°

이때 마름모의 두 대각선은 서로 수직이므로

∠AOD=90°

따라서 △AOD에서 ∠DAO=180°−(90°+32°)=58°

8 △DCE에서 $\overline{DC}=\overline{DE}$이므로

∠DEC=∠DCE=70°

∴ ∠CDE=180°−(70°+70°)=40°

이때 ∠ADC=90°이므로

∠ADE=90°+40°=130°

따라서 $\overline{DE}=\overline{DC}=\overline{DA}$이므로

△DAE에서 ∠DAE=$\dfrac{1}{2}$×(180°−130°)=25°

9 ① ∠A=90°이면 □ABCD는 직사각형이다.

② $\overline{AC}\perp\overline{BD}$이면 □ABCD는 마름모이다.

③ $\overline{AB}=\overline{BC}$이면 □ABCD는 마름모이다.

④ $\overline{AC}=\overline{BD}$이면 □ABCD는 직사각형이다.

따라서 옳은 것은 ⑤이다.

10 ① $\overline{AC}\,/\!/\,\overline{DE}$이고, 밑변이 $\overline{AC}$로 같으므로

△ACD=△ACE

② $\overline{AC}\,/\!/\,\overline{DE}$이고, 밑변이 $\overline{DE}$로 같으므로

△AED=△CED

③ △APD=△ACD−△ACP

=△ACE−△ACP=△PCE

④ □ABCD=△ABC+△ACD

=△ABC+△ACE=△ABE

따라서 옳지 않은 것은 ⑤이다.

11 △ABC에서 $\overline{AC}^2=15^2-12^2=81$

이때 $\overline{AC}>0$이므로 $\overline{AC}=9\,(cm)$

∴ △AGC=△HBC=△HAC

$=\dfrac{1}{2}$□ACHI

$=\dfrac{1}{2}\times9^2=\dfrac{81}{2}\,(cm^2)$

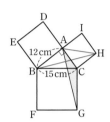

12 $\overline{AD}\,/\!/\,\overline{BC}$이므로 △ABC=△DBC

∴ △ABO=△ABC−△OBC

=△DBC−△OBC=△DOC   … (i)

이때 $\overline{BO}:\overline{OD}=3:2$이므로

△OBC : △DOC=3 : 2

∴ △DOC=$\dfrac{2}{5}$△DBC=$\dfrac{2}{5}\times30=12\,(cm^2)$ … (ii)

∴ △ABO=△DOC=12 cm²   … (iii)

채점 기준	비율
(i) △ABO와 넓이가 같은 삼각형 찾기	40 %
(ii) △DOC의 넓이 구하기	40 %
(iii) △ABO의 넓이 구하기	20 %

1 닮은 도형

유형 1
P. 60

1 (1) 점 F (2) $\overline{EH}$ (3) ∠G

2 (1) 점 F (2) $\overline{DE}$ (3) ∠E

3 (1) ○ (2) ○ (3) × (4) × (5) × (6) ○ (7) ○
　(8) × (9) ○

3 (3) 오른쪽 그림의 두 마름모는 닮은 도형이 아니다.

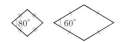

(4) 오른쪽 그림의 두 직사각형은 닮은 도형이 아니다.

(5) 오른쪽 그림의 두 이등변삼각형은 닮은 도형이 아니다.

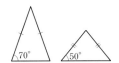

(8) 오른쪽 그림의 두 원기둥은 닮은 도형이 아니다.

유형 2
P. 61

1 (1) 2 : 1 (2) 4 cm (3) 70°

2 그림은 풀이 참조 (1) 3 : 2 (2) $x=6$, $y=\dfrac{10}{3}$
　(3) ∠$a=65°$, ∠$b=115°$

3 (1) 1 : 2 (2) $x=8$, $y=4$, $z=7$

4 (1) 3 : 4 (2) 4 cm

1 (1) △ABC와 △DEF의 닮음비는
　$\overline{AB} : \overline{DE} = 6 : 3 = 2 : 1$
(2) $\overline{BC} : \overline{EF} = 2 : 1$이므로 $8 : \overline{EF} = 2 : 1$
　$2\overline{EF} = 8$　∴ $\overline{EF} = 4$(cm)
(3) ∠A = ∠D = 70°

2

(1) □ABCD와 □EFGH의 닮음비는
　$\overline{DC} : \overline{HG} = 3 : 2$
(2) $\overline{BC} : \overline{FG} = 3 : 2$이므로
　$x : 4 = 3 : 2$, $2x = 12$　∴ $x = 6$
　$\overline{AB} : \overline{EF} = 3 : 2$이므로
　$5 : y = 3 : 2$, $3y = 10$　∴ $y = \dfrac{10}{3}$

(3) ∠b = ∠A = 115°
　∠B = ∠F = 60°이므로
　∠a = 360° − (120° + 115° + 60°) = 65°

3 (1) 두 삼각기둥의 닮음비는 $\overline{AC} : \overline{A'C'} = 5 : 10 = 1 : 2$
(2) $\overline{AB} : \overline{A'B'} = 1 : 2$이므로 $4 : x = 1 : 2$　∴ $x = 8$
　$\overline{BC} : \overline{B'C'} = 1 : 2$이므로 $2 : y = 1 : 2$　∴ $y = 4$
　$\overline{AD} : \overline{A'D'} = 1 : 2$이므로 $z : 14 = 1 : 2$
　$2z = 14$　∴ $z = 7$

4 (1) 두 원기둥의 닮음비는 두 원기둥의 높이의 비와 같으므로
　$6 : 8 = 3 : 4$
(2) 큰 원기둥의 밑면의 반지름의 길이를 r cm라고 하면
　$3 : r = 3 : 4$　∴ $r = 4$
　따라서 큰 원기둥의 밑면의 반지름의 길이는 4 cm이다.

유형 3
P. 62

1 (1) 2 : 3 (2) 2 : 3 (3) 4 : 9

2 (1) 3 : 5 (2) 3 : 5 (3) 9 : 25 (4) 12π cm (5) 75π cm²

3 (1) 3 : 4 (2) 9 : 16 (3) 27 : 64

4 (1) 2 : 3 (2) 4 : 9 (3) 8 : 27 (4) 48π cm²
　(5) 81π cm³

1 (1) $\overline{BC} : \overline{EF} = 4 : 6 = 2 : 3$
(2) △ABC와 △DEF의 둘레의 길이의 비는 닮음비와 같으므로 2 : 3이다.
(3) △ABC와 △DEF의 넓이의 비는
　$2^2 : 3^2 = 4 : 9$

2 (1) 두 원 O와 O'의 닮음비는 두 원의 반지름의 길이의 비와 같으므로 3 : 5이다.
(2) 두 원 O와 O'의 둘레의 길이의 비는 닮음비와 같으므로 3 : 5이다.
(3) 두 원 O와 O'의 넓이의 비는
　$3^2 : 5^2 = 9 : 25$
(4) 원 O의 둘레의 길이를 x cm라고 하면
　$x : 20\pi = 3 : 5$, $5x = 60\pi$　∴ $x = 12\pi$
　따라서 원 O의 둘레의 길이는 12π cm이다.
(5) 원 O'의 넓이를 x cm²라고 하면
　$27\pi : x = 9 : 25$, $9x = 675\pi$　∴ $x = 75\pi$
　따라서 원 O'의 넓이는 75π cm²이다.

3 (1) $\overline{CF} : \overline{C'F'} = 9 : 12 = 3 : 4$
(2) 두 삼각기둥 (개)와 (내)의 겉넓이의 비는
　$3^2 : 4^2 = 9 : 16$
(3) 두 삼각기둥 (개)와 (내)의 부피의 비는
　$3^3 : 4^3 = 27 : 64$

4 (1) $6:9=2:3$

(2) 두 원기둥 A와 B의 겉넓이의 비는 $2^2:3^2=4:9$

(3) 두 원기둥 A와 B의 부피의 비는 $2^3:3^3=8:27$

(4) 원기둥 A의 겉넓이를 $x\,\text{cm}^2$라고 하면

$x:108\pi=4:9,\ 9x=432\pi$　∴ $x=48\pi$

따라서 원기둥의 A의 겉넓이는 $48\pi\,\text{cm}^2$이다.

(5) 원기둥 B의 부피를 $x\,\text{cm}^3$라고 하면

$24\pi:x=8:27,\ 8x=648\pi$　∴ $x=81\pi$

따라서 원기둥의 B의 부피는 $81\pi\,\text{cm}^3$이다.

한 걸음 더 연습
P. 63

1 (1) $2:3$　(2) $15\,\text{cm}$　(3) $16\,\text{cm}^2$

2 (1) $1:2$　(2) $1:4$　(3) $20\,\text{cm}^2$

3 (1) $3:5$　(2) $27:125$　(3) $250\pi\,\text{cm}^3$

4 (1) $1:3$　(2) $1:27$　(3) $243\,\text{cm}^3$

1 (1) 두 사각형 ABCD와 EFGH의 넓이의 비가

$4:9=2^2:3^2$이므로 닮음비는 $2:3$이다.

(2) □EFGH의 둘레의 길이를 $x\,\text{cm}$라고 하면

$10:x=2:3,\ 2x=30$　∴ $x=15$

따라서 □EFGH의 둘레의 길이는 $15\,\text{cm}$이다.

(3) □ABCD의 넓이를 $x\,\text{cm}^2$라고 하면

$x:36=4:9,\ 9x=144$　∴ $x=16$

따라서 □ABCD의 넓이는 $16\,\text{cm}^2$이다.

2 (1) 두 직육면체의 부피의 비가 $1:8=1^3:2^3$이므로

닮음비는 $1:2$이다.

(2) 두 직육면체의 겉넓이의 비는 $1^2:2^2=1:4$

(3) 작은 직육면체의 겉넓이를 $x\,\text{cm}^2$라고 하면

$x:80=1:4,\ 4x=80$　∴ $x=20$

따라서 작은 직육면체의 겉넓이는 $20\,\text{cm}^2$이다.

3 (1) 두 원뿔의 겉넓이의 비가 $9:25=3^2:5^2$이므로

닮음비는 $3:5$이다.

(2) 두 원뿔의 부피의 비는 $3^3:5^3=27:125$

(3) 큰 원뿔의 부피를 $x\,\text{cm}^3$라고 하면

$54\pi:x=27:125,\ 27x=6750\pi$　∴ $x=250\pi$

따라서 큰 원뿔의 부피는 $250\pi\,\text{cm}^3$이다.

4 (1) 원뿔 모양으로 물이 담긴 부분과 원뿔 모양의 그릇의 닮음비는 $5:15=1:3$

(2) 부피의 비는 $1^3:3^3=1:27$

(3) 그릇의 부피를 $x\,\text{cm}^3$라고 하면

$9:x=1:27$　∴ $x=243$

따라서 그릇의 부피는 $243\,\text{cm}^3$이다.

쌍둥이 기출문제
P. 64~65

1 ②, ⑤	**2** 4개	**3** $x=8,\ y=25$	
4 ④	**5** 17	**6** ③	**7** $56\,\text{cm}^2$
8 $45\,\text{cm}^2$	**9** $180\,\text{cm}^2$	**10** ⑤	**11** $96\pi\,\text{cm}^3$
12 $45\,\text{cm}^2$	**13** $81\,\text{cm}^3$	**14** ④	

[1~2] 항상 닮은 도형

(1) 평면도형 ⇨ 두 직각이등변삼각형, 변의 개수가 같은 두 정다각형,

두 원, 중심각의 크기가 같은 두 부채꼴

(2) 입체도형 ⇨ 두 구, 면의 개수가 같은 두 정다면체

2 항상 닮은 도형은 ㄱ, ㄴ, ㅁ, ㅇ의 4개이다.

[3~6] 닮음의 성질

(1) 평면도형 ⇨ 대응변의 길이의 비는 일정하다.

대응각의 크기는 각각 같다.

(2) 입체도형 ⇨ 대응하는 모서리의 길이의 비는 일정하다.

대응하는 면은 서로 닮은 도형이다.

3 △ABC와 △DEF의 닮음비가 $\overline{\text{AB}}:\overline{\text{DE}}=3:4$이므로

$\overline{\text{BC}}:\overline{\text{EF}}=3:4$에서 $6:x=3:4$

$3x=24$　∴ $x=8$

또 $\angle\text{C}=\angle\text{F}=25°$이므로 $y=25$

4 ① $\angle\text{E}=\angle\text{A}=105°$

②, ④, ⑤ □ABCD와 □EFGH의 닮음비는

$\overline{\text{CD}}:\overline{\text{GH}}=15:5=3:1$

$\overline{\text{AB}}:\overline{\text{EF}}=3:1$에서 $\overline{\text{AB}}:3=3:1$

∴ $\overline{\text{AB}}=9\,(\text{cm})$

$\overline{\text{AD}}:\overline{\text{EH}}=3:1$에서 $18:\overline{\text{EH}}=3:1$

$3\overline{\text{EH}}=18$　∴ $\overline{\text{EH}}=6\,(\text{cm})$

③ $\angle\text{D}=\angle\text{H}=60°$

따라서 옳지 않은 것은 ④이다.

5 두 삼각뿔의 닮음비가 $\overline{\text{CD}}:\overline{\text{GH}}=3:6=1:2$이므로

$\overline{\text{BC}}:\overline{\text{FG}}=1:2$에서 $x:10=1:2$

$2x=10$　∴ $x=5$

$\overline{\text{AB}}:\overline{\text{EF}}=1:2$에서 $6:y=1:2$　∴ $y=12$

∴ $x+y=5+12=17$

6 두 원뿔의 닮음비는 모선의 길이의 비와 같으므로

$9:15=3:5$이다.

큰 원뿔의 밑면의 반지름의 길이를 $r\,\text{cm}$라고 하면

$6:r=3:5,\ 3r=30$　∴ $r=10$

따라서 큰 원뿔의 밑면의 둘레의 길이는

$2\pi\times10=20\pi\,(\text{cm})$

[7~14] 서로 닮은 두 도형의 넓이의 비와 부피의 비
(닮음비)$=m:n$일 때
(1) 평면도형 $\Rightarrow$ (넓이의 비)$=m^2:n^2$
(2) 입체도형 $\Rightarrow$ (겉넓이의 비)$=m^2:n^2$, (부피의 비)$=m^3:n^3$

7 $\triangle ABC$와 $\triangle DFE$의 닮음비가
$\overline{BC}:\overline{FE}=6:12=1:2$이므로
넓이의 비는 $1^2:2^2=1:4$
즉, $1:4=14:\triangle DFE$이므로 $\triangle DFE=56(cm^2)$

8 $\square ABCD$와 $\square EFGH$의 닮음비가
$\overline{AD}:\overline{EH}=4:6=2:3$이므로
넓이의 비는 $2^2:3^2=4:9$
즉, $4:9=20:\square EFGH$이므로
$4\square EFGH=180$ $\therefore \square EFGH=45(cm^2)$

9 두 원기둥의 닮음비가 $2:3$이므로
겉넓이의 비는 $2^2:3^2=4:9$ ⋯ (i)
큰 원기둥의 겉넓이를 $x\,cm^2$라고 하면
$80:x=4:9$, $4x=720$ $\therefore x=180$
따라서 큰 원기둥의 겉넓이는 $180\,cm^2$이다. ⋯ (ii)

채점 기준	비율
(i) 두 원기둥의 겉넓이의 비 구하기	50%
(ii) 큰 원기둥의 겉넓이 구하기	50%

10 두 사각기둥 A, B의 닮음비가 $3:4$이므로
부피의 비는 $3^3:4^3=27:64$
사각기둥 B의 부피를 $x\,cm^3$라고 하면
$27:x=27:64$ $\therefore x=64$
따라서 사각기둥 B의 부피는 $64\,cm^3$이다.

11 두 구의 겉넓이의 비가 $1:4=1^2:2^2$이므로
닮음비는 $1:2$이고, 부피의 비는 $1^3:2^3=1:8$
큰 구의 부피를 $x\,cm^3$라고 하면
$12\pi:x=1:8$ $\therefore x=96\pi$
따라서 큰 구의 부피는 $96\pi\,cm^3$이다.

12 두 오각기둥의 부피의 비가 $64:27=4^3:3^3$이므로
닮음비는 $4:3$이고, 겉넓이의 비는 $4^2:3^2=16:9$
작은 오각기둥의 겉넓이를 $x\,cm^2$라고 하면
$80:x=16:9$, $16x=720$ $\therefore x=45$
따라서 작은 오각기둥의 겉넓이는 $45\,cm^2$이다.

13 원뿔 모양의 그릇과 원뿔 모양으로 물이 담긴 부분의 닮음
비는 $8:6=4:3$이므로 부피의 비는 $4^3:3^3=64:27$
그릇에 담긴 물의 부피를 $x\,cm^3$라고 하면
$192:x=64:27$, $64x=5184$ $\therefore x=81$
따라서 그릇에 담긴 물의 부피는 $81\,cm^3$이다.

14 원뿔 모양의 컵과 원뿔 모양으로 물이 담긴 부분의 닮음비
는 $1:\dfrac{2}{3}=3:2$이므로 부피의 비는 $3^3:2^3=27:8$
컵의 부피를 $x\,cm^3$라고 하면
$x:40=27:8$, $8x=1080$ $\therefore x=135$
따라서 컵의 부피는 $135\,cm^3$이다.

2 삼각형의 닮음 조건

유형 4 P. 66

1 그림은 풀이 참조, F, $80°$, $60°$, $\triangle FDE$, AA
2 $\triangle ABC \varnothing \triangle QPR$ (SSS 닮음),
$\triangle DEF \varnothing \triangle KLJ$ (AA 닮음),
$\triangle GHI \varnothing \triangle NMO$ (SAS 닮음)
3 (1) $\triangle ABD \varnothing \triangle DBC$ (SSS 닮음)
(2) $\triangle ABC \varnothing \triangle ADE$ (AA 닮음)
(3) $\triangle ABE \varnothing \triangle DCE$ (SAS 닮음)

1

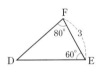

2 $\triangle ABC$와 $\triangle QPR$에서
$\overline{AB}:\overline{QP}=3:6=1:2$,
$\overline{BC}:\overline{PR}=6:12=1:2$,
$\overline{AC}:\overline{QR}=5:10=1:2$
$\therefore \triangle ABC \varnothing \triangle QPR$ (SSS 닮음)
$\triangle DEF$에서 $\angle F=180°-(30°+80°)=70°$이므로
$\triangle DEF$와 $\triangle KLJ$에서
$\angle D=\angle K=30°$, $\angle F=\angle J=70°$
$\therefore \triangle DEF \varnothing \triangle KLJ$ (AA 닮음)
$\triangle GHI$와 $\triangle NMO$에서
$\overline{GH}:\overline{NM}=4:6=2:3$,
$\overline{HI}:\overline{MO}=6:9=2:3$,
$\angle H=\angle M=50°$
$\therefore \triangle GHI \varnothing \triangle NMO$ (SAS 닮음)

3 (1) $\triangle ABD$와 $\triangle DBC$에서
$\overline{AB}:\overline{DB}=4:6=2:3$,
$\overline{BD}:\overline{BC}=6:9=2:3$,
$\overline{AD}:\overline{DC}=4:6=2:3$이므로
$\triangle ABD \varnothing \triangle DBC$ (SSS 닮음)
(2) $\triangle ABC$와 $\triangle ADE$에서
$\angle ABC=\angle ADE=60°$, $\angle A$는 공통이므로
$\triangle ABC \varnothing \triangle ADE$ (AA 닮음)

(3) △ABE와 △DCE에서

$\overline{AE}:\overline{DE}=3:6=1:2$,

$\overline{BE}:\overline{CE}=2:4=1:2$,

∠AEB=∠DEC (맞꼭지각)이므로

△ABE∽△DCE (SAS 닮음)

1 그림은 풀이 참조,

△ABC, △EBD, $3:2$, $\dfrac{15}{2}$

2 (1) 4 (2) 2

3 그림은 풀이 참조,

△ABC, △DAC, $2:1$, $\dfrac{7}{2}$

4 (1) $\dfrac{16}{3}$ (2) $\dfrac{5}{2}$

1

△ABC와 △EBD에서

$\overline{AB}:\overline{EB}=12:8=3:2$,

$\overline{BC}:\overline{BD}=9:6=3:2$,

∠B는 공통이므로

△ABC∽△EBD (SAS 닮음)

따라서 △ABC와 △EBD의 닮음비가 3:2이므로

$\overline{AC}:\overline{ED}=3:2$에서 $x:5=3:2$

$2x=15$ ∴ $x=\dfrac{15}{2}$

2 (1)

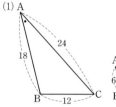

△ABC와 △AED에서

$\overline{AB}:\overline{AE}=18:6=3:1$,

$\overline{AC}:\overline{AD}=24:8=3:1$,

∠A는 공통이므로

△ABC∽△AED (SAS 닮음)

따라서 △ABC와 △AED의 닮음비가 3:1이므로

$\overline{BC}:\overline{ED}=3:1$에서 $12:x=3:1$

$3x=12$ ∴ $x=4$

(2)

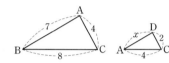

△ABC와 △EDC에서

$\overline{AC}:\overline{EC}=9:3=3:1$,

$\overline{BC}:\overline{DC}=12:4=3:1$,

∠C는 공통이므로

△ABC∽△EDC (SAS 닮음)

따라서 △ABC와 △EDC의 닮음비가 3:1이므로

$\overline{AB}:\overline{ED}=3:1$에서 $6:x=3:1$

$3x=6$ ∴ $x=2$

3

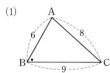

△ABC와 △DAC에서

$\overline{BC}:\overline{AC}=8:4=2:1$,

$\overline{AC}:\overline{DC}=4:2=2:1$,

∠C는 공통이므로

△ABC∽△DAC (SAS 닮음)

따라서 △ABC와 △DAC의 닮음비가 2:1이므로

$\overline{AB}:\overline{DA}=2:1$에서 $7:x=2:1$

$2x=7$ ∴ $x=\dfrac{7}{2}$

4 (1)

△ABC와 △DBA에서

$\overline{AB}:\overline{DB}=6:4=3:2$,

$\overline{BC}:\overline{BA}=9:6=3:2$,

∠B는 공통이므로

△ABC∽△DBA (SAS 닮음)

따라서 △ABC와 △DBA의 닮음비가 3:2이므로

$\overline{AC}:\overline{DA}=3:2$에서 $8:x=3:2$

$3x=16$ ∴ $x=\dfrac{16}{3}$

(2)

△ABC와 △BDC에서

$\overline{AC}:\overline{BC}=4:2=2:1$,

$\overline{BC}:\overline{DC}=2:1$,

∠C는 공통이므로

△ABC∽△BDC (SAS 닮음)

따라서 △ABC와 △BDC의 닮음비가 2 : 1이므로
$\overline{AB} : \overline{BD} = 2 : 1$에서 $5 : x = 2 : 1$
$2x = 5$ ∴ $x = \dfrac{5}{2}$

유형 6   P. 68

1 그림은 풀이 참조,
△ABC, △AED, $\dfrac{26}{3}$

2 (1) 12 (2) 8

3 그림은 풀이 참조,
△ABC, △DAC, $\dfrac{14}{3}$

4 (1) 7 (2) 3

1
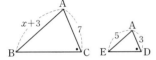

△ABC와 △AED에서
∠ACB = ∠ADE, ∠A는 공통이므로
△ABC∽△AED (AA 닮음)
따라서 $\overline{AB} : \overline{AE} = \overline{AC} : \overline{AD}$이므로
$(x+3) : 5 = 7 : 3$, $3x+9 = 35$
$3x = 26$ ∴ $x = \dfrac{26}{3}$

2 (1)
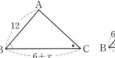

△ABC와 △EBD에서
∠ACB = ∠EDB, ∠B는 공통이므로
△ABC∽△EBD (AA 닮음)
따라서 $\overline{AB} : \overline{EB} = \overline{BC} : \overline{BD}$이므로
$12 : 6 = (6+x) : 9$, $36+6x = 108$
$6x = 72$ ∴ $x = 12$

(2)

△ABC와 △AED에서
∠ACB = ∠ADE, ∠A는 공통이므로
△ABC∽△AED (AA 닮음)
따라서 $\overline{AB} : \overline{AE} = \overline{AC} : \overline{AD}$이므로
$12 : 6 = x : 4$, $6x = 48$
∴ $x = 8$

3
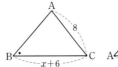

△ABC와 △DAC에서
∠ABC = ∠DAC, ∠C는 공통이므로
△ABC∽△DAC (AA 닮음)
따라서 $\overline{AC} : \overline{DC} = \overline{BC} : \overline{AC}$이므로
$8 : 6 = (x+6) : 8$, $6x+36 = 64$
$6x = 28$ ∴ $x = \dfrac{14}{3}$

4 (1)
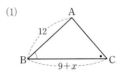

△ABC와 △DBA에서
∠ACB = ∠DAB, ∠B는 공통이므로
△ABC∽△DBA (AA 닮음)
따라서 $\overline{AB} : \overline{DB} = \overline{BC} : \overline{BA}$이므로
$12 : 9 = (9+x) : 12$, $81+9x = 144$
$9x = 63$ ∴ $x = 7$

(2)

△ABC와 △CBD에서
∠BAC = ∠BCD, ∠B는 공통이므로
△ABC∽△CBD (AA 닮음)
따라서 $\overline{AC} : \overline{CD} = \overline{BC} : \overline{BD}$이므로
$8 : 4 = 6 : x$, $8x = 24$
∴ $x = 3$

유형 7   P. 69

1 (1) ㄴ, 12 (2) ㄱ, 4 (3) ㄷ, $\dfrac{25}{3}$

2 $\overline{AD}$, $\overline{AC}$, $\dfrac{60}{13}$ cm

3 (1) 9 cm (2) 12 cm (3) 54 cm²

1 (1) $\overline{AC}^2 = \overline{CD} \times \overline{CB}$이므로
$6^2 = 3 \times x$, $3x = 36$
∴ $x = 12$

(2) $\overline{AB}^2 = \overline{BD} \times \overline{BC}$이므로
$x^2 = 2 \times (2+6)$, $x^2 = 16$
이때 $x > 0$이므로 $x = 4$

(3) $\overline{AD}^2 = \overline{DB} \times \overline{DC}$이므로

$\quad 5^2 = 3 \times x, \ 3x = 25 \qquad \therefore \ x = \dfrac{25}{3}$

2 $\triangle ABC = \dfrac{1}{2} \times \overline{BC} \times \overline{AD} = \dfrac{1}{2} \times \overline{AB} \times \overline{AC}$이므로

$\quad \dfrac{1}{2} \times 13 \times \overline{AD} = \dfrac{1}{2} \times 5 \times 12$

$\quad 13\overline{AD} = 60 \qquad \therefore \ \overline{AD} = \dfrac{60}{13} (\text{cm})$

3 (1) $\overline{BC}^2 = \overline{CD} \times \overline{CA}$이므로

$\quad 20^2 = 16 \times \overline{CA}, \ 16\overline{CA} = 400 \qquad \therefore \ \overline{CA} = 25(\text{cm})$

$\quad \therefore \ \overline{AD} = \overline{AC} - \overline{DC} = 25 - 16 = 9(\text{cm})$

(2) $\overline{BD}^2 = \overline{DA} \times \overline{DC}$이므로

$\quad \overline{BD}^2 = 9 \times 16, \ \overline{BD}^2 = 144$

$\quad$이때 $\overline{BD} > 0$이므로 $\overline{BD} = 12(\text{cm})$

$\quad$**다른 풀이**

$\quad \triangle BCD$에서 $\overline{BD}^2 + 16^2 = 20^2$이므로

$\quad \overline{BD}^2 = 20^2 - 16^2 = 144$

$\quad$이때 $\overline{BD} > 0$이므로 $\overline{BD} = 12(\text{cm})$

(3) $\triangle ABD = \dfrac{1}{2} \times 12 \times 9 = 54(\text{cm}^2)$

한 번 더 연습 P. 70

1 (1) $\triangle ABC \backsim \triangle ACD$ (SSS 닮음)
　(2) $\triangle ABC \backsim \triangle EBD$ (SAS 닮음)
　(3) $\triangle ABC \backsim \triangle AED$ (AA 닮음)

2 (1) 18　(2) 15　(3) 5

3 (1) 19　(2) 4　(3) 8

4 (1) 5　(2) 7　(3) 12

1 (1) $\triangle ABC$와 $\triangle ACD$에서

$\quad \overline{AB} : \overline{AC} = 8 : 4 = 2 : 1,$

$\quad \overline{BC} : \overline{CD} = 6 : 3 = 2 : 1,$

$\quad \overline{AC} : \overline{AD} = 4 : 2 = 2 : 1$이므로

$\quad \triangle ABC \backsim \triangle ACD$ (SSS 닮음)

(2) $\triangle ABC$와 $\triangle EBD$에서

$\quad \overline{AB} : \overline{EB} = 2 : 8 = 1 : 4,$

$\quad \overline{BC} : \overline{BD} = 3 : 12 = 1 : 4,$

$\quad \angle ABC = \angle EBD$(맞꼭지각)이므로

$\quad \triangle ABC \backsim \triangle EBD$ (SAS 닮음)

(3) $\triangle ABC$와 $\triangle AED$에서

$\quad \angle ABC = \angle AED, \ \angle A$는 공통이므로

$\quad \triangle ABC \backsim \triangle AED$ (AA 닮음)

---

2 (1) $\triangle ABC$와 $\triangle AED$에서

$\quad \overline{AB} : \overline{AE} = (5+7) : 4 = 3 : 1,$

$\quad \overline{AC} : \overline{AD} = (4+11) : 5 = 3 : 1,$

$\quad \angle A$는 공통이므로

$\quad \triangle ABC \backsim \triangle AED$ (SAS 닮음)

$\quad$따라서 $\triangle ABC$와 $\triangle AED$의 닮음비가 $3 : 1$이므로

$\quad \overline{BC} : \overline{ED} = 3 : 1$에서 $x : 6 = 3 : 1 \qquad \therefore \ x = 18$

(2) $\triangle ABC$와 $\triangle ACD$에서

$\quad \overline{AB} : \overline{AC} = (9+7) : 12 = 4 : 3,$

$\quad \overline{AC} : \overline{AD} = 12 : 9 = 4 : 3,$

$\quad \angle A$는 공통이므로

$\quad \triangle ABC \backsim \triangle ACD$ (SAS 닮음)

$\quad$따라서 $\triangle ABC$와 $\triangle ACD$의 닮음비가 $4 : 3$이므로

$\quad \overline{BC} : \overline{CD} = 4 : 3$에서 $20 : x = 4 : 3$

$\quad 4x = 60 \qquad \therefore \ x = 15$

(3) $\triangle ABC$와 $\triangle CBD$에서

$\quad \overline{AB} : \overline{CB} = (6+2) : 4 = 2 : 1,$

$\quad \overline{BC} : \overline{BD} = 4 : 2 = 2 : 1,$

$\quad \angle B$는 공통이므로

$\quad \triangle ABC \backsim \triangle CBD$ (SAS 닮음)

$\quad$따라서 $\triangle ABC$와 $\triangle CBD$의 닮음비가 $2 : 1$이므로

$\quad \overline{AC} : \overline{CD} = 2 : 1$에서 $10 : x = 2 : 1$

$\quad 2x = 10 \qquad \therefore \ x = 5$

3 (1) $\triangle ABC$와 $\triangle EBD$에서

$\quad \angle ACB = \angle EDB, \ \angle B$는 공통이므로

$\quad \triangle ABC \backsim \triangle EBD$ (AA 닮음)

$\quad$따라서 $\overline{AB} : \overline{EB} = \overline{BC} : \overline{BD}$이므로

$\quad (6+12) : 8 = (8+x) : 12, \ 64 + 8x = 216$

$\quad 8x = 152 \qquad \therefore \ x = 19$

(2) $\triangle ABC$와 $\triangle EBD$에서

$\quad \angle ACB = \angle EDB = 90°, \ \angle B$는 공통이므로

$\quad \triangle ABC \backsim \triangle EBD$ (AA 닮음)

$\quad$따라서 $\overline{BC} : \overline{BD} = \overline{AC} : \overline{ED}$이므로

$\quad (5+1) : 3 = 8 : x, \ 6x = 24 \qquad \therefore \ x = 4$

(3) $\triangle ABC$와 $\triangle ACD$에서

$\quad \angle ABC = \angle ACD, \ \angle A$는 공통이므로

$\quad \triangle ABC \backsim \triangle ACD$ (AA 닮음)

$\quad$따라서 $\overline{AB} : \overline{AC} = \overline{AC} : \overline{AD}$이므로

$\quad 18 : 12 = 12 : x, \ 18x = 144 \qquad \therefore \ x = 8$

4 (1) $\overline{AB}^2 = \overline{BD} \times \overline{BC}$이므로

$\quad 6^2 = 4 \times (4+x), \ 36 = 16 + 4x$

$\quad 4x = 20 \qquad \therefore \ x = 5$

(2) $\overline{AC}^2 = \overline{CD} \times \overline{CB}$이므로

$\quad 14^2 = x \times 28, \ 28x = 196 \qquad \therefore \ x = 7$

(3) $\overline{AD}^2 = \overline{DB} \times \overline{DC}$이므로

$\quad x^2 = 9 \times 16 = 144$

$\quad$이때 $x > 0$이므로 $x = 12$

1 (1) △ABC∽△DBE (AA 닮음)　(2) 7.5 m
2 (1) △DEC　(2) 8 m

1 (1) △ABC와 △DBE에서
　　∠BCA=∠BED=90°, ∠B는 공통이므로
　　△ABC∽△DBE(AA 닮음)
(2) $\overline{BC}:\overline{BE}=\overline{AC}:\overline{DE}$이므로
　　2:(2+8)=1.5:$\overline{DE}$, 2$\overline{DE}$=15
　　∴ $\overline{DE}$=7.5(m)
　　따라서 나무의 높이는 7.5 m이다.

2 (1) △ABC와 △DEC에서
　　입사각의 크기와 반사각의 크기는 같으므로
　　∠ACB=∠DCE,
　　∠ABC=∠DEC=90°이므로
　　△ABC∽△DEC(AA 닮음)
(2) $\overline{AB}:\overline{DE}=\overline{BC}:\overline{EC}$이므로
　　1.6:$\overline{DE}$=3.6:18, 1.6:$\overline{DE}$=1:5
　　∴ $\overline{DE}$=8(m)
　　따라서 건물의 높이는 8 m이다.

쌍둥이 **기출문제**　　P. 72~73

1 ②　**2** ②　**3** 14 cm　**4** $\dfrac{16}{3}$ cm
5 $\dfrac{16}{3}$　**6** ③
7 (1) △ABD∽△CBE (AA 닮음)　(2) 5 cm
8 8 cm　**9** 9　**10** 20 cm²　**11** 9 m　**12** 4 m

[1~2] 삼각형의 닮음 조건
(1) 세 쌍의 대응변의 길이의 비가 같다.
　　⇨ SSS 닮음
(2) 두 쌍의 대응변의 길이의 비가 같고, 그 끼인각의 크기가 같다.
　　⇨ SAS 닮음
(3) 두 쌍의 대응각의 크기가 각각 같다.
　　⇨ AA 닮음

1 보기의 삼각형의 나머지 한 각의 크기는
　　180°-(90°+30°)=60°
　　보기의 삼각형과 ②의 삼각형의 두 쌍의 대응변의 길이의 비가 2:1로 같고, 그 끼인각의 크기가 같으므로 두 삼각형은 SAS 닮음이다.

---

2 △ABC와 △PQR에서
　　$\overline{AB}:\overline{PQ}$=8:4=2:1,
　　$\overline{AC}:\overline{PR}$=10:5=2:1,
　　∠A=∠P=70°이므로
　　△ABC∽△PQR(SAS 닮음)
　　△DEF와 △HIG에서
　　∠D=∠H=70°, ∠E=∠I=30°이므로
　　△DEF∽△HIG(AA 닮음)
　　△JKL과 △NOM에서
　　$\overline{JK}:\overline{NO}$=6:3=2:1,
　　$\overline{KL}:\overline{OM}$=10:5=2:1,
　　$\overline{JL}:\overline{NM}$=8:4=2:1이므로
　　△JKL∽△NOM(SSS 닮음)
　　따라서 바르게 짝 지은 것은 ②이다.

[3~6] 삼각형에서 닮은 도형 찾기
공통인 각이 있을 때
(1) 공통인 각을 끼고 있는 두 대응변의 길이의 비가 같다.
　　⇨ SAS 닮음
(2) 다른 한 각의 크기가 같다.
　　⇨ AA 닮음

3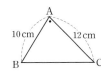

　　△ABC와 △AED에서
　　$\overline{AB}:\overline{AE}$=10:5=2:1,
　　$\overline{AC}:\overline{AD}$=12:6=2:1,
　　∠A는 공통이므로
　　△ABC∽△AED(SAS 닮음)
　　따라서 △ABC와 △AED의 닮음비가 2:1이므로
　　$\overline{BC}:\overline{ED}$=2:1에서 $\overline{BC}$:7=2:1
　　∴ $\overline{BC}$=14(cm)

4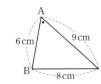

　　△ABC와 △ADB에서
　　$\overline{AB}:\overline{AD}$=6:4=3:2,
　　$\overline{AC}:\overline{AB}$=9:6=3:2,
　　∠A는 공통이므로
　　△ABC∽△ADB(SAS 닮음)
　　따라서 △ABC와 △ADB의 닮음비가 3:2이므로
　　$\overline{BC}:\overline{DB}$=3:2에서 8:$\overline{BD}$=3:2
　　3$\overline{BD}$=16　∴ $\overline{BD}$=$\dfrac{16}{3}$(cm)

5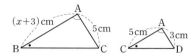

△ABC와 △ACD에서

∠ABC=∠ACD, ∠A는 공통이므로

△ABC∽△ACD(AA 닮음)

따라서 $\overline{AB}:\overline{AC}=\overline{AC}:\overline{AD}$이므로

$(x+3):5=5:3$, $3x+9=25$

$3x=16$ ∴ $x=\dfrac{16}{3}$

6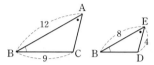

△ABC와 △EBD에서

∠BAC=∠BED, ∠B는 공통이므로

△ABC∽△EBD(AA 닮음)

따라서 $\overline{AB}:\overline{EB}=\overline{AC}:\overline{ED}$이므로

$12:8=\overline{AC}:4$, $8\overline{AC}=48$ ∴ $\overline{AC}=6$

[7~8] 직각삼각형에서의 닮음

❶ 한 예각의 크기가 같은 두 직각삼각형을 찾아 서로 닮은 도형인지 확인한다.

❷ 닮음비를 이용하여 선분의 길이를 구한다.

7 ⑴ △ABD와 △CBE에서

∠ADB=∠CEB=90°, ∠B는 공통이므로

△ABD∽△CBE (AA 닮음)

⑵ $\overline{AB}:\overline{CB}=\overline{BD}:\overline{BE}$이므로

$8:(4+6)=4:\overline{BE}$, $8\overline{BE}=40$ ∴ $\overline{BE}=5$(cm)

8 △ADC와 △BEC에서

∠ADC=∠BEC=90°, ∠C는 공통이므로

△ADC∽△BEC (AA 닮음)   ··· ⑴

따라서 $\overline{AC}:\overline{BC}=\overline{DC}:\overline{EC}$이므로

$(2+6):12=\overline{DC}:6$, $12\overline{DC}=48$

∴ $\overline{DC}=4$(cm)   ··· ⑵

∴ $\overline{BD}=\overline{BC}-\overline{DC}=12-4=8$(cm)   ··· ⑶

채점 기준	비율
⑴ △ADC∽△BEC임을 설명하기	40 %
⑵ $\overline{DC}$의 길이 구하기	40 %
⑶ $\overline{BD}$의 길이 구하기	20 %

[9~10] 직각삼각형 속의 닮음 관계

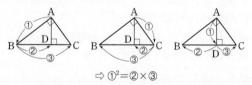

⇨ ①²=②×③

9 $\overline{AC}^2=\overline{CD}\times\overline{CB}$이므로

$6^2=3\times(3+\overline{BD})$, $36=9+3\overline{BD}$

$3\overline{BD}=27$ ∴ $\overline{BD}=9$

10 $\overline{AD}^2=\overline{DB}\times\overline{DC}$이므로

$4^2=\overline{DB}\times8$ ∴ $\overline{DB}=2$(cm)

∴ $\triangle ABC=\dfrac{1}{2}\times(2+8)\times4$

$=20(\mathrm{cm}^2)$

[11~12] 닮음의 활용

❶ 닮은 두 도형을 찾는다.

❷ 닮음비를 이용하여 문제를 해결한다.

11 △ABC와 △DEC에서

∠ABC=∠DEC=90°, ∠C는 공통이므로

△ABC∽△DEC (AA 닮음)

따라서 $\overline{AB}:\overline{DE}=\overline{BC}:\overline{EC}$이므로

$\overline{AB}:1.5=8.4:1.4$, $\overline{AB}:1.5=6:1$

∴ $\overline{AB}=9$(m)

즉, 탑의 높이는 9 m이다.

12 △ABC와 △DBE에서

∠ACB=∠DEB=90°, ∠B는 공통이므로

△ABC∽△DBE (AA 닮음)

따라서 $\overline{AC}:\overline{DE}=\overline{BC}:\overline{BE}$이므로

$0.8:\overline{DE}=2:(2+8)$, $2\overline{DE}=8$

∴ $\overline{DE}=4$(m)

즉, 등대의 높이는 4 m이다.

단원 마무리

P. 74~75

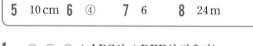

1	②	2	⑤	3	114 cm³	4	④
5	10 cm	6	④	7	6	8	24 m

1 ①, ②, ⑤ △ABC와 △DEF의 닮음비는

$\overline{AC}:\overline{DF}=15:9=5:3$

∴ $\overline{AB}:\overline{DE}=5:3$

$\overline{BC}:\overline{EF}=5:3$에서 $10:\overline{EF}=5:3$

$5\overline{EF}=30$ ∴ $\overline{EF}=6$(cm)

③ ∠C=∠F=60°

④ △ABC에서

∠A=180°-(80°+60°)=40°

∴ ∠D=∠A=40°

따라서 옳지 않은 것은 ②이다.

2 ① 두 삼각뿔의 닮음비는 $\overline{BC}:\overline{FG}=4:5$
$\qquad \therefore \overline{AC}:\overline{EG}=4:5$
② $\overline{CD}:\overline{GH}=4:5$에서 $3:\overline{GH}=4:5$
$\qquad 4\overline{GH}=15 \qquad \therefore \overline{GH}=\dfrac{15}{4}$(cm)
③ $\overline{AB}:\overline{EF}=4:5$에서 $\overline{AB}:10=4:5$
$\qquad 5\overline{AB}=40 \qquad \therefore \overline{AB}=8$(cm)
⑤ $\overline{BD}$의 대응변은 $\overline{FH}$, $\overline{BC}$의 대응변은 $\overline{FG}$이므로
$\qquad \overline{BD}:\overline{FH}=\overline{BC}:\overline{FG}$
따라서 옳지 않은 것은 ⑤이다.

3 원뿔 모양으로 물이 담긴 부분과 원뿔 모양의 그릇의 닮음
비가 $4:6=2:3$이므로 부피의 비는 $2^3:3^3=8:27$
그릇의 부피를 $x\,\text{cm}^3$라고 하면
$48:x=8:27$, $8x=1296 \qquad \therefore x=162$
따라서 더 부어야 하는 물의 양은
$162-48=114(\text{cm}^3)$

4 ④ $\angle B=40°$이므로
$\qquad \angle C=180°-(80°+40°)=60°$
$\qquad \triangle ABC$와 $\triangle DEF$에서
$\qquad \angle A=\angle D=80°$, $\angle C=\angle F=60°$이므로
$\qquad \triangle ABC\backsim\triangle DEF$(AA 닮음)

5 $\triangle ABC$와 $\triangle EBD$에서
$\overline{AB}:\overline{EB}=(11+9):12=5:3$,
$\overline{BC}:\overline{BD}=(12+3):9=5:3$,
$\angle B$는 공통이므로
$\triangle ABC\backsim\triangle EBD$(SAS 닮음) $\qquad\qquad \cdots$ (i)
따라서 $\triangle ABC$와 $\triangle EBD$의 닮음비가 $5:3$이므로 $\cdots$ (ii)
$\overline{AC}:\overline{ED}=5:3$에서 $\overline{AC}:6=5:3$ $\qquad \cdots$ (iii)
$3\overline{AC}=30 \qquad \therefore \overline{AC}=10$(cm) $\qquad\qquad \cdots$ (iv)

채점 기준	비율
(i) $\triangle ABC\backsim\triangle EBD$임을 설명하기	30 %
(ii) $\triangle ABC$와 $\triangle EBD$의 닮음비 구하기	20 %
(iii) $\overline{AC}$의 길이를 구하기 위한 비례식 세우기	30 %
(iv) $\overline{AC}$의 길이 구하기	20 %

6 ①, ② $\triangle ABC$와 $\triangle EDC$에서
$\qquad \angle BAC=\angle DEC$, $\angle C$는 공통이므로
$\qquad \triangle ABC\backsim\triangle EDC$(AA 닮음)
$\qquad \therefore \angle ABC=\angle EDC$
③, ④, ⑤ $\triangle ABC$와 $\triangle EDC$의 닮음비는
$\qquad \overline{AC}:\overline{EC}=(7+5):6=2:1$이므로
$\qquad \overline{AB}:\overline{ED}=2:1$에서 $11:\overline{DE}=2:1$
$\qquad 2\overline{EC}=11 \qquad \therefore \overline{DE}=\dfrac{11}{2}$(cm)
$\qquad$ 또 $\overline{BC}:\overline{DC}=2:1$에서 $\overline{BC}:5=2:1$
$\qquad \therefore \overline{BC}=10$(cm)
따라서 옳지 않은 것은 ④이다.

7 $\overline{AB}^2=\overline{BD}\times\overline{BC}$이므로
$x^2=4\times(4+5)=36$
이때 $x>0$이므로 $x=6$

8 $\triangle ABC$와 $\triangle DEF$에서
$\angle ABC=\angle DEF$, $\angle ACB=\angle DFE=90°$이므로
$\triangle ABC\backsim\triangle DEF$(AA 닮음)
따라서 $\overline{AC}:\overline{DF}=\overline{BC}:\overline{EF}$이므로
$\overline{AC}:2=18:1.5$, $1.5\overline{AC}=36$
$\therefore \overline{AC}=24$(m)
즉, 건물의 높이는 $24\,\text{m}$이다.

1 삼각형과 평행선

유형 1   P. 78

1 $\overline{AD}$, 4, 9

2 (1) $\dfrac{36}{5}$ (2) 6   (3) 10   (4) $\dfrac{28}{3}$

3 (1) $x=4$, $y=\dfrac{24}{5}$ (2) $x=\dfrac{9}{2}$, $y=12$

4 ㄹ, ㅁ

---

2 (1) $6:(6+4)=x:12$, $10x=72$ $\therefore x=\dfrac{36}{5}$

   (2) $2:4=3:x$, $2x=12$ $\therefore x=6$

   (3) $4:x=6:15$, $6x=60$ $\therefore x=10$

   (4) $3:(10-3)=4:x$, $3x=28$ $\therefore x=\dfrac{28}{3}$

3 (1) $3:(5-3)=6:x$, $3x=12$ $\therefore x=4$

      $3:5=y:8$, $5y=24$ $\therefore y=\dfrac{24}{5}$

   (2) $10:5=9:x$, $10x=45$ $\therefore x=\dfrac{9}{2}$

      $10:5=y:6$, $5y=60$ $\therefore y=12$

4 ㄱ. $\overline{AD}:\overline{DB}=3:8$,

      $\overline{AE}:\overline{EC}=2:7$이므로

      $\overline{AD}:\overline{DB}\neq\overline{AE}:\overline{EC}$

      즉, $\overline{BC}$와 $\overline{DE}$는 평행하지 않다.

   ㄴ. $\overline{AD}:\overline{AB}=4:8=1:2$,

      $\overline{DE}:\overline{BC}=3:9=1:3$이므로

      $\overline{AD}:\overline{AB}\neq\overline{DE}:\overline{BC}$

      즉, $\overline{BC}$와 $\overline{DE}$는 평행하지 않다.

   ㄷ. $\overline{AD}:\overline{AB}=5:(5+2)=5:7$,

      $\overline{DE}:\overline{BC}=6:9=2:3$이므로

      $\overline{AD}:\overline{AB}\neq\overline{DE}:\overline{BC}$

      즉, $\overline{BC}$와 $\overline{DE}$는 평행하지 않다.

   ㄹ. $\overline{AD}:\overline{DB}=12:4=3:1$,

      $\overline{AE}:\overline{EC}=6:(8-6)=3:1$이므로

      $\overline{AD}:\overline{DB}=\overline{AE}:\overline{EC}$

      즉, $\overline{BC}/\!/\overline{DE}$

   ㅁ. $\overline{AB}:\overline{AD}=2:(5-2)=2:3$,

      $\overline{AC}:\overline{AE}=4:6=2:3$이므로

      $\overline{AB}:\overline{AD}=\overline{AC}:\overline{AE}$

      즉, $\overline{BC}/\!/\overline{DE}$

   ㅂ. $\overline{AD}:\overline{BD}=12:8=3:2$,

      $\overline{AE}:\overline{CE}=14:9$이므로

      $\overline{AD}:\overline{BD}\neq\overline{AE}:\overline{CE}$

      즉, $\overline{BC}$와 $\overline{DE}$는 평행하지 않다.

   따라서 $\overline{BC}/\!/\overline{DE}$인 것은 ㄹ, ㅁ이다.

유형 2   P. 79

1 $\overline{AC}$, 2, $\dfrac{3}{2}$ **2** (1) 3   (2) 6   (3) 12

3 $\overline{BD}$, 8, $\dfrac{24}{5}$ **4** (1) $\dfrac{15}{2}$ (2) $\dfrac{8}{3}$ (3) 4

---

2 (1) $8:6=4:x$, $8x=24$ $\therefore x=3$

   (2) $9:x=6:4$, $6x=36$ $\therefore x=6$

   (3) $15:x=(18-8):8$, $10x=120$ $\therefore x=12$

4 (1) $6:4=x:5$, $4x=30$ $\therefore x=\dfrac{15}{2}$

   (2) $5:3=(x+4):4$, $3x+12=20$

      $3x=8$ $\therefore x=\dfrac{8}{3}$

   (3) $10:x=(9+6):6$, $15x=60$ $\therefore x=4$

쌍둥이 기출문제   P. 80

1 9 cm   **2** $x=6$, $y=4$ **3** $x=9$, $y=2$

4 3   **5** $\overline{EF}/\!/\overline{CD}$ **6** $\overline{EF}$ **7** 14

8 6 cm

[1~6] 삼각형에서 평행선과 선분의 길이의 비

$\overline{BC}/\!/\overline{DE}$이면 $a:a'=b:b'=c:c'$, $a':x=b':y$

$a:a'=b:b'=c:c'$, $a':x=b':y$이면 $\overline{BC}/\!/\overline{DE}$

1 $4:(4+2)=6:\overline{AC}$, $4\overline{AC}=36$

    $\therefore \overline{AC}=9(cm)$

2 $(10-5):10=x:12$, $10x=60$ $\therefore x=6$

    $5:5=4:y$, $5y=20$ $\therefore y=4$

3 $\overline{AD}:\overline{AF}=\overline{AE}:\overline{AG}$에서

    $2:6=3:x$, $2x=18$ $\therefore x=9$

    $\overline{AF}:\overline{FB}=\overline{AG}:\overline{GC}$에서

    $6:y=9:3$, $9y=18$ $\therefore y=2$

4 $\overline{AD}:\overline{AB}=\overline{DE}:\overline{BC}$에서

    $6:x=8:(4+16)$, $8x=120$ $\therefore x=15$

$\overline{CG} : \overline{CB} = \overline{FG} : \overline{AB}$에서

$16 : (16+4) = y : 15$, $20y = 240$ $\quad \therefore y = 12$

$\quad \therefore x - y = 15 - 12 = 3$

5 $\overline{OE} : \overline{OD} = 4 : (4+4) = 1 : 2$,

$\overline{OF} : \overline{OC} = 3 : (4+2) = 1 : 2$이므로

$\overline{OE} : \overline{OD} = \overline{OF} : \overline{OC}$

$\quad \therefore \overline{EF} /\!/ \overline{CD}$

6 $\overline{CF} : \overline{FA} = 6 : 8 = 3 : 4$,

$\overline{CE} : \overline{EB} = 9 : 12 = 3 : 4$이므로

$\overline{CF} : \overline{FA} = \overline{CE} : \overline{EB}$

따라서 $\overline{AB} /\!/ \overline{FE}$이므로 △ABC의 어느 한 변과 평행한 선분은 $\overline{EF}$이다.

[7~8] 삼각형의 내각의 이등분선

∠BAD=∠CAD이면

$\overline{AB} : \overline{AC} = \overline{BD} : \overline{CD}$

7 $9 : 12 = \overline{BD} : 8$, $12\overline{BD} = 72$ $\quad \therefore \overline{BD} = 6$

$\quad \therefore \overline{BC} = \overline{BD} + \overline{DC} = 6 + 8 = 14$

8 $12 : 8 = \overline{BD} : (10 - \overline{BD})$, $8\overline{BD} = 120 - 12\overline{BD}$

$20\overline{BD} = 120$ $\quad \therefore \overline{BD} = 6(cm)$

다른 풀이

$\overline{BD} : \overline{CD} = \overline{AB} : \overline{AC} = 12 : 8 = 3 : 2$이므로

$\overline{BD} = \dfrac{3}{5}\overline{BC} = \dfrac{3}{5} \times 10 = 6(cm)$

⌒2 삼각형의 두 변의 중점을 연결한 선분의 성질

유형 **3** P. 81

1 (1) $x = 55$, $y = 14$ (2) $x = 45$, $y = 5$

2 (1) $\overline{DE} = 3\,cm$, $\overline{EF} = 4\,cm$, $\overline{DF} = \dfrac{11}{2}\,cm$ (2) $\dfrac{25}{2}\,cm$

3 (1) $x = 6$, $y = 10$ (2) $x = 7$, $y = 9$

4 (1) △AMN≡△CME (2) 3 cm (3) 6 cm

1 (1) $\overline{AD} = \overline{DB}$, $\overline{AE} = \overline{EC}$이므로 $\overline{DE} /\!/ \overline{BC}$

$\quad \therefore \angle AED = \angle C = 55°$(동위각) $\quad \therefore x = 55$

또 $\overline{BC} = 2\overline{DE} = 2 \times 7 = 14(cm)$ $\quad \therefore y = 14$

(2) $\overline{AD} = \overline{DB}$, $\overline{AE} = \overline{EC}$이므로 $\overline{DE} /\!/ \overline{BC}$

△ADE에서 $\angle ADE = 180° - (70° + 65°) = 45°$이므로

$\angle B = \angle ADE = 45°$(동위각) $\quad \therefore x = 45$

또 $\overline{DE} = \dfrac{1}{2}\overline{BC} = \dfrac{1}{2} \times 10 = 5(cm)$ $\quad \therefore y = 5$

2 (1) $\overline{DE} = \dfrac{1}{2}\overline{AC} = \dfrac{1}{2} \times 6 = 3(cm)$,

$\overline{EF} = \dfrac{1}{2}\overline{AB} = \dfrac{1}{2} \times 8 = 4(cm)$,

$\overline{DF} = \dfrac{1}{2}\overline{BC} = \dfrac{1}{2} \times 11 = \dfrac{11}{2}(cm)$

(2) (△DEF의 둘레의 길이)$= \overline{DE} + \overline{EF} + \overline{DF}$

$= 3 + 4 + \dfrac{11}{2} = \dfrac{25}{2}(cm)$

3 (1) $\overline{AM} = \overline{MB}$, $\overline{MN} /\!/ \overline{BC}$이므로 $\overline{AN} = \overline{NC}$

$\quad \therefore \overline{AC} = 2\overline{AN} = 2 \times 3 = 6$ $\quad \therefore x = 6$

또 $\overline{BC} = 2\overline{MN} = 2 \times 5 = 10$ $\quad \therefore y = 10$

(2) $\overline{AM} = \overline{MB}$, $\overline{MN} /\!/ \overline{BC}$이므로 $\overline{AN} = \overline{NC}$

$\quad \therefore \overline{CN} = \dfrac{1}{2}\overline{AC} = \dfrac{1}{2} \times 14 = 7$ $\quad \therefore x = 7$

또 $\overline{MN} = \dfrac{1}{2}\overline{BC} = \dfrac{1}{2} \times 18 = 9$ $\quad \therefore y = 9$

4 (1) △AMN과 △CME에서

∠MAN = ∠MCE (엇각), $\overline{AM} = \overline{CM}$,

∠AMN = ∠CME (맞꼭지각)이므로

△AMN≡△CME (ASA 합동)

(2) △AMN≡△CME (ASA 합동)이므로

$\overline{AN} = \overline{CE} = 3\,cm$

(3) △DBE에서 $\overline{DA} = \overline{AB}$, $\overline{AN} /\!/ \overline{BE}$이므로

$\overline{BE} = 2\overline{AN} = 2 \times 3 = 6(cm)$

유형 **4** P. 82

1 (1) 5, 3, 8 (2) 5, 3, 2

2 (1) 11 (2) 7 (3) 10

3 (1) 5 (2) 12 (3) 14

1 $\overline{AD} /\!/ \overline{BC}$, $\overline{AM} = \overline{MB}$, $\overline{DN} = \overline{NC}$이므로

$\overline{AD} /\!/ \overline{MN} /\!/ \overline{BC}$

(1) △ABC에서 $\overline{AM} = \overline{MB}$, $\overline{ME} /\!/ \overline{BC}$이므로

$\overline{ME} = \dfrac{1}{2}\overline{BC} = \dfrac{1}{2} \times 10 = 5$

△ACD에서 $\overline{DN} = \overline{NC}$, $\overline{AD} /\!/ \overline{EN}$이므로

$\overline{EN} = \dfrac{1}{2}\overline{AD} = \dfrac{1}{2} \times 6 = 3$

$\quad \therefore \overline{MN} = \overline{ME} + \overline{EN} = 5 + 3 = 8$

(2) $\triangle$ABC에서 $\overline{AM}=\overline{MB}$, $\overline{MQ}/\!/\overline{BC}$이므로

$\overline{MQ}=\dfrac{1}{2}\overline{BC}=\dfrac{1}{2}\times10=5$

$\triangle$ABD에서 $\overline{AM}=\overline{MB}$, $\overline{AD}/\!/\overline{MP}$이므로

$\overline{MP}=\dfrac{1}{2}\overline{AD}=\dfrac{1}{2}\times6=3$

$\therefore \overline{PQ}=\overline{MQ}-\overline{MP}=5-3=2$

2 $\overline{AD}/\!/\overline{BC}$, $\overline{AM}=\overline{MB}$, $\overline{DN}=\overline{NC}$이므로
$\overline{AD}/\!/\overline{MN}/\!/\overline{BC}$

다음 그림과 같이 $\overline{AC}$를 긋고, $\overline{AC}$와 $\overline{MN}$의 교점을 E라고
하면

(1) $\triangle$ABC에서
$\overline{AM}=\overline{MB}$, $\overline{ME}/\!/\overline{BC}$이므로
$\overline{ME}=\dfrac{1}{2}\overline{BC}=\dfrac{1}{2}\times12=6$

$\triangle$ACD에서
$\overline{DN}=\overline{NC}$, $\overline{AD}/\!/\overline{EN}$이므로
$\overline{EN}=\dfrac{1}{2}\overline{AD}=\dfrac{1}{2}\times10=5$

$\therefore x=\overline{ME}+\overline{EN}=6+5=11$

(2) $\triangle$ACD에서
$\overline{DN}=\overline{NC}$, $\overline{AD}/\!/\overline{EN}$이므로
$\overline{EN}=\dfrac{1}{2}\overline{AD}=\dfrac{1}{2}\times5=\dfrac{5}{2}$

$\therefore \overline{ME}=\overline{MN}-\overline{EN}=6-\dfrac{5}{2}=\dfrac{7}{2}$

$\triangle$ABC에서 $\overline{AM}=\overline{MB}$, $\overline{ME}/\!/\overline{BC}$이므로
$x=2\overline{ME}=2\times\dfrac{7}{2}=7$

(3) $\triangle$ABC에서
$\overline{AM}=\overline{MB}$, $\overline{ME}/\!/\overline{BC}$이므로
$\overline{ME}=\dfrac{1}{2}\overline{BC}=\dfrac{1}{2}\times16=8$

$\therefore \overline{EN}=\overline{MN}-\overline{ME}=13-8=5$
$\triangle$ACD에서
$\overline{DN}=\overline{NC}$, $\overline{AD}/\!/\overline{EN}$이므로
$x=2\overline{EN}=2\times5=10$

3 $\overline{AD}/\!/\overline{BC}$, $\overline{AM}=\overline{MB}$, $\overline{DN}=\overline{NC}$이므로
$\overline{AD}/\!/\overline{MN}/\!/\overline{BC}$

(1) $\triangle$ABC에서 $\overline{AM}=\overline{MB}$, $\overline{MQ}/\!/\overline{BC}$이므로
$\overline{MQ}=\dfrac{1}{2}\overline{BC}=\dfrac{1}{2}\times18=9$
$\triangle$ABD에서 $\overline{AM}=\overline{MB}$, $\overline{AD}/\!/\overline{MP}$이므로
$\overline{MP}=\dfrac{1}{2}\overline{AD}=\dfrac{1}{2}\times8=4$
$\therefore x=\overline{MQ}-\overline{MP}=9-4=5$

(2) $\triangle$ABC에서 $\overline{AM}=\overline{MB}$, $\overline{MQ}/\!/\overline{BC}$이므로
$\overline{MQ}=\dfrac{1}{2}\overline{BC}=\dfrac{1}{2}\times20=10$
$\therefore \overline{MP}=\overline{MQ}-\overline{PQ}=10-4=6$
$\triangle$ABD에서 $\overline{AM}=\overline{MB}$, $\overline{AD}/\!/\overline{MP}$이므로
$x=2\overline{MP}=2\times6=12$

---

(3) $\triangle$ABD에서 $\overline{AM}=\overline{MB}$, $\overline{AD}/\!/\overline{MP}$이므로
$\overline{MP}=\dfrac{1}{2}\overline{AD}=\dfrac{1}{2}\times10=5$
$\therefore \overline{MQ}=\overline{MP}+\overline{PQ}=5+2=7$
$\triangle$ABC에서 $\overline{AM}=\overline{MB}$, $\overline{MQ}/\!/\overline{BC}$이므로
$x=2\overline{MQ}=2\times7=14$

🔵 쌍둥이 **기출문제** P. 83~84

1 53		**2** 10		**3** 6 cm		**4** 4 cm		**5** 10 cm	
6 ⑤		**7** 9 cm		**8** 6 cm		**9** 24 cm		**10** 6 cm	
11 22 cm		**12** 34 cm		**13** 3 cm		**14** 10 cm			

[1~10] 삼각형의 두 변의 중점을 연결한 선분의 성질

(1) $\triangle$ABC에서
$\overline{AM}=\overline{MB}$, $\overline{AN}=\overline{NC}$
$\Rightarrow$ $\overline{MN}/\!/\overline{BC}$, $\overline{MN}=\dfrac{1}{2}\overline{BC}$

(2) $\triangle$ABC에서
$\overline{AM}=\overline{MB}$, $\overline{MN}/\!/\overline{BC}$
$\Rightarrow$ $\overline{AN}=\overline{NC}$

1 $\overline{AM}=\overline{MB}$, $\overline{AN}=\overline{NC}$이므로 $\overline{MN}/\!/\overline{BC}$
$\therefore \angle$AMN$=\angle$B$=35°$(동위각) $\therefore x=35$
또 $\overline{BC}=2\overline{MN}=2\times9=18$(cm) $\therefore y=18$
$\therefore x+y=35+18=53$

2 $\overline{AM}=\overline{MB}$, $\overline{MN}/\!/\overline{BC}$이므로 $\overline{AN}=\overline{NC}$
$\therefore \overline{AC}=2\overline{AN}=2\times8=16$(cm) $\therefore x=16$
또 $\overline{MN}=\dfrac{1}{2}\overline{BC}=\dfrac{1}{2}\times12=6$(cm) $\therefore y=6$
$\therefore x-y=16-6=10$

3 $\triangle$ABC에서 $\overline{AM}=\overline{MB}$, $\overline{AN}=\overline{NC}$이므로
$\overline{MN}=\dfrac{1}{2}\overline{BC}=\dfrac{1}{2}\times6=3$(cm)
$\triangle$DBC에서 $\overline{DP}=\overline{PB}$, $\overline{PQ}=\overline{QC}$이므로
$\overline{PQ}=\dfrac{1}{2}\overline{BC}=\dfrac{1}{2}\times6=3$(cm)
$\therefore \overline{MN}+\overline{PQ}=3+3=6$(cm)

4 $\triangle$DBC에서 $\overline{DP}=\overline{PB}$, $\overline{DQ}=\overline{QC}$이므로
$\overline{BC}=2\overline{PQ}=2\times4=8$(cm)
$\triangle$ABC에서 $\overline{AM}=\overline{MB}$, $\overline{AN}=\overline{NC}$이므로
$\overline{MN}=\dfrac{1}{2}\overline{BC}=\dfrac{1}{2}\times8=4$(cm)

5
$\overline{PQ}=\dfrac{1}{2}\overline{AC}=\dfrac{1}{2}\times 7=\dfrac{7}{2}(cm)$ · · · (ⅰ)

$\overline{QR}=\dfrac{1}{2}\overline{AB}=\dfrac{1}{2}\times 8=4(cm)$ · · · (ⅱ)

$\overline{PR}=\dfrac{1}{2}\overline{BC}=\dfrac{1}{2}\times 5=\dfrac{5}{2}(cm)$ · · · (ⅲ)

$\therefore$ (△PQR의 둘레의 길이)$=\overline{PQ}+\overline{QR}+\overline{PR}$
$=\dfrac{7}{2}+4+\dfrac{5}{2}$
$=10(cm)$ · · · (ⅳ)

채점 기준	비율
(ⅰ) $\overline{PQ}$의 길이 구하기	30 %
(ⅱ) $\overline{QR}$의 길이 구하기	30 %
(ⅲ) $\overline{PR}$의 길이 구하기	30 %
(ⅳ) △PQR의 둘레의 길이 구하기	10 %

6
$\overline{AB}=2\overline{EF}=2\times 4=8(cm)$,
$\overline{BC}=2\overline{DF}=2\times 5=10(cm)$,
$\overline{AC}=2\overline{DE}=2\times 6=12(cm)$
$\therefore$ (△ABC의 둘레의 길이)$=\overline{AB}+\overline{BC}+\overline{CA}$
$=8+10+12=30(cm)$

7
△AEC에서 $\overline{AD}=\overline{DE}$, $\overline{AF}=\overline{FC}$이므로 $\overline{DF}\,/\!/\,\overline{EC}$
△BFD에서 $\overline{BE}=\overline{ED}$, $\overline{EP}\,/\!/\,\overline{DF}$이므로
$\overline{DF}=2\overline{EP}=2\times 3=6(cm)$
△AEC에서 $\overline{EC}=2\overline{DF}=2\times 6=12(cm)$
$\therefore \overline{CP}=\overline{EC}-\overline{EP}=12-3=9(cm)$

8
△BCD에서 $\overline{BE}=\overline{ED}$, $\overline{BF}=\overline{FC}$이므로 $\overline{EF}\,/\!/\,\overline{DC}$
$\therefore \overline{DC}=2\overline{EF}=2\times 4=8(cm)$
△AEF에서 $\overline{DP}=\dfrac{1}{2}\overline{EF}=\dfrac{1}{2}\times 4=2(cm)$
$\therefore \overline{CP}=\overline{DC}-\overline{DP}=8-2=6(cm)$

9
△DEG≡△FEC (ASA 합동)이므로
$\overline{DG}=\overline{FC}=8\,cm$
△ABC에서
$\overline{AD}=\overline{DB}$, $\overline{DG}\,/\!/\,\overline{BC}$이므로
$\overline{BC}=2\overline{DG}=2\times 8=16(cm)$
$\therefore \overline{BF}=\overline{BC}+\overline{CF}$
$=16+8=24(cm)$

10 오른쪽 그림과 같이 점 D를 지나고 $\overline{BF}$에 평행한 직선을 그어 $\overline{AC}$와 만나는 점을 G라고 하면
△ABC에서
$\overline{AD}=\overline{DB}$, $\overline{DG}\,/\!/\,\overline{BC}$이므로
$\overline{DG}=\dfrac{1}{2}\overline{BC}=\dfrac{1}{2}\times 12=6(cm)$
이때 △DEG≡△FEC (ASA 합동)이므로
$\overline{CF}=\overline{GD}=6\,cm$

[11~12] 사각형의 각 변의 중점을 연결하여 만든 사각형
□ABCD에서 $\overline{AB}$, $\overline{BC}$, $\overline{CD}$, $\overline{DA}$의 중점을 각각 P, Q, R, S라고 하면
(1) $\overline{AC}\,/\!/\,\overline{PQ}\,/\!/\,\overline{SR}$, $\overline{PQ}=\overline{SR}=\dfrac{1}{2}\overline{AC}$
(2) $\overline{BD}\,/\!/\,\overline{PS}\,/\!/\,\overline{QR}$, $\overline{PS}=\overline{QR}=\dfrac{1}{2}\overline{BD}$
(3) (□PQRS의 둘레의 길이)$=\overline{AC}+\overline{BD}$

11
△ABC와 △ACD에서
$\overline{PQ}=\overline{SR}=\dfrac{1}{2}\overline{AC}=\dfrac{1}{2}\times 10=5(cm)$
△ABD와 △BCD에서
$\overline{PS}=\overline{QR}=\dfrac{1}{2}\overline{BD}=\dfrac{1}{2}\times 12=6(cm)$
$\therefore$ (□PQRS의 둘레의 길이)$=\overline{PQ}+\overline{QR}+\overline{RS}+\overline{SP}$
$=5+6+5+6$
$=22(cm)$

참고 △ABD에서 $\overline{AP}=\overline{PB}$, $\overline{AS}=\overline{SD}$이므로
$\overline{PS}\,/\!/\,\overline{BD}$, $\overline{PS}=\dfrac{1}{2}\overline{BD}$
△BCD에서 $\overline{CQ}=\overline{QB}$, $\overline{CR}=\overline{RD}$이므로
$\overline{QR}\,/\!/\,\overline{BD}$, $\overline{QR}=\dfrac{1}{2}\overline{BD}$
따라서 □PQRS에서 $\overline{PS}\,/\!/\,\overline{QR}$, $\overline{PS}=\overline{QR}$이므로 □PQRS
는 평행사변형이다.

12
$\overline{EF}=\overline{HG}=\dfrac{1}{2}\overline{AC}$이므로
$\overline{AC}=\overline{EF}+\overline{HG}$
$\overline{EH}=\overline{FG}=\dfrac{1}{2}\overline{BD}$이므로
$\overline{BD}=\overline{EH}+\overline{FG}$
$\therefore \overline{AC}+\overline{BD}=\overline{EF}+\overline{HG}+\overline{EH}+\overline{FG}$
$=($□EFGH의 둘레의 길이$)$
$=34(cm)$

[13~14] 사다리꼴에서 삼각형의 두 변의 중점을 연결한 선분의 성질의 응용
(1) $\overline{AD}\,/\!/\,\overline{MN}\,/\!/\,\overline{BC}$
(2) $\overline{MN}=\overline{MF}+\overline{FN}=\dfrac{1}{2}(\overline{BC}+\overline{AD})$
(3) $\overline{EF}=\overline{MF}-\overline{ME}=\dfrac{1}{2}(\overline{BC}-\overline{AD})$
(단, $\overline{BC}>\overline{AD}$)

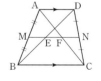

13
$\overline{AD}\,/\!/\,\overline{BC}$, $\overline{AM}=\overline{MB}$, $\overline{DN}=\overline{NC}$이므로
$\overline{AD}\,/\!/\,\overline{MN}\,/\!/\,\overline{BC}$
△ABC에서 $\overline{AM}=\overline{MB}$, $\overline{MF}\,/\!/\,\overline{BC}$이므로
$\overline{MF}=\dfrac{1}{2}\overline{BC}=\dfrac{1}{2}\times 18=9(cm)$
△ABD에서 $\overline{AM}=\overline{MB}$, $\overline{AD}\,/\!/\,\overline{ME}$이므로
$\overline{ME}=\dfrac{1}{2}\overline{AD}=\dfrac{1}{2}\times 12=6(cm)$
$\therefore \overline{EF}=\overline{MF}-\overline{ME}=9-6=3(cm)$

14 $\overline{AD} /\!/ \overline{BC}$, $\overline{AM}=\overline{MB}$, $\overline{DN}=\overline{NC}$이므로
$\overline{AD} /\!/ \overline{MN} /\!/ \overline{BC}$
$\triangle ABD$에서 $\overline{AM}=\overline{MB}$, $\overline{AD} /\!/ \overline{MP}$이므로
$\overline{MP}=\dfrac{1}{2}\overline{AD}=\dfrac{1}{2}\times 6=3(cm)$
$\therefore \overline{MQ}=\overline{MP}+\overline{PQ}=3+2=5(cm)$
$\triangle ABC$에서 $\overline{AM}=\overline{MB}$, $\overline{MQ} /\!/ \overline{BC}$이므로
$\overline{BC}=2\overline{MQ}=2\times 5=10(cm)$

⌢3 평행선과 선분의 길이의 비

유형 **5**   **P. 85**

1 (1) $1:2$ (2) $4:5$ (3) $3:2$

2 (1) 12 (2) $\dfrac{25}{6}$ (3) 15

3 (1) $x=\dfrac{9}{4},\ y=\dfrac{9}{2}$ (2) $x=\dfrac{24}{5},\ y=\dfrac{20}{3}$
   (3) $x=4,\ y=8$ (4) $x=24,\ y=16$

1 (1) $a:b=2:4=1:2$
(3) $a:b=12:(12-4)=3:2$

2 (1) $4:8=6:x$, $4x=48$ $\therefore x=12$
(2) $6:5=5:x$, $6x=25$ $\therefore x=\dfrac{25}{6}$
(3) $6:(x-6)=8:(20-8)$, $8x-48=72$
     $8x=120$ $\therefore x=15$

3 (1) $3:4=x:3$, $4x=9$ $\therefore x=\dfrac{9}{4}$
     $4:6=3:y$, $4y=18$ $\therefore y=\dfrac{9}{2}$
(2) $6:x=5:4$, $5x=24$ $\therefore x=\dfrac{24}{5}$
     $4:y=\dfrac{24}{5}:8$, $\dfrac{24}{5}y=32$ $\therefore y=\dfrac{20}{3}$
(3) $6:3=8:x$, $6x=24$ $\therefore x=4$
     $8:4=y:(12-y)$, $4y=96-8y$
     $12y=96$ $\therefore y=8$
(4) $x:18=20:15$, $15x=360$ $\therefore x=24$
     $20:15=y:12$, $15y=240$ $\therefore y=16$

유형 **6**   **P. 86**

1 (1) 그림은 풀이 참조, 5, 2, 8   (2) 11, $\dfrac{22}{5}$, 6, $\dfrac{18}{5}$, 8

2 (1) 3, 1, 4   (2) 4, 3, 7   **3** (1) 10   (2) 9

---

1 (1) 오른쪽 그림에서
$\overline{GF}=\overline{HC}=\overline{AD}=6$
$\triangle ABH$에서 $4:(4+6)=\overline{EG}:5$
$10\overline{EG}=20$ $\therefore \overline{EG}=2$
$\therefore \overline{EF}=\overline{EG}+\overline{GF}=2+6=8$

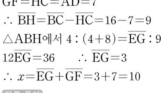

(2) $\triangle ABC$에서 $4:(4+6)=\overline{EG}:11$
$10\overline{EG}=44$ $\therefore \overline{EG}=\dfrac{22}{5}$
$\triangle ACD$에서 $6:(6+4)=\overline{GF}:6$
$10\overline{GF}=36$ $\therefore \overline{GF}=\dfrac{18}{5}$
$\therefore \overline{EF}=\overline{EG}+\overline{GF}=\dfrac{22}{5}+\dfrac{18}{5}=8$

2 (1) $\overline{GF}=\overline{HC}=\overline{AD}=3$이므로
$\overline{BH}=\overline{BC}-\overline{HC}=6-3=3$
$\triangle ABH$에서 $1:(1+2)=\overline{EG}:3$
$3\overline{EG}=3$ $\therefore \overline{EG}=1$
$\therefore \overline{EF}=\overline{EG}+\overline{GF}=1+3=4$
(2) $\triangle ABC$에서 $2:(2+3)=\overline{EG}:10$
$5\overline{EG}=20$ $\therefore \overline{EG}=4$
$\triangle ACD$에서 $3:(3+2)=\overline{GF}:5$
$5\overline{GF}=15$ $\therefore \overline{GF}=3$
$\therefore \overline{EF}=\overline{EG}+\overline{GF}=4+3=7$

3 (1) 오른쪽 그림과 같이 점 A를 지
나고 $\overline{DC}$에 평행한 직선을 그어
$\overline{EF}$, $\overline{BC}$와 만나는 점을 각각 G,
H라고 하면
$\overline{GF}=\overline{HC}=\overline{AD}=7$
$\therefore \overline{BH}=\overline{BC}-\overline{HC}=16-7=9$
$\triangle ABH$에서 $4:(4+8)=\overline{EG}:9$
$12\overline{EG}=36$ $\therefore \overline{EG}=3$
$\therefore x=\overline{EG}+\overline{GF}=3+7=10$

[다른 풀이]

오른쪽 그림과 같이 $\overline{AC}$를 그어
$\overline{EF}$와 만나는 점을 G라고 하면
$\triangle ABC$에서
$4:(4+8)=\overline{EG}:16$
$12\overline{EG}=64$ $\therefore \overline{EG}=\dfrac{16}{3}$
$\triangle ACD$에서 $8:(8+4)=\overline{GF}:7$
$12\overline{GF}=56$ $\therefore \overline{GF}=\dfrac{14}{3}$
$\therefore x=\overline{EG}+\overline{GF}=\dfrac{16}{3}+\dfrac{14}{3}=10$

(2) 오른쪽 그림과 같이 점 A를 지나고
$\overline{DC}$에 평행한 직선을 그어 $\overline{EF}$, $\overline{BC}$
와 만나는 점을 각각 G, H라고 하면
$\overline{GF}=\overline{HC}=\overline{AD}=3$
$\therefore \overline{EG}=\overline{EF}-\overline{GF}=5-3=2$

△ABH에서 $3:(3+6)=2:\overline{BH}$

$3\overline{BH}=18$ ∴ $\overline{BH}=6$

∴ $x=\overline{BH}+\overline{HC}=6+3=9$

다른 풀이

오른쪽 그림과 같이 $\overline{AC}$를 그어 $\overline{EF}$ 와 만나는 점을 G라고 하면

△ACD에서 $6:(6+3)=\overline{GF}:3$

$9\overline{GF}=18$ ∴ $\overline{GF}=2$

∴ $\overline{EG}=\overline{EF}-\overline{GF}=5-2=3$

△ABC에서 $3:(3+6)=3:x$, $3x=27$ ∴ $x=9$

유형 7   P. 87

1   $2, 3, 3, \dfrac{6}{5}$

2   (1) $1:2, 1:3, 4$ (2) $\dfrac{24}{5}$ (3) $1:3, 2:3, 3$ (4) 12

3   (1) $6, 8$ (2) $6, 16$

2   (1) △ABE∽△CDE(AA 닮음)이므로

$\overline{BE}:\overline{DE}=\overline{AB}:\overline{CD}=6:12=1:2$

∴ $\overline{BE}:\overline{BD}=1:(1+2)=1:3$

△BCD에서 $\overline{EF}:12=1:3$

$3\overline{EF}=12$ ∴ $\overline{EF}=4$

(2) △ABE∽△CDE(AA 닮음)이므로

$\overline{BE}:\overline{DE}=\overline{AB}:\overline{CD}=12:8=3:2$

△BCD에서 $\overline{EF}:8=3:(3+2)$

$5\overline{EF}=24$ ∴ $\overline{EF}=\dfrac{24}{5}$

(3) △CEF∽△CAB(AA 닮음)이므로

$\overline{CF}:\overline{CB}=\overline{EF}:\overline{AB}=2:6=1:3$

∴ $\overline{BF}:\overline{BC}=(3-1):1=2:3$

△BCD에서 $2:\overline{DC}=2:3$

$2\overline{DC}=6$ ∴ $\overline{DC}=3$

(4) △CEF∽△CAB(AA 닮음)이므로

$\overline{CF}:\overline{CB}=\overline{EF}:\overline{AB}=4:6=2:3$

∴ $\overline{BF}:\overline{BC}=(3-2):3=1:3$

△BCD에서 $4:\overline{DC}=1:3$ ∴ $\overline{DC}=12$

3   (1) △ABE∽△CDE(AA 닮음)이므로

$\overline{BE}:\overline{DE}=\overline{AB}:\overline{CD}=10:15=2:3$

△BCD에서

$\overline{EF}:15=2:(2+3)$, $5\overline{EF}=30$ ∴ $\overline{EF}=6$

$\overline{BF}:20=2:(2+3)$, $5\overline{BF}=40$ ∴ $\overline{BF}=8$

(2) △ABE∽△CDE(AA 닮음)이므로

$\overline{AE}:\overline{CE}=\overline{AB}:\overline{CD}=9:18=1:2$

△CAB에서

$\overline{EF}:9=2:(2+1)$, $3\overline{EF}=18$ ∴ $\overline{EF}=6$

$\overline{CF}:24=2:(2+1)$, $3\overline{CF}=48$ ∴ $\overline{CF}=16$

쌍둥이 기출문제   P. 88

1   40   2   ④   3   2   4   9 cm

5   $x=\dfrac{8}{3}, y=\dfrac{13}{3}$ 6 $x=2, y=15$ 7 $\dfrac{9}{2}$ cm

8   27

[1~2] 평행선 사이에 있는 선분의 길이의 비

⇨ $l\,/\!/\,m\,/\!/\,n$이면 $a:b=a':b'$

1   $9:6=10:x$, $9x=60$ ∴ $x=\dfrac{20}{3}$

$9:6=y:4$, $6y=36$ ∴ $y=6$

∴ $xy=\dfrac{20}{3}\times6=40$

2   $8:6=10:x$, $8x=60$ ∴ $x=\dfrac{15}{2}$

$8:(8+6)=12:y$, $8y=168$ ∴ $y=21$

∴ $2x+y=2\times\dfrac{15}{2}+21=36$

[3~6] 사다리꼴에서 평행선과 선분의 길이의 비

방법1 평행선 긋기   방법2 대각선 긋기

⇨ $\overline{EG}:\overline{BH}=m:(m+n)$ ⇨ $\overline{EG}:\overline{BC}=m:(m+n)$

                                 $\overline{GF}:\overline{AD}=n:(m+n)$

3   $\overline{GF}=\overline{HC}=\overline{AD}=3$이므로

$\overline{BH}=\overline{BC}-\overline{HC}=8-3=5$

△ABH에서 $2:(2+3)=\overline{EG}:5$

$5\overline{EG}=10$ ∴ $\overline{EG}=2$

4   오른쪽 그림과 같이 점 A를 지나고 $\overline{DC}$에 평행한 직선을 그어 $\overline{EF}$, $\overline{BC}$와 만나는 점을 각각 G, H라고 하면

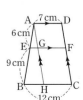

$\overline{GF}=\overline{HC}=\overline{AD}=7$ cm

∴ $\overline{BH}=\overline{BC}-\overline{HC}$

      $=12-7=5$(cm)

△ABH에서 $6:(6+9)=\overline{EG}:5$

$15\overline{EG}=30$ ∴ $\overline{EG}=2$(cm)

∴ $\overline{EF}=\overline{EG}+\overline{GF}=2+7=9$(cm)

5 △ABD에서 $6:(6+3)=x:4$

$9x=24$ ∴ $x=\dfrac{8}{3}$

△DBC에서 $3:(3+6)=y:13$

$9y=39$ ∴ $y=\dfrac{13}{3}$

6 △ABD에서 $1:(1+2)=x:6$

$3x=6$ ∴ $x=2$

△DBC에서 $2:(2+1)=10:y$

$2y=30$ ∴ $y=15$

[7~8] 평행선과 선분의 길이의 비의 응용
색칠한 삼각형에서 닮음비는 다음과 같다.

(1)
$⇒ a:b$

(2)
$⇒ b:(b+a)$

(3)
$⇒ a:(a+b)$

7 △BCD에서 $\overline{BF}:\overline{BC}=\overline{EF}:\overline{DC}=3:9=1:3$

△CAB에서 $(3-1):3=3:\overline{AB}$

$2\overline{AB}=9$ ∴ $\overline{AB}=\dfrac{9}{2}$ (cm)

8 △ABE∽△CDE (AA 닮음)이므로
$\overline{BE}:\overline{DE}=\overline{AB}:\overline{CD}=21:28=3:4$

△BCD에서

$3:(3+4)=x:35,\ 7x=105$ ∴ $x=15$

$3:(3+4)=y:28,\ 7y=84$ ∴ $y=12$

∴ $x+y=15+12=27$

◠4 삼각형의 무게중심

유형 8   P. 89

1 (1) $x=10$ (2) $x=3$ (3) $x=5,\ y=4$ (4) $x=9,\ y=8$
  (5) $x=5,\ y=8$
2 (1) 5 cm (2) 6 cm
3 (1) $x=12,\ y=8$ (2) $x=4,\ y=18$

1 (1) $\overline{AG}:\overline{GD}=2:1$이므로
  $x=2\overline{GD}=2\times5=10$

 (2) $\overline{AG}:\overline{GD}=2:1$이므로
  $x=\dfrac{1}{3}\overline{AD}=\dfrac{1}{3}\times9=3$

(3) $\overline{CF}$는 △ABC의 중선이므로
  $x=\dfrac{1}{2}\overline{AB}=\dfrac{1}{2}\times10=5$

  $\overline{CG}:\overline{GF}=2:1$이므로

  $y=\dfrac{1}{2}\overline{CG}=\dfrac{1}{2}\times8=4$

(4) $\overline{BG}:\overline{GD}=2:1$이므로

  $x=\dfrac{3}{2}\overline{BG}=\dfrac{3}{2}\times6=9$

  $\overline{BD}$는 △ABC의 중선이므로

  $y=2\overline{AD}=2\times4=8$

(5) $\overline{BG}:\overline{GE}=2:1$이므로

  $x=\dfrac{1}{2}\overline{BG}=\dfrac{1}{2}\times10=5$

  $\overline{AG}:\overline{GD}=2:1$이므로

  $y=\dfrac{2}{3}\overline{AD}=\dfrac{2}{3}\times12=8$

2 직각삼각형에서 빗변의 중점 D는 외심이고,
 외심으로부터 세 꼭짓점에 이르는 거리는 같다.
 즉, $\overline{AD}=\overline{BD}=\overline{CD}$

(1) $\overline{BD}=\dfrac{1}{2}\overline{AC}=\dfrac{1}{2}\times30=15$ (cm)

  이때 $\overline{BG}:\overline{GD}=2:1$이므로

  $\overline{GD}=\dfrac{1}{3}\overline{BD}=\dfrac{1}{3}\times15=5$ (cm)

(2) $\overline{AD}=\overline{CD}=18$ cm

  이때 $\overline{AG}:\overline{GD}=2:1$이므로

  $\overline{GD}=\dfrac{1}{3}\overline{AD}=\dfrac{1}{3}\times18=6$ (cm)

3 (1) $\overline{AG}:\overline{GD}=2:1$이므로

  $x=\dfrac{1}{2}\overline{AG}=\dfrac{1}{2}\times24=12$

  $\overline{GG'}:\overline{G'D}=2:1$이므로

  $y=\dfrac{2}{3}\overline{GD}=\dfrac{2}{3}\times12=8$

(2) $\overline{GG'}:\overline{G'D}=2:1$이므로

  $x=2\overline{G'D}=2\times2=4$

  $\overline{AG}:\overline{GD}=2:1$이므로

  $y=3\overline{GD}=3\times(4+2)=18$

유형 9   P. 90

1 (1) 24 cm² (2) 8 cm² (3) 16 cm² (4) 16 cm²
  (5) 16 cm² (6) 4 cm²
2 (1) 24 cm² (2) 30 cm² (3) 21 cm²
3 18, 6

1 (1) △ADC$=\dfrac{1}{2}$△ABC$=\dfrac{1}{2}\times48=24$ (cm²)

 (2) △GFB$=\dfrac{1}{6}$△ABC$=\dfrac{1}{6}\times48=8$ (cm²)

(3) $\triangle GCA = \frac{1}{3}\triangle ABC = \frac{1}{3}\times 48 = 16(\mathrm{cm}^2)$

(4) $\square AFGE = \triangle GAF + \triangle GEA$

$\qquad = \frac{1}{6}\triangle ABC + \frac{1}{6}\triangle ABC$

$\qquad = \frac{1}{3}\triangle ABC$

$\qquad = \frac{1}{3}\times 48 = 16(\mathrm{cm}^2)$

(5) $\triangle GAE + \triangle GDC = \frac{1}{6}\triangle ABC + \frac{1}{6}\triangle ABC$

$\qquad\qquad\qquad\quad = \frac{1}{3}\triangle ABC$

$\qquad\qquad\qquad\quad = \frac{1}{3}\times 48 = 16(\mathrm{cm}^2)$

(6) $\triangle GDC = \frac{1}{6}\triangle ABC = \frac{1}{6}\times 48 = 8(\mathrm{cm}^2)$

이때 $\overline{GE} = \overline{EC}$이므로

$\triangle EDC = \frac{1}{2}\triangle GDC = \frac{1}{2}\times 8 = 4(\mathrm{cm}^2)$

2 (1) $\triangle ABC = 2\triangle ADC = 2\times 12 = 24(\mathrm{cm}^2)$

(2) $\triangle ABC = 6\triangle GCE = 6\times 5 = 30(\mathrm{cm}^2)$

(3) $\triangle ABC = 3\triangle GBC = 3\times 7 = 21(\mathrm{cm}^2)$

3 점 G는 $\triangle ABC$의 무게중심이므로

$\triangle GBC = \frac{1}{3}\triangle ABC = \frac{1}{3}\times 54 = 18(\mathrm{cm}^2)$

점 G′은 $\triangle GBC$의 무게중심이므로

$\triangle GG'C = \frac{1}{3}\triangle GBC = \frac{1}{3}\times 18 = 6(\mathrm{cm}^2)$

한 걸음 🤚 연습　　　　　　　　　　　P. 91

1 $\dfrac{3}{2}$, 12, $\dfrac{1}{2}$, 6　　　　　**2** $x=6$, $y=\dfrac{9}{2}$

3 2, 1, 8, 2, 3, $\dfrac{9}{2}$　　　　　**4** $x=10$, $y=4$

5 12, 6, 2, 1, 2

1 점 G는 $\triangle ABC$의 무게중심이므로

$\overline{BE} = \frac{3}{2}\overline{BG} = \frac{3}{2}\times 8 = 12$

$\triangle BCE$에서 $\overline{CD} = \overline{DB}$, $\overline{CF} = \overline{FE}$이므로

$x = \frac{1}{2}\overline{BE} = \frac{1}{2}\times 12 = 6$

2 점 G는 $\triangle ABC$의 무게중심이므로

$x = 2\overline{GD} = 2\times 3 = 6$

$\triangle ADC$에서 $\overline{CE} = \overline{EA}$, $\overline{CF} = \overline{FD}$이므로

$y = \frac{1}{2}\overline{AD} = \frac{1}{2}\times(6+3) = \frac{9}{2}$

---

3 점 G는 $\triangle ABC$의 무게중심이고, $\overline{EF}\,/\!/\,\overline{BC}$이므로

$\triangle ADC$에서 $\overline{AF}:\overline{FC} = \overline{AG}:\overline{GD} = 2:1$

즉, $x:4 = 2:1$이므로 $x=8$

또 $\overline{GF}:\overline{DC} = \overline{AG}:\overline{AD} = 2:3$이므로

$3:y = 2:3$, $2y=9$　　$\therefore y = \dfrac{9}{2}$

4 점 G는 $\triangle ABC$의 무게중심이므로

$x = 2\overline{GD} = 2\times 5 = 10$

$\triangle ABD$에서 $\overline{EG}\,/\!/\,\overline{BD}$이므로

$\overline{EG}:\overline{BD} = \overline{AG}:\overline{AD} = 2:3$

이때 $\overline{BD} = \frac{1}{2}\overline{BC} = \frac{1}{2}\times 12 = 6$이므로

$y:6 = 2:3$, $3y=12$　　$\therefore y=4$

5 $\triangle ABC$에서 $\overline{AE} = \overline{EC}$이므로

$\triangle ABE = \frac{1}{2}\triangle ABC = \frac{1}{2}\times 24 = 12(\mathrm{cm}^2)$

$\triangle ABE$에서 $\overline{AD} = \overline{DB}$이므로

$\triangle DBE = \frac{1}{2}\triangle ABE = \frac{1}{2}\times 12 = 6(\mathrm{cm}^2)$

$\triangle DBE$에서 $\overline{BG}:\overline{GE} = 2:1$이므로

$\triangle DGE = \frac{1}{3}\triangle DBE = \frac{1}{3}\times 6 = 2(\mathrm{cm}^2)$

유형10　　　　　　　　　　　　　　　P. 92

1 (1) 3 cm　　(2) 6 cm　　(3) 6 cm　　(4) 18 cm

2 (1) 4 cm, 12 cm　　(2) 12 cm, 6 cm

3 30, 5, 10

4 (1) 21 cm²　　(2) 7 cm²　　(3) 14 cm²

1 (1) 점 P는 $\triangle ABC$의 무게중심이므로

$\overline{PO} = \frac{1}{2}\overline{BP} = \frac{1}{2}\times 6 = 3(\mathrm{cm})$

(2), (3) $\overline{PQ} = \overline{QD} = \overline{BP} = 6\,\mathrm{cm}$

(4) $\overline{BD} = 3\overline{BP} = 3\times 6 = 18(\mathrm{cm})$

참고 $\overline{BP}:\overline{PO} = 2:1$, $\overline{DQ}:\overline{QO} = 2:1$이고, $\overline{BO} = \overline{DO}$이므로

$\overline{BP}:\overline{PQ}:\overline{QD} = 2:(1+1):2 = 1:1:1$

$\therefore \overline{BP} = \overline{PQ} = \overline{QD} = \frac{1}{3}\overline{BD}$

2 두 점 P, Q는 각각 $\triangle ABC$, $\triangle ACD$의 무게중심이다.

(1) $\overline{BP} = \overline{PQ} = 4\,\mathrm{cm}$

$\overline{BD} = 3\overline{PQ} = 3\times 4 = 12(\mathrm{cm})$

(2) $\overline{BP} = \frac{1}{3}\overline{BD} = \frac{1}{3}\times 36 = 12(\mathrm{cm})$

$\overline{DO} = \frac{1}{2}\overline{BD} = \frac{1}{2}\times 36 = 18(\mathrm{cm})$이므로

$\overline{OQ} = \frac{1}{3}\overline{DO} = \frac{1}{3}\times 18 = 6(\mathrm{cm})$

3 $\triangle ABC = \dfrac{1}{2}\square ABCD = \dfrac{1}{2} \times 60 = 30 \,(\text{cm}^2)$

점 P는 $\triangle ABC$의 무게중심이므로

$\triangle PMC = \dfrac{1}{6}\triangle ABC = \dfrac{1}{6} \times 30 = 5\,(\text{cm}^2)$

이때 $\triangle PCO = \triangle PMC = \dfrac{1}{6}\triangle ABC$이므로

$\square PMCO = \triangle PMC + \triangle PCO$
$= 2\triangle PMC$
$= 2 \times 5 = 10\,(\text{cm}^2)$

4 (1) $\square AMCN = \triangle AMC + \triangle ACN$
$= \dfrac{1}{2}\triangle ABC + \dfrac{1}{2}\triangle ACD$
$= \dfrac{1}{2} \times \dfrac{1}{2}\square ABCD + \dfrac{1}{2} \times \dfrac{1}{2}\square ABCD$
$= \dfrac{1}{4}\square ABCD + \dfrac{1}{4}\square ABCD$
$= \dfrac{1}{2}\square ABCD$
$= \dfrac{1}{2} \times 42 = 21\,(\text{cm}^2)$

(2) 두 점 P, Q는 각각 $\triangle ABC$, $\triangle ACD$의 무게중심이므로

$\overline{BP} = \overline{PQ} = \overline{QD}$

즉, $\triangle ABP = \triangle APQ = \triangle AQD$이므로

$\triangle APQ = \dfrac{1}{3}\triangle ABD$
$= \dfrac{1}{3} \times \dfrac{1}{2}\square ABCD$
$= \dfrac{1}{6}\square ABCD$
$= \dfrac{1}{6} \times 42 = 7\,(\text{cm}^2)$

(3) (1), (2)에 의해
(색칠한 부분의 넓이)$= \square AMCN - \triangle APQ$
$= 21 - 7 = 14\,(\text{cm}^2)$

다른 풀이

오른쪽 그림과 같이 $\overline{PC}$, $\overline{QC}$를 각 각 그으면 점 P는 $\triangle ABC$의 무게 중심이므로

$\square PMCO$
$= \triangle PMC + \triangle PCO$
$= \dfrac{1}{6}\triangle ABC + \dfrac{1}{6}\triangle ABC$
$= \dfrac{1}{3}\triangle ABC$
$= \dfrac{1}{3} \times \dfrac{1}{2}\square ABCD$
$= \dfrac{1}{6}\square ABCD$
$= \dfrac{1}{6} \times 42 = 7\,(\text{cm}^2)$

같은 방법으로 하면 $\square OCNQ = 7\,\text{cm}^2$

∴ (색칠한 부분의 넓이)$= \square PMCO + \square OCNQ$
$= 7 + 7 = 14\,(\text{cm}^2)$

P. 93~94

1 ④	**2** ③	**3** 4 cm	**4** 9 cm
5 $\dfrac{9}{2}\,\text{cm}^2$	**6** ②	**7** 24 cm²	**8** 4 cm²
9 2 cm	**10** 9 cm	**11** 30 cm²	**12** 16 cm²

[1~4] 삼각형의 중선과 무게중심

점 G, G'이 각각 $\triangle ABC$, $\triangle GBC$의 무게중심일 때

1 $\overline{AG} : \overline{GD} = 2 : 1$이므로

$\overline{AG} = \dfrac{2}{3}\overline{AD} = \dfrac{2}{3} \times 12 = 8$ ∴ $x = 8$

$\overline{AD}$는 $\triangle ABC$의 중선이므로

$\overline{DC} = \dfrac{1}{2}\overline{BC} = \dfrac{1}{2} \times 16 = 8$ ∴ $y = 8$

∴ $x + y = 8 + 8 = 16$

2 $\overline{CG} : \overline{GD} = 2 : 1$이므로

$\overline{CD} = \dfrac{3}{2}\overline{CG} = \dfrac{3}{2} \times 14 = 21\,(\text{cm})$

이때 빗변의 중점 D는 직각삼각형 ABC의 외심이고, 외심 으로부터 세 꼭짓점에 이르는 거리는 같으므로

$\overline{AD} = \overline{BD} = \overline{CD}$

∴ $\overline{AB} = 2\overline{CD} = 2 \times 21 = 42\,(\text{cm})$

3 $\overline{AG} : \overline{GD} = 2 : 1$이므로

$\overline{GD} = \dfrac{1}{3}\overline{AD} = \dfrac{1}{3} \times 18 = 6\,(\text{cm})$

$\overline{GG'} : \overline{G'D} = 2 : 1$이므로

$\overline{GG'} = \dfrac{2}{3}\overline{GD} = \dfrac{2}{3} \times 6 = 4\,(\text{cm})$

4 $\overline{GG'} : \overline{G'D} = 2 : 1$이므로

$\overline{GD} = \dfrac{3}{2}\overline{GG'} = \dfrac{3}{2} \times 2 = 3\,(\text{cm})$

$\overline{AG} : \overline{GD} = 2 : 1$이므로

$\overline{AD} = 3\overline{GD} = 3 \times 3 = 9\,(\text{cm})$

[5~8] 삼각형의 무게중심과 넓이

점 G가 $\triangle ABC$의 무게중심일 때

$S_1 = S_2 = S_3 = S_4 = S_5 = S_6 = \dfrac{1}{6}\triangle ABC$

5 $\triangle GBD = \dfrac{1}{6}\triangle ABC = \dfrac{1}{6} \times 27 = \dfrac{9}{2}\,(\text{cm}^2)$

---

50 • 정답과 해설 _ 유형편 라이트

6 오른쪽 그림과 같이 $\overline{GC}$를 그으면 점 G는 $\triangle ABC$의 무게중심이므로

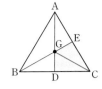

$$\square GDCE = \triangle GDC + \triangle GCE$$
$$= \frac{1}{6}\triangle ABC + \frac{1}{6}\triangle ABC$$
$$= \frac{1}{3}\triangle ABC$$
$$= \frac{1}{3} \times 24 = 8(\text{cm}^2)$$

7 (색칠한 부분의 넓이)
$$= \triangle AEG + \triangle AGF$$
$$= \frac{1}{2}\triangle ABG + \frac{1}{2}\triangle AGC$$
$$= \frac{1}{2} \times \frac{1}{3}\triangle ABC + \frac{1}{2} \times \frac{1}{3}\triangle ABC$$
$$= \frac{1}{6}\triangle ABC + \frac{1}{6}\triangle ABC$$
$$= \frac{1}{3}\triangle ABC$$
$$= \frac{1}{3} \times 72 = 24(\text{cm}^2)$$

8 점 G는 $\triangle ABC$의 무게중심이므로
$$\triangle GBC = \frac{1}{3}\triangle ABC = \frac{1}{3} \times 36 = 12(\text{cm}^2)$$
점 G'은 $\triangle GBC$의 무게중심이므로
$$\triangle GBG' = \frac{1}{3}\triangle GBC = \frac{1}{3} \times 12 = 4(\text{cm}^2)$$

> **다른 풀이**
> 점 G는 $\triangle ABC$의 무게중심이므로
> $$\triangle GBD = \frac{1}{6}\triangle ABC = \frac{1}{6} \times 36 = 6(\text{cm}^2)$$
> $\triangle GBD$에서 $\overline{GG'} : \overline{G'D} = 2 : 1$이므로
> $$\triangle GBG' : \triangle G'BD = 2 : 1$$
> $$\therefore \triangle GBG' = \frac{2}{3}\triangle GBD = \frac{2}{3} \times 6 = 4(\text{cm}^2)$$

[9~10] 평행사변형에서 삼각형의 무게중심의 응용 (1)

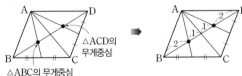

9 $\overline{BO} = \frac{1}{2}\overline{BD} = \frac{1}{2} \times 12 = 6(\text{cm})$

점 P는 $\triangle ABC$의 무게중심이므로 $\overline{BP} : \overline{PO} = 2 : 1$
$$\therefore \overline{PO} = \frac{1}{3}\overline{BO} = \frac{1}{3} \times 6 = 2(\text{cm})$$

10 두 점 P, Q는 각각 $\triangle ABC$, $\triangle ACD$의 무게중심이므로
$$\overline{BP} = \overline{QD} = \overline{PQ} = 6\,\text{cm}$$
$$\therefore \overline{BD} = 3\overline{PQ} = 3 \times 6 = 18(\text{cm})$$

$\triangle BCD$에서 $\overline{CM} = \overline{MB}$, $\overline{CN} = \overline{ND}$이므로
$$\overline{MN} = \frac{1}{2}\overline{BD} = \frac{1}{2} \times 18 = 9(\text{cm})$$

[11~12] 평행사변형에서 삼각형의 무게중심의 응용 (2)

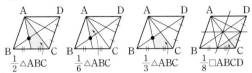

$\frac{1}{2}\triangle ABC \qquad \frac{1}{6}\triangle ABC \qquad \frac{1}{3}\triangle ABC \qquad \frac{1}{8}\square ABCD$

11 오른쪽 그림과 같이 $\overline{AC}$를 그으면 두 점 P, Q는 각각 $\triangle ABC$, $\triangle ACD$의 무게중심이므로 $\overline{BP} = \overline{PQ} = \overline{QD}$

$$\therefore \triangle APQ = \frac{1}{3}\triangle ABD$$
$$= \frac{1}{3} \times \frac{1}{2}\square ABCD$$
$$= \frac{1}{6}\square ABCD$$
$$= \frac{1}{6} \times 180 = 30(\text{cm}^2)$$

12 두 점 P, Q는 각각 $\triangle ABC$, $\triangle ACD$의 무게중심이므로
$$\triangle APO = \frac{1}{2}\triangle APQ = \frac{1}{2} \times 16 = 8(\text{cm}^2) \qquad \cdots (\text{i})$$
오른쪽 그림과 같이 $\overline{PC}$를 그으면
$\triangle ABC$에서

$$\triangle PMC = \triangle PCO = \triangle APO$$
$$= 8\,\text{cm}^2 \qquad \cdots (\text{ii})$$
$$\therefore \square PMCO = \triangle PMC + \triangle PCO$$
$$= 8 + 8 = 16(\text{cm}^2) \qquad \cdots (\text{iii})$$

채점 기준	비율
(i) $\triangle APO$의 넓이 구하기	40%
(ii) $\triangle PMC$, $\triangle PCO$의 넓이 구하기	30%
(iii) $\square PMCO$의 넓이 구하기	30%

단원 마무리 P. 95~97

1 ⑤		**2** $\frac{12}{5}$ cm		**3** $\frac{27}{5}$ cm		**4** ③, ⑤	
5 6 cm		**6** 15		**7** ③			
8 (1) 2 : 1	(2) $\frac{8}{3}$ cm		**9** 27 cm		**10** ④		
11 30 cm		**12** ④					

1 $3 : 5 = (x-10) : 10$, $5x - 50 = 30$
$$5x = 80 \qquad \therefore x = 16$$
$$3 : 5 = 6 : y, \ 3y = 30 \qquad \therefore y = 10$$
$$\therefore x + y = 16 + 10 = 26$$

2 $6:4=(6-\overline{CD}):\overline{CD}$, $6\overline{CD}=24-4\overline{CD}$

$10\overline{CD}=24$ $\therefore \overline{CD}=\dfrac{12}{5}$(cm)

다른 풀이

$\overline{BD}:\overline{CD}=\overline{AB}:\overline{AC}=6:4=3:2$이므로

$\overline{CD}=\dfrac{2}{5}\overline{BC}=\dfrac{2}{5}\times6=\dfrac{12}{5}$(cm)

3 $9:\overline{AB}=(9+6):9$, $15\overline{AB}=81$ $\therefore \overline{AB}=\dfrac{27}{5}$(cm)

4 ① $\overline{AD}=\overline{DB}$, $\overline{AF}=\overline{FC}$이므로 $\overline{DF}/\!/\overline{BC}$

② $\overline{CF}=\overline{FA}$, $\overline{CE}=\overline{EB}$이므로 $\overline{AD}=\dfrac{1}{2}\overline{AB}=\overline{EF}$

③ $\overline{DF}=\dfrac{1}{2}\overline{BC}$, $\overline{EF}=\dfrac{1}{2}\overline{AB}$

이때 $\overline{BC}$, $\overline{AB}$의 길이가 같은지 알 수 없으므로 $\overline{DF}=\overline{EF}$라고 할 수 없다.

④ △ABC와 △ADF에서

$\overline{AB}:\overline{AD}=2:1$, ∠A는 공통, $\overline{AC}:\overline{AF}=2:1$이므로 △ABC∽△ADF (SAS 닮음)

⑤ $\overline{BD}=\overline{DA}$, $\overline{BE}=\overline{EC}$이므로 $\overline{DE}=\dfrac{1}{2}\overline{AC}$

$\therefore \overline{DE}:\overline{AC}=1:2$

따라서 옳지 않은 것은 ③, ⑤이다.

5 $\overline{AD}/\!/\overline{BC}$, $\overline{AM}=\overline{MB}$, $\overline{DN}=\overline{NC}$이므로

$\overline{AD}/\!/\overline{MN}/\!/\overline{BC}$

△ABC에서 $\overline{AM}=\overline{MB}$, $\overline{MF}/\!/\overline{BC}$이므로

$\overline{MF}=\dfrac{1}{2}\overline{BC}=\dfrac{1}{2}\times16=8$(cm) $\qquad\cdots$(i)

$\therefore \overline{ME}=\overline{MF}-\overline{EF}=8-5=3$(cm) $\qquad\cdots$(ii)

△ABD에서 $\overline{AM}=\overline{MB}$, $\overline{AD}/\!/\overline{ME}$이므로

$\overline{AD}=2\overline{ME}=2\times3=6$(cm) $\qquad\cdots$(iii)

채점 기준	비율
(i) $\overline{MF}$의 길이 구하기	40%
(ii) $\overline{ME}$의 길이 구하기	20%
(iii) $\overline{AD}$의 길이 구하기	40%

6 $5:x=3:(12-3)$, $3x=45$ $\therefore x=15$

7 오른쪽 그림과 같이 점 A를 지나고 $\overline{DC}$에 평행한 직선을 그어 $\overline{EF}$, $\overline{BC}$와 만나는 점을 각각 G, H라고 하면

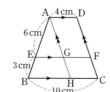

$\overline{GF}=\overline{HC}=\overline{AD}=4$ cm

$\therefore \overline{BH}=\overline{BC}-\overline{HC}$

$\qquad\quad=10-4=6$(cm)

△ABH에서 $6:(6+3)=\overline{EG}:6$

$9\overline{EG}=36$ $\therefore \overline{EG}=4$(cm)

$\therefore \overline{EF}=\overline{EG}+\overline{GF}=4+4=8$(cm)

다른 풀이

오른쪽 그림과 같이 $\overline{AC}$를 그어 $\overline{EF}$와 만나는 점을 G라고 하면

△ABC에서 $6:(6+3)=\overline{EG}:10$

$9\overline{EG}=60$ $\therefore \overline{EG}=\dfrac{20}{3}$(cm)

△ACD에서 $3:(3+6)=\overline{GF}:4$

$9\overline{GF}=12$ $\therefore \overline{GF}=\dfrac{4}{3}$(cm)

$\therefore \overline{EF}=\overline{EG}+\overline{GF}=\dfrac{20}{3}+\dfrac{4}{3}=8$(cm)

8 (1) 동위각의 크기가 90°로 같으므로

$\overline{AB}/\!/\overline{EF}/\!/\overline{DC}$

이때 △ABE∽△CDE (AA 닮음)이므로

$\overline{BE}:\overline{DE}=\overline{AB}:\overline{CD}=8:4=2:1$

(2) △BCD에서 $\overline{BE}:\overline{BD}=\overline{EF}:\overline{DC}$이므로

$2:(2+1)=\overline{EF}:4$, $3\overline{EF}=8$ $\therefore \overline{EF}=\dfrac{8}{3}$(cm)

9 $\overline{GG'}:\overline{G'D}=2:1$이므로

$\overline{GD}=3\overline{G'D}=3\times3=9$(cm)

$\overline{AG}:\overline{GD}=2:1$이므로

$\overline{AD}=3\overline{GD}=3\times9=27$(cm)

10 오른쪽 그림과 같이 $\overline{BG}$를 그으면 점 G는 △ABC의 무게중심이므로

□EBDG = △EBG + △GBD

$\qquad\quad=\dfrac{1}{6}△ABC+\dfrac{1}{6}△ABC$

$\qquad\quad=\dfrac{1}{3}△ABC$

$\therefore △ABC=3$□EBDG$=3\times15=45$(cm^2)

11 두 점 P, Q는 각각 △ABC, △ACD의 무게중심이므로

$\overline{PQ}=\overline{PO}+\overline{OQ}=2\overline{PO}=2\times5=10$(cm)

이때 $\overline{BP}=\overline{PQ}=\overline{QD}$이므로

$\overline{BD}=3\overline{PQ}=3\times10=30$(cm)

12 두 점 P, Q는 각각 △ABC, △ACD의 무게중심이다.

이때 $\overline{BP}=\overline{PQ}=\overline{QD}$이므로

△ABD$=3$△APQ$=3\times9=27$(cm^2)

$\therefore$ □ABCD$=2$△ABD$=2\times27=54$(cm^2)

1 경우의 수

유형 1
P. 100

1 (1) 3 (2) 3 (3) 6   **2** (1) 4 (2) 4 (3) 6
3 (1) (앞면, 앞면), (앞면, 뒷면), (뒷면, 앞면), (뒷면, 뒷면)
  (2) 2
4 표는 풀이 참조, (1) 6 (2) 3 (3) 6
5 표는 풀이 참조, 3

---

1 (1) 홀수의 눈이 나오는 경우는 1, 3, 5이므로 경우의 수는 3
  (2) 2의 배수의 눈이 나오는 경우는 2, 4, 6이므로 경우의 수는 3
  (3) 6 이하의 눈이 나오는 경우는 1, 2, 3, 4, 5, 6이므로 경우의 수는 6

2 (1) 소수가 적힌 카드가 나오는 경우는 2, 3, 5, 7이므로 경우의 수는 4
  (2) 10의 약수가 적힌 카드가 나오는 경우는 1, 2, 5, 10이므로 경우의 수는 4
  (3) 4보다 큰 수가 적힌 카드가 나오는 경우는 5, 6, 7, 8, 9, 10이므로 경우의 수는 6

3 (2) 앞면이 한 개만 나오는 경우는 (앞면, 뒷면), (뒷면, 앞면)이므로 경우의 수는 2

4

A \ B	⚀	⚁	⚂	⚃	⚄	⚅
⚀	(1, 1)	(1, 2)	(1, 3)	(1, 4)	(1, 5)	(1, 6)
⚁	(2, 1)	(2, 2)	(2, 3)	(2, 4)	(2, 5)	(2, 6)
⚂	(3, 1)	(3, 2)	(3, 3)	(3, 4)	(3, 5)	(3, 6)
⚃	(4, 1)	(4, 2)	(4, 3)	(4, 4)	(4, 5)	(4, 6)
⚄	(5, 1)	(5, 2)	(5, 3)	(5, 4)	(5, 5)	(5, 6)
⚅	(6, 1)	(6, 2)	(6, 3)	(6, 4)	(6, 5)	(6, 6)

(2) 두 눈의 수의 합이 [4]
(3) 두 눈의 수의 차가 [3]

  (1) 두 눈의 수가 같은 경우는 (1, 1), (2, 2), (3, 3), (4, 4), (5, 5), (6, 6)이므로 경우의 수는 6
  (2) 두 눈의 수의 합이 4인 경우는 (1, 3), (2, 2), (3, 1)이므로 경우의 수는 3
  (3) 두 눈의 수의 차가 3인 경우는 (1, 4), (2, 5), (3, 6), (4, 1), (5, 2), (6, 3)이므로 경우의 수는 6

  참고 주사위 두 개를 동시에 던질 때, 두 눈의 수의 합에 대한 각 경우의 수는 다음 표와 같다.

합	2	3	4	5	6	7	8	9	10	11	12
경우의 수	1	2	3	4	5	6	5	4	3	2	1

5

100원(개)	5	4	3
50원(개)	0	2	4

⇨ 방법의 수: 3

유형 2
P. 101

1 (1) 3 (2) 7 (3) 10   **2** 9   **3** 21
4 (1) 9, 12, 15, 18, 6, 7, 14, 2, 6, 2, 8 (2) 13
5 (1) (2, 3), (3, 2), (4, 1), 4,
     (3, 3), (4, 2), (5, 1), 5, 4, 5, 9
  (2) 12

---

1 (3) 3 + 7 = 10

2 사탕을 고르는 경우는 4가지
   초콜릿을 고르는 경우는 5가지
   따라서 구하는 경우의 수는
   4 + 5 = 9

3 뽑은 학생의 취미가 독서인 경우는 9가지
   뽑은 학생의 취미가 영화 감상인 경우는 12가지
   따라서 구하는 경우의 수는
   9 + 12 = 21

4 (2) 짝수가 적힌 카드가 나오는 경우는 2, 4, 6, 8, 10, 12, 14, 16, 18, 20의 10가지
   9의 약수가 적힌 카드가 나오는 경우는 1, 3, 9의 3가지
   따라서 구하는 경우의 수는
   10 + 3 = 13

5 (2) 두 눈의 수의 차가 2인 경우는 (1, 3) (2, 4) (3, 1), (3, 5), (4, 2), (4, 6), (5, 3), (6, 4)의 8가지
   두 눈의 수의 차가 4인 경우는 (1, 5), (2, 6), (5, 1), (6, 2)의 4가지
   따라서 구하는 경우의 수는
   8 + 4 = 12

유형 3
P. 102

1 (1) 2 (2) 3 (3) 6   **2** 15   **3** 16개
4 (1) 3, 6, 2, 1, 3, 5, 3, 2, 3, 6 (2) 12
5 (1) 12 (2) 4 (3) 36

---

1 (3) 2 × 3 = 6

2 수학 참고서를 고르는 경우는 5가지
영어 참고서를 고르는 경우는 3가지
따라서 구하는 경우의 수는
$5 \times 3 = 15$

3 4개의 자음과 4개의 모음이 있으므로 구하는 글자의 개수는
$4 \times 4 = 16$(개)

4 (2) 주사위 A에서 6의 약수의 눈이 나오는 경우는 1, 2, 3, 6의 4가지
주사위 B에서 소수의 눈이 나오는 경우는 2, 3, 5의 3가지
따라서 구하는 경우의 수는
$4 \times 3 = 12$

5 (1) $2 \times 6 = 12$
(2) $2 \times 2 = 4$
(3) $6 \times 6 = 36$

---

4 600원을 지불하는 방법을 표로 나타내면 다음과 같다.

100원(개)	6	5	5	4	4
50원(개)	0	2	1	4	3
10원(개)	0	0	5	0	5

따라서 구하는 방법의 수는 5이다.

[5~10] 사건 A 또는 사건 B가 일어나는 경우의 수
두 사건 A, B가 동시에 일어나지 않을 때, 사건 A가 일어나는 경우의 수를 a, 사건 B가 일어나는 경우의 수를 b라고 하면
⇨ (사건 A 또는 사건 B가 일어나는 경우의 수)$=a+b$

5 $3+2=5$

6 $3+10=13$

7 5의 배수가 적힌 카드가 나오는 경우는 5, 10, 15, 20, 25, 30의 6가지
9의 배수가 적힌 카드가 나오는 경우는 9, 18, 27의 3가지
따라서 구하는 경우의 수는 $6+3=9$

8 바닥에 닿는 면에 적힌 수가
4의 배수인 경우는 4, 8, 12의 3가지
10의 약수인 경우는 1, 2, 5, 10의 4가지
따라서 구하는 경우의 수는 $3+4=7$

9 두 눈의 수의 합이 2인 경우는 (1, 1)의 1가지
두 눈의 수의 합이 8인 경우는 (2, 6), (3, 5), (4, 4), (5, 3), (6, 2)의 5가지
따라서 구하는 경우의 수는 $1+5=6$

10 두 눈의 수의 차가 3인 경우는 (1, 4), (2, 5), (3, 6), (4, 1), (5, 2), (6, 3)의 6가지 ··· (i)
두 눈의 수의 차가 5인 경우는 (1, 6), (6, 1)의 2가지 ··· (ii)

따라서 구하는 경우의 수는
$6+2=8$ ··· (iii)

채점 기준	비율
(i) 두 눈의 수의 차가 3인 경우 구하기	40%
(ii) 두 눈의 수의 차가 5인 경우 구하기	40%
(iii) 두 눈의 수의 차가 3 또는 5인 경우의 수 구하기	20%

[11~18] 사건 A와 사건 B가 동시에 일어나는 경우의 수
사건 A가 일어나는 경우의 수를 a, 그 각각에 대하여 사건 B가 일어나는 경우의 수를 b라고 하면
⇨ (사건 A와 사건 B가 동시에 일어나는 경우의 수)$=a \times b$

11 빵을 선택하는 경우는 5가지
음료수를 선택하는 경우는 3가지
따라서 구하는 경우의 수는 $5 \times 3 = 15$

쌍둥이 **기출문제**　　　　　　　　　P. 103~105

1 ③	**2** 4	**3** ②	**4** 5	**5** 5
6 13	**7** ③	**8** 7	**9** ④	**10** 8
11 15	**12** 24	**13** 9	**14** 12	**15** 12
16 ②	**17** 8	**18** ⑤		

[1~2] 경우의 수
사건이 일어나는 경우를 중복하지 않고, 빠짐없이 구한다.

1 4의 약수의 눈이 나오는 경우는 1, 2, 4이므로
구하는 경우의 수는 3

2 6의 배수가 적힌 공이 나오는 경우는 6, 12, 18, 24이므로
경우의 수는 4

[3~4] 지불하는 방법의 수
❶ 액수가 큰 동전의 개수부터 정한다.
❷ 지불하는 금액에 맞게 나머지 동전의 개수를 정한다.
이때 표를 이용하면 편리하다.

3 300원을 지불하는 방법을 표로 나타내면 다음과 같다.

100원(개)	3	2	1
50원(개)	0	2	4

따라서 구하는 방법의 수는 3이다.

12 본체를 구입하는 경우는 4가지
모니터를 구입하는 경우는 6가지
따라서 구하는 경우의 수는 $4 \times 6 = 24$

13 집에서 서점까지 가는 길은 3가지
서점에서 도서관까지 가는 길은 3가지
따라서 구하는 경우의 수는 $3 \times 3 = 9$

14 오른쪽 그림과 같이 A, B, C 세 도시
사이의 길을 나타내면 A 도시에서
B 도시를 거쳐 C 도시로 가는 경우의 수는 $3 \times 4 = 12$

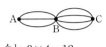

15 주사위 A에서 짝수의 눈이 나오는 경우는
2, 4, 6의 3가지 ⋯⋯ ⒤
주사위 B에서 6의 약수의 눈이 나오는 경우는
1, 2, 3, 6의 4가지 ⋯⋯ ⒥
따라서 구하는 경우의 수는 $3 \times 4 = 12$ ⋯⋯ ⒦

채점 기준	비율
⒤ 주사위 A에서 짝수의 눈이 나오는 경우 구하기	40 %
⒥ 주사위 B에서 6의 약수의 눈이 나오는 경우 구하기	40 %
⒦ 주사위 A에서 짝수의 눈이 나오고, 주사위 B에서 6의 약수의 눈이 나오는 경우의 수 구하기	20 %

16 주사위 A에서 3의 배수의 눈이 나오는 경우는 3, 6의 2가지
주사위 B에서 소수의 눈이 나오는 경우는 2, 3, 5의 3가지
따라서 구하는 경우의 수는 $2 \times 3 = 6$

17 동전 한 개를 던질 때 나오는 경우는 앞면, 뒷면의 2가지
따라서 구하는 경우의 수는 $2 \times 2 \times 2 = 8$

18 주사위 한 개를 던질 때 나오는 경우는 1, 2, 3, 4, 5, 6의
6가지
따라서 구하는 경우의 수는 $6 \times 6 \times 6 = 216$

～2 여러 가지 경우의 수

유형 4   P. 106

1 (1) 6   (2) 6   (3) 24   (4) 24
2 (1) 6   (2) 2   (3) 4   (4) 12

1 (1) $3 \times 2 \times 1 = 6$
  (2) $3 \times 2 = 6$
  (3) $4 \times 3 \times 2 \times 1 = 24$
  (4) $4 \times 3 \times 2 = 24$

2 (1) A를 맨 앞에 고정시키고 B, C, D 3명을 한 줄로 세우는
경우의 수와 같으므로
$3 \times 2 \times 1 = 6$
(2) A를 맨 앞에, B를 맨 뒤에 고정시키고 C, D 2명을 한
줄로 세우는 경우의 수와 같으므로
$2 \times 1 = 2$
(3) (2)의 경우에서 A와 B가 자리를 바꾸는 경우의 수는 2이
므로 구하는 경우의 수는
$(2 \times 1) \times 2 = 4$
(4) A, B를 하나로 묶어 ⒜Ⓑ, C, D 3명을 한 줄로 세우는
경우의 수는 $3 \times 2 \times 1 = 6$
A, B가 자리를 바꾸는 경우의 수는 2
따라서 구하는 경우의 수는
$6 \times 2 = 12$

유형 5   P. 106

1 (1) 12개   (2) 24개   **2** (1) 9개   (2) 18개
3 3, 2, 3, 2, 5

1 (1)
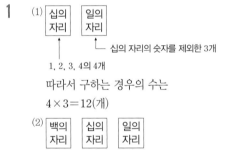
따라서 구하는 경우의 수는
$4 \times 3 = 12$(개)
(2)
따라서 구하는 경우의 수는
$4 \times 3 \times 2 = 24$(개)

2 (1)
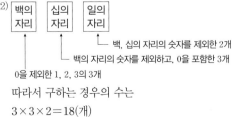
따라서 구하는 경우의 수는
$3 \times 3 = 9$(개)
(2)
따라서 구하는 경우의 수는
$3 \times 3 \times 2 = 18$(개)

1 (1) 12   (2) 24   (3) 6   (4) 4
2 (1) 12   (2) 6

1 (1) $4 \times 3 = 12$

(2) $4 \times 3 \times 2 = 24$

(3) $\dfrac{4 \times 3}{2} = 6$

(4) $\dfrac{4 \times 3 \times 2}{6} = 4$

2 (1) 부대표로 뽑힌 A를 제외한 4명 중에서 대표 1명, 부대표 1명, 즉 자격이 다른 대표 2명을 뽑는 경우의 수와 같으므로 $4 \times 3 = 12$

(2) B를 제외한 4명 중에서 자격이 같은 대표 2명을 뽑는 경우의 수와 같으므로 $\dfrac{4 \times 3}{2} = 6$

쌍둥이 기출문제   P. 108~109

1 120   **2** ①   **3** 24   **4** 12   **5** 240
6 48   **7** 12개   **8** ④   **9** ③   **10** 10개
11 ⑤   **12** ④   **13** ⑤   **14** 15   **15** 45회
16 15회

[1~4] 한 줄로 세우기
n명을 한 줄로 세우는 경우의 수
$\Rightarrow n \times (n-1) \times (n-2) \times \cdots \times 2 \times 1$

1 5명을 한 줄로 세우는 경우의 수와 같으므로
$5 \times 4 \times 3 \times 2 \times 1 = 120$

2 6개 중에서 3개를 골라 한 줄로 세우는 경우의 수와 같으므로
$6 \times 5 \times 4 = 120$

3 C는 맨 앞에 고정시키고 A, B, D, E 4명이 한 줄로 서는 경우의 수와 같으므로
$4 \times 3 \times 2 \times 1 = 24$

4 부모님을 제외한 나머지 3명이 한 줄로 서는 경우의 수는
$3 \times 2 \times 1 = 6$
부모님이 양 끝에 서는 경우의 수는 2
따라서 구하는 경우의 수는
$6 \times 2 = 12$

[5~6] 이웃하여 한 줄로 세우는 경우의 수
❶ 이웃하는 것끼리 한 묶음으로 생각하여 한 줄로 세우는 경우의 수와 묶음 안에서 자리를 바꾸는 경우의 수를 구한다.
❷ 두 경우의 수를 곱한다.

5 유성이와 현준이를 1명으로 생각하여 5명이 한 줄로 서는 경우의 수는 $5 \times 4 \times 3 \times 2 \times 1 = 120$
유성이와 현준이가 자리를 바꾸는 경우의 수는 2
따라서 구하는 경우의 수는
$120 \times 2 = 240$

6 책꽂이에 나란히 꽂는 것은 한 줄로 세우는 것과 같으므로 수학, 과학 교과서를 1권으로 생각하여 4권을 나란히 꽂는 경우의 수는 $4 \times 3 \times 2 \times 1 = 24$
수학, 과학 교과서의 자리를 바꾸는 경우의 수는 2
따라서 구하는 경우의 수는
$24 \times 2 = 48$

[7~10] 자연수 만들기
서로 다른 한 자리의 숫자가 각각 하나씩 적힌 n장의 카드 중에서 2장을 동시에 뽑아 만들 수 있는 두 자리의 자연수의 개수
⇨ 0을 포함하지 않는 경우: $n \times (n-1)$(개)
⠀⠀0을 포함하는 경우: $(n-1) \times (n-1)$(개)

7 십의 자리에 올 수 있는 숫자는 5, 6, 7, 8의 4개 ⋯ (i)
일의 자리에 올 수 있는 숫자는 십의 자리의 숫자를 제외한 3개 ⋯ (ii)
따라서 만들 수 있는 두 자리의 자연수의 개수는
$4 \times 3 = 12$(개) ⋯ (iii)

채점 기준	비율
(i) 십의 자리에 올 수 있는 숫자의 개수 구하기	40 %
(ii) 일의 자리에 올 수 있는 숫자의 개수 구하기	40 %
(iii) 만들 수 있는 두 자리의 자연수의 개수 구하기	20 %

8 홀수가 되려면 일의 자리에 올 수 있는 숫자는 1 또는 3 또는 5이다.
(i) ☐1인 경우
⠀십의 자리에 올 수 있는 숫자는 1을 제외한 4개
(ii) ☐3인 경우
⠀십의 자리에 올 수 있는 숫자는 3을 제외한 4개
(iii) ☐5인 경우
⠀십의 자리에 올 수 있는 숫자는 5를 제외한 4개
따라서 (i)~(iii)에 의해 구하는 홀수의 개수는
$4 + 4 + 4 = 12$(개)

9 십의 자리에 올 수 있는 숫자는 0을 제외한 6, 7, 8, 9의 4개
일의 자리에 올 수 있는 숫자는 십의 자리의 숫자를 제외한 4개
따라서 만들 수 있는 두 자리의 자연수의 개수는
$4 \times 4 = 16$(개)

10 짝수가 되려면 일의 자리에 올 수 있는 숫자는 0 또는 2 또는 4이다.
   (i) □0인 경우
     십의 자리에 올 수 있는 숫자는 0을 제외한 4개
   (ii) □2인 경우
     십의 자리에 올 수 있는 숫자는 0, 2를 제외한 3개
   (iii) □4인 경우
     십의 자리에 올 수 있는 숫자는 0, 4를 제외한 3개
따라서 (i)~(iii)에 의해 구하는 짝수의 개수는
$4+3+3=10$(개)

[11~14] 대표 뽑기
(1) n명 중에서 자격이 다른 대표 2명을 뽑는 경우의 수
    $\Rightarrow n \times (n-1)$
(2) n명 중에서 자격이 같은 대표 2명을 뽑는 경우의 수
    $\Rightarrow \dfrac{n \times (n-1)}{2}$

11 $3 \times 2 = 6$

12 자격이 다른 대표 2명을 뽑는 경우이므로 $4 \times 3 = 12$

13 $\dfrac{5 \times 4}{2} = 10$

14 자격이 같은 대표 2명을 뽑는 경우이므로 $\dfrac{6 \times 5}{2} = 15$

[15~16] n명이 악수(경기)를 하는 횟수
  $\Rightarrow n$명 중에서 자격이 같은 대표 2명을 뽑는 경우의 수와 같다.

15 10명 중에서 자격이 같은 대표 2명을 뽑는 경우의 수와 같으므로 $\dfrac{10 \times 9}{2} = 45$(회)

16 6팀 중에서 자격이 같은 2팀을 뽑는 경우의 수와 같으므로 $\dfrac{6 \times 5}{2} = 15$(회)

단원 마무리   P. 110~111

1 ②	**2** 9	**3** ③	**4** 8	**5** 8
6 ⑤	**7** 100개	**8** 20	**9** ①	

1 ① 짝수의 눈이 나오는 경우는 2, 4, 6이므로 경우의 수는 3
  ② 4 이하의 눈이 나오는 경우는 1, 2, 3, 4이므로 경우의 수는 4
  ③ 5 초과의 눈이 나오는 경우는 6이므로 경우의 수는 1

④ 3의 배수의 눈이 나오는 경우는 3, 6이므로 경우는 수는 2
⑤ 8의 약수의 눈이 나오는 경우는 1, 2, 4이므로 경우의 수는 3
따라서 경우의 수가 가장 큰 것은 ②이다.

2 김밥을 주문하는 경우는 6가지
라면을 주문하는 경우는 3가지
따라서 구하는 경우의 수는 $6+3=9$

3 6의 배수가 적힌 카드가 나오는 경우는 6, 12, 18의 3가지
10의 배수가 적힌 카드가 나오는 경우는 10, 20의 2가지
따라서 구하는 경우의 수는 $3+2=5$

4 티셔츠를 입는 경우는 4가지
바지를 입는 경우는 2가지
따라서 구하는 경우의 수는 $4 \times 2 = 8$

5 수호가 집에서 문구점을 거쳐 학교까지 가는 경우의 수는 $3 \times 2 = 6$
수호가 집에서 학교까지 바로 가는 경우의 수는 2
따라서 구하는 경우의 수는 $6+2=8$

6 남학생 2명을 1명으로 생각하여 5명이 한 줄로 서는 경우의 수는 $5 \times 4 \times 3 \times 2 \times 1 = 120$
남학생 2명이 자리를 바꾸는 경우의 수는 2
따라서 구하는 경우의 수는 $120 \times 2 = 240$

7 백의 자리에 올 수 있는 숫자는 0을 제외한 1, 2, 3, 4, 5의 5개   … (i)
십의 자리에 올 수 있는 숫자는 백의 자리의 숫자를 제외하고, 0을 포함한 5개   … (ii)
일의 자리에 올 수 있는 숫자는 백의 자리, 십의 자리의 숫자를 제외한 4개   … (iii)
따라서 만들 수 있는 세 자리의 자연수의 개수는
$5 \times 5 \times 4 = 100$(개)   … (iv)

채점 기준	비율
(i) 백의 자리에 올 수 있는 숫자의 개수 구하기	30 %
(ii) 십의 자리에 올 수 있는 숫자의 개수 구하기	30 %
(iii) 일의 자리에 올 수 있는 숫자의 개수 구하기	30 %
(iv) 만들 수 있는 세 자리의 자연수의 개수 구하기	10 %

8 수민이를 제외한 시은, 채영, 세은, 윤, 재이 5명 중에서 부회장과 서기를 각각 1명씩 뽑으면 되므로
구하는 경우의 수는 $5 \times 4 = 20$

9 8명 중에서 자격이 같은 대표 2명을 뽑는 경우의 수와 같으므로 $\dfrac{8 \times 7}{2} = 28$(번)

6. 확률

1 확률의 뜻과 성질

유형 1   P. 114

1 $\dfrac{4}{15}$

2 (1) $\dfrac{5}{8}$ (2) $\dfrac{3}{8}$

3 (1) $\dfrac{3}{10}$ (2) $\dfrac{2}{5}$ (3) $\dfrac{3}{10}$

4 (1) $\dfrac{1}{4}$ (2) $\dfrac{1}{2}$

5 (1) $\dfrac{1}{6}$ (2) $\dfrac{1}{12}$ (3) $\dfrac{2}{9}$

6 (1) 36   (2) (1, 4), (3, 3), (5, 2)   (3) $\dfrac{1}{12}$

1 $\dfrac{8}{30}=\dfrac{4}{15}$

2 전체 공의 개수는 $5+3=8$(개)
(1) 흰 공은 5개이므로 $\dfrac{5}{8}$
(2) 검은 공은 3개이므로 $\dfrac{3}{8}$

3 모든 경우의 수는 20
(1) 3의 배수가 적힌 카드가 나오는 경우는 3, 6, 9, 12, 15, 18의 6가지
따라서 구하는 확률은 $\dfrac{6}{20}=\dfrac{3}{10}$
(2) 소수가 적힌 카드가 나오는 경우는 2, 3, 5, 7, 11, 13, 17, 19의 8가지
따라서 구하는 확률은 $\dfrac{8}{20}=\dfrac{2}{5}$
(3) 20의 약수가 적힌 카드가 나오는 경우는 1, 2, 4, 5, 10, 20의 6가지
따라서 구하는 확률은 $\dfrac{6}{20}=\dfrac{3}{10}$

4 모든 경우의 수는 $2\times2=4$
(1) 모두 앞면이 나오는 경우는 (앞면, 앞면)의 1가지
따라서 구하는 확률은 $\dfrac{1}{4}$
(2) 뒷면이 한 개 나오는 경우는 (앞면, 뒷면), (뒷면, 앞면)의 2가지
따라서 구하는 확률은 $\dfrac{2}{4}=\dfrac{1}{2}$

5 모든 경우의 수는 $6\times6=36$
(1) 두 눈의 수가 같은 경우는 (1, 1), (2, 2), (3, 3), (4, 4), (5, 5), (6, 6)의 6가지
따라서 구하는 확률은 $\dfrac{6}{36}=\dfrac{1}{6}$
(2) 두 눈의 수의 합이 4인 경우는 (1, 3), (2, 2), (3, 1)의 3가지
따라서 구하는 확률은 $\dfrac{3}{36}=\dfrac{1}{12}$

(3) 두 눈의 수의 차가 2인 경우는 (1, 3), (2, 4), (3, 1), (3, 5), (4, 2), (4, 6), (5, 3), (6, 4)의 8가지
따라서 구하는 확률은 $\dfrac{8}{36}=\dfrac{2}{9}$

6 (1) 모든 경우의 수는 $6\times6=36$
(2) $x+2y=9$를 만족시키는 순서쌍 (x, y)는
(1, 4), (3, 3), (5, 2)의 3가지
(3) $x+2y=9$일 확률은 $\dfrac{3}{36}=\dfrac{1}{12}$

유형 2   P. 115

1 (1) $\dfrac{3}{10}$ (2) 0   (3) 1

2 (1) 1   (2) 0

3 (1) 0   (2) 1

4 0.7

5 $\dfrac{4}{5}$

6 (1) 8   (2) $\dfrac{1}{8}$ (3) $\dfrac{7}{8}$

2 (1) 주사위의 눈은 모두 6 이하이므로 구하는 확률은 1
(2) 6보다 큰 눈은 없으므로 구하는 확률은 0

3 (1) 두 눈의 수의 합은 항상 2 이상이므로 구하는 확률은 0
(2) 두 눈의 수의 합은 항상 12 이하이므로 구하는 확률은 1

4 (오늘 비가 오지 않을 확률)$=1-$(오늘 비가 올 확률)
$=1-0.3=0.7$

5 카드에 적힌 수가 5의 배수인 경우는 5, 10, 15, 20, 25, 30의 6가지이므로
그 확률은 $\dfrac{6}{30}=\dfrac{1}{5}$
∴ (카드에 적힌 수가 5의 배수가 아닐 확률)
$=1-$(카드에 적힌 수가 5의 배수일 확률)
$=1-\dfrac{1}{5}=\dfrac{4}{5}$

6 (1) $2\times2\times2=8$
(2) 모두 앞면이 나오는 경우는 (앞면, 앞면, 앞면)의 1가지이므로 그 확률은 $\dfrac{1}{8}$
(3) (적어도 한 개는 뒷면이 나올 확률)
$=1-$(모두 앞면이 나올 확률)
$=1-\dfrac{1}{8}=\dfrac{7}{8}$

한 걸음 **더** 연습 P. 116

1 표는 풀이 참조   **2** 4   **3** $\dfrac{1}{6}$

4 (1) 120   (2) 24   (3) $\dfrac{1}{5}$ (4) $\dfrac{4}{5}$

5 $\dfrac{5}{6}$ **6** $\dfrac{14}{15}$

---

1 모든 경우의 수는 $2 \times 2 \times 2 \times 2 = 16$

경우	경우의 수	확률
도 ⬛⬜⬜⬜	4	$\dfrac{4}{16} = \dfrac{1}{4}$
개 ⬛⬛⬜⬜	6	$\dfrac{6}{16} = \dfrac{3}{8}$
걸 ⬛⬛⬛⬜	4	$\dfrac{4}{16} = \dfrac{1}{4}$
윷 ⬛⬛⬛⬛	1	$\dfrac{1}{16}$
모 ⬜⬜⬜⬜	1	$\dfrac{1}{16}$

2 전체 공의 개수는 $(8+x)$개
이 중에서 빨간 공이 8개이므로
$\dfrac{8}{8+x} = \dfrac{2}{3}$, $24 = 16 + 2x$
$2x = 8$ $\therefore x = 4$

3 모든 경우의 수는 $6 \times 6 = 36$
$x + 2y \leq 6$을 만족시키는 순서쌍 (x, y)는 $(1, 1)$, $(1, 2)$, $(2, 1)$, $(2, 2)$, $(3, 1)$, $(4, 1)$의 6가지
따라서 구하는 확률은 $\dfrac{6}{36} = \dfrac{1}{6}$

4 (1) $5 \times 4 \times 3 \times 2 \times 1 = 120$ (2) $4 \times 3 \times 2 \times 1 = 24$
(3) $\dfrac{24}{120} = \dfrac{1}{5}$ (4) $1 - \dfrac{1}{5} = \dfrac{4}{5}$

5 모든 경우의 수는 $6 \times 6 = 36$
나오는 두 눈의 수가 같은 경우는 $(1, 1)$, $(2, 2)$, $(3, 3)$, $(4, 4)$, $(5, 5)$, $(6, 6)$의 6가지이므로 그 확률은 $\dfrac{6}{36} = \dfrac{1}{6}$
$\therefore$ (나오는 두 눈의 수가 서로 다를 확률)
$\quad = 1 -$ (나오는 두 눈의 수가 같을 확률)
$\quad = 1 - \dfrac{1}{6} = \dfrac{5}{6}$

6 모든 경우의 수는 $\dfrac{6 \times 5}{2} = 15$
2명 모두 여학생이 뽑히는 경우는 $\dfrac{2 \times 1}{2} = 1$이므로
그 확률은 $\dfrac{1}{15}$
$\therefore$ (적어도 1명은 남학생이 뽑힐 확률)
$\quad = 1 -$ (2명 모두 여학생이 뽑힐 확률)
$\quad = 1 - \dfrac{1}{15} = \dfrac{14}{15}$

 기출문제 P. 117~119

1 $\dfrac{5}{14}$	**2** $\dfrac{3}{5}$	**3** ②	**4** $\dfrac{1}{6}$	**5** 2
6 7	**7** ④	**8** ④	**9** $\dfrac{1}{12}$	**10** ①
11 ⑤	**12** ④	**13** ④	**14** ⑤	**15** ⑤
16 ⑤	**17** $\dfrac{6}{7}$	**18** $\dfrac{13}{15}$		

[1~8] 확률 구하기
❶ 모든 경우의 수 구하기
❷ 사건이 일어나는 경우의 수 구하기   ⟹ (확률)$= \dfrac{❷}{❶}$

1 28명의 학생 중에서 수학을 좋아하는 학생은 10명이므로
구하는 확률은 $\dfrac{10}{28} = \dfrac{5}{14}$

2 모든 경우의 수는 10
4보다 큰 수가 나오는 경우는 5, 6, 7, 8, 9, 10의 6가지
따라서 구하는 확률은 $\dfrac{6}{10} = \dfrac{3}{5}$

3 모든 경우의 수는 $6 \times 6 = 36$
두 눈의 수의 합이 8인 경우는 $(2, 6)$, $(3, 5)$, $(4, 4)$, $(5, 3)$, $(6, 2)$의 5가지
따라서 구하는 확률은 $\dfrac{5}{36}$

4 모든 경우의 수는 $6 \times 6 = 36$ $\cdots$ (i)
두 눈의 수의 차가 3인 경우는 $(1, 4)$, $(2, 5)$, $(3, 6)$, $(4, 1)$, $(5, 2)$, $(6, 3)$의 6가지 $\cdots$ (ii)
따라서 구하는 확률은 $\dfrac{6}{36} = \dfrac{1}{6}$ $\cdots$ (iii)

채점 기준	비율
(i) 모든 경우의 수 구하기	30 %
(ii) 두 눈의 수의 차가 3인 경우 구하기	40 %
(iii) 두 눈의 수의 차가 3일 확률 구하기	30 %

5 전체 구슬의 개수는 $(6+x)$개
이 중에서 빨간 구슬은 6개이므로
$\dfrac{6}{6+x} = \dfrac{3}{4}$, $24 = 18 + 3x$
$3x = 6$ $\therefore x = 2$

6 전체 공의 개수는 $3 + 5 + x = 8 + x$(개)
이 중에서 파란 공은 3개이므로
$\dfrac{3}{8+x} = \dfrac{1}{5}$, $15 = 8 + x$ $\therefore x = 7$

7 모든 경우의 수는 $4 \times 3 = 12$

32 이상인 경우는 32, 34, 41, 42, 43의 5가지

따라서 구하는 확률은 $\dfrac{5}{12}$

8 모든 경우의 수는 $4 \times 4 = 16$

24 미만인 경우는 10, 12, 13, 14, 20, 21, 23의 7가지

따라서 구하는 확률은 $\dfrac{7}{16}$

[9~10] 방정식을 만족시킬 확률

주사위 두 개를 동시에 던져서 나온 두 눈의 수가 각각 a, b일 때, 방정식을 만족시키는 순서쌍 (a, b)를 찾는다.

9 모든 경우의 수는 $6 \times 6 = 36$ ··· (i)

$x + 2y = 7$을 만족시키는 순서쌍 (x, y)는

$(1, 3), (3, 2), (5, 1)$의 3가지 ··· (ii)

따라서 구하는 확률은 $\dfrac{3}{36} = \dfrac{1}{12}$ ··· (iii)

채점 기준	비율
(i) 모든 경우의 수 구하기	30 %
(ii) $x + 2y = 7$을 만족시키는 경우의 수 구하기	50 %
(iii) $x + 2y = 7$일 확률 구하기	20 %

10 모든 경우의 수는 $6 \times 6 = 36$

$2x - y = 3$을 만족시키는 순서쌍 (x, y)는

$(2, 1), (3, 3), (4, 5)$의 3가지

따라서 구하는 확률은 $\dfrac{3}{36} = \dfrac{1}{12}$

[11~12] 확률의 성질

(1) 어떤 사건이 일어날 확률을 p라고 하면 $0 \le p \le 1$

(2) 반드시 일어나는 사건의 확률은 1

(3) 절대로 일어나지 않는 사건의 확률은 0

11 ① 0 ② $\dfrac{1}{6}$

③ 짝수가 나오는 경우는 2, 4, 6의 3가지이므로 그 확률은 $\dfrac{1}{2}$이다.

④ 6의 약수가 나오는 경우는 1, 2, 3, 6의 4가지이므로 그 확률은 $\dfrac{4}{6} = \dfrac{2}{3}$이다.

따라서 옳은 것은 ⑤이다.

12 ④ 8 이상의 수가 적힌 카드가 나오는 경우는 8의 1가지이므로 그 확률은 $\dfrac{1}{8}$이다.

[13~14] 어떤 사건이 일어나지 않을 확률

⇨ (사건 A가 일어나지 않을 확률)=1−(사건 A가 일어날 확률)

13 카드에 적힌 수가 소수인 경우는 2, 3, 5, 7의 4가지이므로 그 확률은 $\dfrac{4}{10} = \dfrac{2}{5}$

∴ (카드에 적힌 수가 소수가 아닐 확률)

=1−(카드에 적힌 수가 소수일 확률)

=$1 - \dfrac{2}{5} = \dfrac{3}{5}$

14 구슬에 적힌 수가 4의 배수인 경우는 4, 8, 12, 16, 20의 5가지이므로 그 확률은 $\dfrac{5}{20} = \dfrac{1}{4}$

∴ (구슬에 적힌 수가 4의 배수가 아닐 확률)

=1−(구슬에 적힌 수가 4의 배수일 확률)

=$1 - \dfrac{1}{4} = \dfrac{3}{4}$

[15~18] 적어도 ~일 확률

⇨ (적어도 하나는 ~일 확률)=1−(모두 ~가 아닐 확률)

15 모든 경우의 수는 $2 \times 2 \times 2 \times 2 = 16$

모두 뒷면이 나오는 경우는 1가지이므로 그 확률은 $\dfrac{1}{16}$

∴ (적어도 한 개는 앞면이 나올 확률)

=1−(모두 뒷면이 나올 확률)

=$1 - \dfrac{1}{16} = \dfrac{15}{16}$

16 모든 경우의 수는 $2 \times 2 \times 2 = 8$

3문제를 모두 틀리는 경우는 1가지이므로 그 확률은 $\dfrac{1}{8}$

∴ (적어도 한 문제 이상 맞힐 확률)

=1−(3문제 모두 틀릴 확률)

=$1 - \dfrac{1}{8} = \dfrac{7}{8}$

17 모든 경우의 수는 $\dfrac{7 \times 6}{2} = 21$ ··· (i)

2명 모두 남학생이 뽑히는 경우의 수는 $\dfrac{3 \times 2}{2} = 3$이므로 그 확률은 $\dfrac{3}{21} = \dfrac{1}{7}$ ··· (ii)

∴ (적어도 한 명은 여학생이 뽑힐 확률)

=1−(2명 모두 남학생이 뽑힐 확률)

=$1 - \dfrac{1}{7} = \dfrac{6}{7}$ ··· (iii)

채점 기준	비율
(i) 모든 경우의 수 구하기	20 %
(ii) 2명 모두 남학생이 뽑힐 확률 구하기	50 %
(iii) 적어도 한 명은 여학생이 뽑힐 확률 구하기	30 %

18 모든 경우의 수는 $\dfrac{10 \times 9}{2} = 45$

2명 모두 2학년 학생이 뽑히는 경우의 수는 $\dfrac{4 \times 3}{2} = 6$이므로

그 확률은 $\dfrac{6}{45} = \dfrac{2}{15}$

∴ (적어도 한 명은 1학년 학생이 뽑힐 확률)

= 1 − (2명 모두 2학년 학생이 뽑힐 확률)

$= 1 - \dfrac{2}{15} = \dfrac{13}{15}$

~ 2 확률의 계산

유형 **3**   P. 120

1 (1) $\dfrac{1}{4}$ (2) $\dfrac{7}{20}$ (3) $\dfrac{3}{5}$ **2** $\dfrac{3}{5}$

3 $\dfrac{3}{10}$ **4** (1) $\dfrac{2}{5}$ (2) $\dfrac{3}{5}$

5 (1) $\dfrac{2}{9}$ (2) $\dfrac{5}{18}$ **6** $\dfrac{2}{3}$

1 (1), (2), (3) 전체 공의 개수는 $5+7+8=20$(개)

빨간 공을 꺼낼 확률은 $\dfrac{5}{20} = \dfrac{1}{4}$

파란 공을 꺼낼 확률은 $\dfrac{7}{20}$

따라서 빨간 공 또는 파란 공을 꺼낼 확률은

$\dfrac{1}{4} + \dfrac{7}{20} = \dfrac{12}{20} = \dfrac{3}{5}$

2 전체 학생 수는 $43+35+17+5=100$(명)

A형일 확률은 $\dfrac{43}{100}$

O형일 확률은 $\dfrac{17}{100}$

따라서 구하는 확률은

$\dfrac{43}{100} + \dfrac{17}{100} = \dfrac{60}{100} = \dfrac{3}{5}$

3 선택한 날이 토요일인 경우는 7일, 14일, 21일, 28일의 4가지이므로 그 확률은 $\dfrac{4}{30}$

선택한 날이 일요일인 경우는 1일, 8일, 15일, 22일, 29일의 5가지이므로 그 확률은 $\dfrac{5}{30}$

따라서 구하는 확률은

$\dfrac{4}{30} + \dfrac{5}{30} = \dfrac{9}{30} = \dfrac{3}{10}$

4 (1) 6의 배수가 나오는 경우는 6, 12의 2가지이므로 그 확률은 $\dfrac{2}{15}$

8의 약수가 나오는 경우는 1, 2, 4, 8의 4가지이므로 그 확률은 $\dfrac{4}{15}$

따라서 구하는 확률은 $\dfrac{2}{15} + \dfrac{4}{15} = \dfrac{6}{15} = \dfrac{2}{5}$

(2) 소수가 나오는 경우는 2, 3, 5, 7, 11, 13의 6가지이므로 그 확률은 $\dfrac{6}{15}$

4의 배수가 나오는 경우는 4, 8, 12의 3가지이므로 그 확률은 $\dfrac{3}{15}$

따라서 구하는 확률은 $\dfrac{6}{15} + \dfrac{3}{15} = \dfrac{9}{15} = \dfrac{3}{5}$

5 모든 경우의 수는 $6 \times 6 = 36$

(1) 두 눈의 수의 합이 3인 경우는 (1, 2), (2, 1)의 2가지이므로 그 확률은 $\dfrac{2}{36}$

두 눈의 수의 합이 7인 경우는 (1, 6), (2, 5), (3, 4), (4, 3), (5, 2), (6, 1)의 6가지이므로 그 확률은 $\dfrac{6}{36}$

따라서 구하는 확률은 $\dfrac{2}{36} + \dfrac{6}{36} = \dfrac{8}{36} = \dfrac{2}{9}$

(2) 두 눈의 수의 차가 0인 경우는 (1, 1), (2, 2), (3, 3), (4, 4), (5, 5), (6, 6)의 6가지이므로 그 확률은 $\dfrac{6}{36}$

두 눈의 수의 차가 4인 경우는 (1, 5), (2, 6), (5, 1), (6, 2)의 4가지이므로 그 확률은 $\dfrac{4}{36}$

따라서 구하는 확률은 $\dfrac{6}{36} + \dfrac{4}{36} = \dfrac{10}{36} = \dfrac{5}{18}$

6 모든 경우의 수는 $4 \times 3 = 12$

25 이하인 경우는 23, 24, 25의 3가지이므로 그 확률은 $\dfrac{3}{12}$

43 이상인 경우는 43, 45, 52, 53, 54의 5가지이므로 그 확률은 $\dfrac{5}{12}$

따라서 구하는 확률은 $\dfrac{3}{12} + \dfrac{5}{12} = \dfrac{8}{12} = \dfrac{2}{3}$

유형 **4**   P. 121

1 (1) $\dfrac{1}{2}$ (2) $\dfrac{1}{3}$ (3) $\dfrac{1}{6}$ **2** (1) $\dfrac{1}{6}$ (2) $\dfrac{1}{3}$

3 $\dfrac{10}{21}$ **4** (1) $\dfrac{3}{25}$ (2) $\dfrac{12}{25}$ (3) $\dfrac{13}{25}$

5 (1) $\dfrac{2}{5}$ (2) $\dfrac{4}{15}$ (3) $\dfrac{11}{15}$

1 (2) 3의 배수가 나오는 경우는 3, 6의 2가지이므로

그 확률은 $\dfrac{2}{6}=\dfrac{1}{3}$

(3) $\dfrac{1}{2}\times\dfrac{1}{3}=\dfrac{1}{6}$

2 (1) A 주머니에서 흰 공을 꺼낼 확률은 $\dfrac{3}{6}=\dfrac{1}{2}$

B 주머니에서 검은 공을 꺼낼 확률은 $\dfrac{2}{6}=\dfrac{1}{3}$

따라서 구하는 확률은 $\dfrac{1}{2}\times\dfrac{1}{3}=\dfrac{1}{6}$

(2) A 주머니에서 흰 공을 꺼낼 확률은 $\dfrac{3}{6}=\dfrac{1}{2}$

B 주머니에서 흰 공을 꺼낼 확률은 $\dfrac{4}{6}=\dfrac{2}{3}$

따라서 구하는 확률은 $\dfrac{1}{2}\times\dfrac{2}{3}=\dfrac{1}{3}$

3 $\dfrac{5}{6}\times\dfrac{4}{7}=\dfrac{10}{21}$

4 토요일에 비가 오지 않을 확률은 $1-\dfrac{1}{5}=\dfrac{4}{5}$

일요일에 비가 오지 않을 확률은 $1-\dfrac{2}{5}=\dfrac{3}{5}$

(1) $\dfrac{1}{5}\times\dfrac{3}{5}=\dfrac{3}{25}$

(2) $\dfrac{4}{5}\times\dfrac{3}{5}=\dfrac{12}{25}$

(3) (토요일과 일요일 중에서 적어도 하루는 비가 올 확률)

　＝1－(토요일과 일요일 모두 비가 오지 않을 확률)

　＝$1-\dfrac{12}{25}=\dfrac{13}{25}$

5 선수 A가 명중하지 못할 확률은 $1-\dfrac{1}{3}=\dfrac{2}{3}$

선수 B가 명중하지 못할 확률은 $1-\dfrac{3}{5}=\dfrac{2}{5}$

(1) $\dfrac{2}{3}\times\dfrac{3}{5}=\dfrac{2}{5}$

(2) $\dfrac{2}{3}\times\dfrac{2}{5}=\dfrac{4}{15}$

(3) (두 사람 중에서 적어도 한 명은 명중할 확률)

　＝1－(두 사람 모두 명중하지 못할 확률)

　＝$1-\dfrac{4}{15}=\dfrac{11}{15}$

유형 5　　　　　　　　　　　　　　　　　　**P. 122**

1 (1) 9, 4, $\dfrac{4}{9}$, $\dfrac{4}{9}$, $\dfrac{16}{81}$　(2) 8, 3, $\dfrac{3}{8}$, $\dfrac{3}{8}$, $\dfrac{1}{6}$

2 (1) $\dfrac{1}{4}$　(2) $\dfrac{2}{9}$　　　**3** (1) $\dfrac{9}{400}$　(2) $\dfrac{3}{190}$

---

2 (1) 첫 번째 뽑은 카드에 적힌 수가 홀수일 확률은 $\dfrac{5}{10}=\dfrac{1}{2}$

두 번째 뽑은 카드에 적힌 수가 홀수일 확률은 $\dfrac{5}{10}=\dfrac{1}{2}$

따라서 구하는 확률은 $\dfrac{1}{2}\times\dfrac{1}{2}=\dfrac{1}{4}$

(2) 첫 번째 뽑은 카드에 적힌 수가 홀수일 확률은 $\dfrac{5}{10}=\dfrac{1}{2}$

두 번째 뽑은 카드에 적힌 수가 홀수일 확률은 $\dfrac{4}{9}$

따라서 구하는 확률은 $\dfrac{1}{2}\times\dfrac{4}{9}=\dfrac{2}{9}$

3 (1) 민석이가 당첨 제비를 뽑을 확률은 $\dfrac{3}{20}$

지연이가 당첨 제비를 뽑을 확률은 $\dfrac{3}{20}$

따라서 구하는 확률은 $\dfrac{3}{20}\times\dfrac{3}{20}=\dfrac{9}{400}$

(2) 민석이가 당첨 제비를 뽑을 확률은 $\dfrac{3}{20}$

지연이가 당첨 제비를 뽑을 확률은 $\dfrac{2}{19}$

따라서 구하는 확률은 $\dfrac{3}{20}\times\dfrac{2}{19}=\dfrac{3}{190}$

쌍둥이 기출문제　　　　　　　　　　　**P. 123~124**

1 $\dfrac{3}{10}$	**2** $\dfrac{6}{25}$	**3** $\dfrac{2}{9}$	**4** ③	**5** $\dfrac{1}{4}$
6 $\dfrac{5}{24}$	**7** $\dfrac{1}{5}$	**8** $\dfrac{2}{9}$	**9** $\dfrac{4}{5}$	**10** $\dfrac{17}{20}$
11 (1) $\dfrac{3}{20}$ (2) $\dfrac{3}{8}$ (3) $\dfrac{21}{40}$			**12** ④	**13** $\dfrac{9}{64}$
14 $\dfrac{1}{35}$				

[1~4] 확률의 덧셈

두 사건 A, B가 동시에 일어나지 않을 때, 사건 A가 일어날 확률을 p,
사건 B가 일어날 확률을 q라고 하면
➡ (사건 A 또는 사건 B가 일어날 확률)＝$p+q$

1 5의 배수가 적힌 카드가 나오는 경우는 5, 10, 15, 20, 25, 30의 6가지이므로 그 확률은 $\dfrac{6}{30}$

8의 배수가 적힌 카드가 나오는 경우는 8, 16, 24의 3가지이므로 그 확률은 $\dfrac{3}{30}$

따라서 구하는 확률은 $\dfrac{6}{30}+\dfrac{3}{30}=\dfrac{9}{30}=\dfrac{3}{10}$

2 7의 배수가 적힌 구슬이 나오는 경우는 7, 14, 21의 3가지 이므로 그 확률은 $\dfrac{3}{25}$

25의 약수가 적힌 구슬이 나오는 경우는 1, 5, 25의 3가지 이므로 그 확률은 $\dfrac{3}{25}$

따라서 구하는 확률은 $\dfrac{3}{25}+\dfrac{3}{25}=\dfrac{6}{25}$

3 모든 경우의 수는 $6\times6=36$ … (i)

두 눈의 수의 합이 6인 경우는 $(1, 5)$, $(2, 4)$, $(3, 3)$, $(4, 2)$, $(5, 1)$의 5가지이므로 그 확률은 $\dfrac{5}{36}$ … (ii)

두 눈의 수의 합이 10인 경우는 $(4, 6)$, $(5, 5)$, $(6, 4)$의 3가지이므로 그 확률은 $\dfrac{3}{36}$ … (iii)

따라서 구하는 확률은 $\dfrac{5}{36}+\dfrac{3}{36}=\dfrac{8}{36}=\dfrac{2}{9}$ … (iv)

채점 기준	비율
(i) 모든 경우의 수 구하기	20 %
(ii) 두 눈의 수의 합이 6일 확률 구하기	30 %
(iii) 두 눈의 수의 합이 10일 확률 구하기	30 %
(iv) 두 눈의 수의 합이 6 또는 10일 확률 구하기	20 %

4 모든 경우의 수는 $6\times6=36$

두 눈의 수의 차가 3인 경우는 $(1, 4)$, $(2, 5)$, $(3, 6)$, $(4, 1)$, $(5, 2)$, $(6, 3)$의 6가지이므로 그 확률은 $\dfrac{6}{36}$

두 눈의 수의 차가 5인 경우는 $(1, 6)$, $(6, 1)$의 2가지이므로 그 확률은 $\dfrac{2}{36}$

따라서 구하는 확률은 $\dfrac{6}{36}+\dfrac{2}{36}=\dfrac{8}{36}=\dfrac{2}{9}$

[5~12] 확률의 곱셈

두 사건 A, B가 서로 영향을 끼치지 않을 때, 사건 A가 일어날 확률을 p, 사건 B가 일어날 확률을 q라고 하면
⇨ (사건 A와 사건 B가 동시에 일어날 확률)$=p\times q$

5 주사위 A에서 짝수의 눈이 나오는 경우는 2, 4, 6의 3가지이므로 그 확률은 $\dfrac{3}{6}=\dfrac{1}{2}$

주사위 B에서 4의 약수의 눈이 나오는 경우는 1, 2, 4의 3가지이므로 그 확률은 $\dfrac{3}{6}=\dfrac{1}{2}$

따라서 구하는 확률은 $\dfrac{1}{2}\times\dfrac{1}{2}=\dfrac{1}{4}$

6 첫 번째에 소수가 나오는 경우는 2, 3, 5, 7, 11의 5가지이므로 그 확률은 $\dfrac{5}{12}$

두 번째에 12의 약수가 나오는 경우는 1, 2, 3, 4, 6, 12의 6가지이므로 그 확률은 $\dfrac{6}{12}=\dfrac{1}{2}$

따라서 구하는 확률은 $\dfrac{5}{12}\times\dfrac{1}{2}=\dfrac{5}{24}$

7 B 문제를 틀릴 확률은 $1-\dfrac{1}{5}=\dfrac{4}{5}$

따라서 A 문제는 맞히고, B 문제는 틀릴 확률은
$\dfrac{1}{4}\times\dfrac{4}{5}=\dfrac{1}{5}$

8 안타를 치지 못할 확률은 $1-\dfrac{1}{3}=\dfrac{2}{3}$

따라서 두 번째에만 안타를 칠 확률은
$\dfrac{2}{3}\times\dfrac{1}{3}=\dfrac{2}{9}$

9 두 사람 모두 불합격할 확률은
$\left(1-\dfrac{2}{5}\right)\times\left(1-\dfrac{2}{3}\right)=\dfrac{3}{5}\times\dfrac{1}{3}=\dfrac{1}{5}$

∴ (적어도 한 명은 합격할 확률)
  =$1-$(두 사람 모두 불합격할 확률)
  =$1-\dfrac{1}{5}=\dfrac{4}{5}$

10 두 사람 모두 명중하지 못할 확률은
$\left(1-\dfrac{2}{5}\right)\times\left(1-\dfrac{3}{4}\right)=\dfrac{3}{5}\times\dfrac{1}{4}=\dfrac{3}{20}$

∴ (적어도 한 명은 명중할 확률)
  =$1-$(두 사람 모두 명중하지 못할 확률)
  =$1-\dfrac{3}{20}=\dfrac{17}{20}$

11 (1) A 주머니에서 흰 공이 나올 확률은 $\dfrac{2}{5}$

B 주머니에서 흰 공이 나올 확률은 $\dfrac{3}{8}$

따라서 두 공이 모두 흰 공일 확률은
$\dfrac{2}{5}\times\dfrac{3}{8}=\dfrac{3}{20}$

(2) A 주머니에서 검은 공이 나올 확률은 $\dfrac{3}{5}$

B 주머니에서 검은 공이 나올 확률은 $\dfrac{5}{8}$

따라서 두 공이 모두 검은 공일 확률은
$\dfrac{3}{5}\times\dfrac{5}{8}=\dfrac{3}{8}$

(3) $\dfrac{3}{20}+\dfrac{3}{8}=\dfrac{21}{40}$

12 A 바둑통에서 흰 바둑돌, B 바둑통에서 검은 바둑돌이 나올 확률은 $\dfrac{2}{6}\times\dfrac{2}{5}=\dfrac{4}{30}$

A 바둑통에서 검은 바둑돌, B 바둑통에서 흰 바둑돌이 나올 확률은 $\dfrac{4}{6}\times\dfrac{3}{5}=\dfrac{12}{30}$

따라서 구하는 확률은
$\dfrac{4}{30}+\dfrac{12}{30}=\dfrac{16}{30}=\dfrac{8}{15}$

[13~14] 연속하여 꺼내는 경우의 확률

(1) 꺼낸 것을 다시 넣는 경우 ⇨ 전체 개수가 변하지 않는다.

(2) 꺼낸 것을 다시 넣지 않는 경우 ⇨ 전체 개수가 1개 줄어든다.

13 첫 번째에 파란 구슬이 나올 확률은 $\dfrac{3}{8}$

두 번째에 파란 구슬이 나올 확률은 $\dfrac{3}{8}$

따라서 2개 모두 파란 구슬일 확률은 $\dfrac{3}{8} \times \dfrac{3}{8} = \dfrac{9}{64}$

14 첫 번째에 불량품이 나올 확률은 $\dfrac{3}{15} = \dfrac{1}{5}$

두 번째에 불량품이 나올 확률은 $\dfrac{2}{14} = \dfrac{1}{7}$

따라서 2개 모두 불량품일 확률은 $\dfrac{1}{5} \times \dfrac{1}{7} = \dfrac{1}{35}$

단원 마무리

P. 125~126

1 $\dfrac{1}{9}$	2 7	3 $\dfrac{5}{9}$	4 $\dfrac{1}{18}$	5 ④, ⑤
6 ③	7 $\dfrac{1}{6}$	8 $\dfrac{3}{10}$	9 $\dfrac{59}{60}$	10 $\dfrac{1}{12}$

1 모든 경우의 수는 $6 \times 6 = 36$

두 눈의 수의 곱이 6인 경우는 $(1, 6), (2, 3), (3, 2), (6, 1)$의 4가지

따라서 구하는 확률은 $\dfrac{4}{36} = \dfrac{1}{9}$

2 전체 공의 개수는 $7 + 6 + x = 13 + x$(개)

이 중에서 노란 공은 6개이므로

$\dfrac{6}{13 + x} = \dfrac{3}{10}$, $60 = 39 + 3x$, $3x = 21$ ∴ $x = 7$

3 모든 경우의 수는 $3 \times 3 = 9$ ⋯ ①

짝수가 되려면 일의 자리에 올 수 있는 숫자는 0 또는 2이다.

(i) □0인 경우

십의 자리에 올 수 있는 숫자는 0을 제외한 3개

(ii) □2인 경우

십의 자리에 올 수 있는 숫자는 0, 2를 제외한 2개

(i), (ii)에 의해 $3 + 2 = 5$(개) ⋯ ②

따라서 구하는 확률은 $\dfrac{5}{9}$ ⋯ ③

채점 기준	비율
① 모든 경우의 수 구하기	30 %
② 짝수인 경우 구하기	50 %
③ 짝수일 확률 구하기	20 %

4 모든 경우의 수는 $6 \times 6 = 36$

$3x + y = 11$을 만족시키는 순서쌍 (x, y)는 $(2, 5), (3, 2)$의 2가지

따라서 구하는 확률은 $\dfrac{2}{36} = \dfrac{1}{18}$

5 ① 흰 공이 나올 확률은 $\dfrac{5}{16}$이다.

② 검은 공이 나올 확률은 $\dfrac{11}{16}$이다.

③ 빨간 공이 나올 확률은 0이다.

⑤ 흰 공이 나오지 않을 확률은 $1 - \dfrac{5}{16} = \dfrac{11}{16}$

따라서 옳은 것은 ④, ⑤이다.

6 7의 배수인 경우는 7, 14, 21의 3가지이므로 그 확률은 $\dfrac{3}{27}$

9의 배수인 경우는 9, 18, 27의 3가지이므로 그 확률은 $\dfrac{3}{27}$

따라서 구하는 확률은 $\dfrac{3}{27} + \dfrac{3}{27} = \dfrac{6}{27} = \dfrac{2}{9}$

7 동전은 뒷면이 나올 확률은 $\dfrac{1}{2}$ ⋯ (i)

주사위에서 5의 약수의 눈이 나오는 경우는 1, 5의 2가지이므로 그 확률은 $\dfrac{2}{6} = \dfrac{1}{3}$ ⋯ (ii)

따라서 동전은 뒷면이 나오고, 주사위는 5의 약수의 눈이 나올 확률은 $\dfrac{1}{2} \times \dfrac{1}{3} = \dfrac{1}{6}$ ⋯ (iii)

채점 기준	비율
(i) 동전은 뒷면이 나올 확률 구하기	30 %
(ii) 주사위는 5의 약수의 눈이 나올 확률 구하기	30 %
(iii) 동전은 뒷면이 나오고, 주사위는 5의 약수의 눈이 나올 확률 구하기	40 %

8 토요일에 눈이 내리지 않을 확률은 $1 - \dfrac{1}{2} = \dfrac{1}{2}$

일요일에 눈이 내리지 않을 확률은 $1 - \dfrac{2}{5} = \dfrac{3}{5}$

따라서 주말에 눈이 내리지 않을 확률은 $\dfrac{1}{2} \times \dfrac{3}{5} = \dfrac{3}{10}$

9 세 사람 모두 스트라이크를 기록하지 못할 확률은

$\left(1 - \dfrac{3}{4}\right) \times \left(1 - \dfrac{3}{5}\right) \times \left(1 - \dfrac{5}{6}\right) = \dfrac{1}{4} \times \dfrac{2}{5} \times \dfrac{1}{6} = \dfrac{1}{60}$

∴ (적어도 한 명은 스트라이크를 기록할 확률)

= 1 − (세 사람 모두 스트라이크를 기록하지 못할 확률)

$= 1 - \dfrac{1}{60} = \dfrac{59}{60}$

10 A가 노란 공을 꺼낼 확률은 $\dfrac{3}{9} = \dfrac{1}{3}$

B가 파란 공을 꺼낼 확률은 $\dfrac{2}{8} = \dfrac{1}{4}$

따라서 구하는 확률은 $\dfrac{1}{3} \times \dfrac{1}{4} = \dfrac{1}{12}$

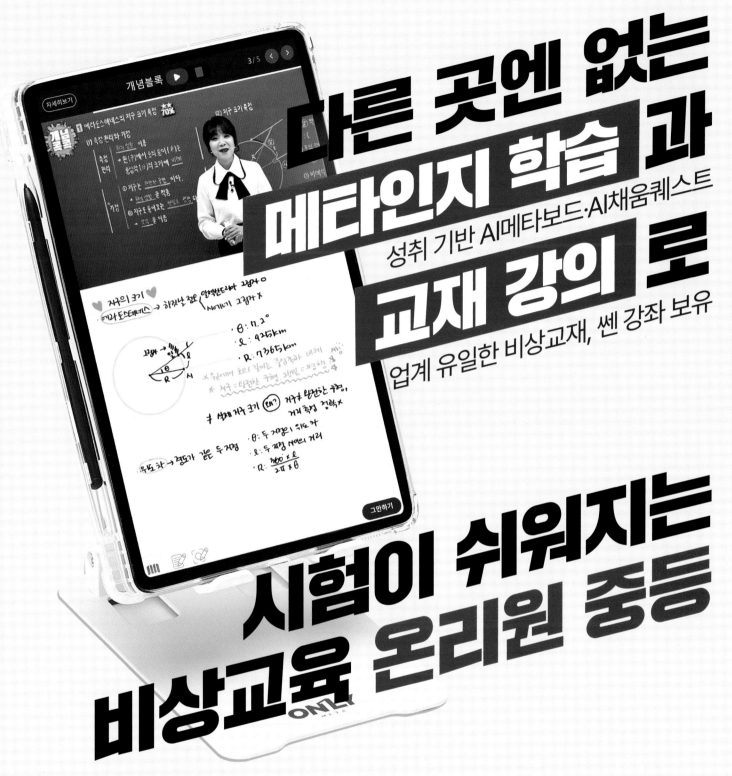

✛ 개념·플러스·유형·시리즈 개념과 유형이 하나로! 가장 효과적인 수학 공부 방법을 제시합니다.

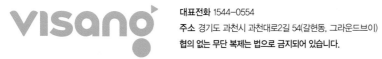

대표전화 1544-0554
주소 경기도 과천시 과천대로2길 54(갈현동, 그라운드브이)
협의 없는 무단 복제는 법으로 금지되어 있습니다.